Elogios para Deepak Chopra y

SUPERGENES

"En *Supergenes*, los doctores Deepak Chopra y Rudolph Tanzi ilustran la interacción entre la naturaleza y la crianza por medio de ciencia genética de avanzada, y argumentan de forma convincente que adaptar el estilo de vida propio puede maximizar el potencial de trascender las susceptibilidades que heredamos de nuestros padres".

—James F. Gusella, Ph.D., director del Center for Human Genetic Research del Hospital General de Massachusetts

"*Supergenes*, escrito por Deepak Chopra y Rudy Tanzi, es una síntesis de la ciencia epigenética que sacude los paradigmas y que explica, de una manera fácil de comprender, los mecanismos por medio de los cuales la conciencia y el entorno controlan nuestra actividad genética. La contribución de los doctores Chopra y Tanzi es un recurso valioso que nos empodera para convertirnos en los amos de nuestro destino, en lugar de ser 'víctimas' de nuestra herencia".

—Bruce H. Lipton, Ph.D., scientífico epigenético y autor de los bestsellers *The Biology of Belief*, *Spontaneous Evolution* y *The Honeymoon Effect*

"Solíamos pensar que todo acerca de nosotros era debido a nuestra genética o nuestro entorno. Pero en *Supergenes* Deepak Chopra y Rudy Tanzi nos enseñan con habilidad que todo se debe a ambos, a la forma tan íntima en que están relacionados. Y lo que podemos hacer al respecto".

—Eric Topol, M.D., autor de *The Patient Will See You Now* y profesor de genómica en Scripps Research Institute

"En *Supergenes*, los doctores Deepak Chopra y Rudolph E. Tanzi discuten nueva evidencia de que nuestros genes no son nuestros amos, pero responden en gran medida a nuestras decisiones y comportamientos. La visión que resulta de ello no sólo honra al cuerpo sino también a la mente y al espíritu: una visión tan luminosa y esperanzadora como la antigua era macabra y deprimente. *Supergenes* es un libro importante. Empoderará a quien lo lea ya que expande nuestra visión de lo que significa ser humano".

—Larry Dossey, M.D., autor de *One Mind: How Our Individual Mind Is Part of a Greater Consciousness and Why It Matters*

"¡Ésta es una lectura esencial para quien esté interesado en encender sus genes de la salud, la pérdida de peso, la felicidad y la longevidad!"

—Mark Hyman, M.D., director de Cleveland Clinic Center for Functional Medicine y autor de *La solución del azúcar en la sangre*

"Siempre he estado mucho más interesado en la forma en que todos podemos optimizar nuestra salud, en vez de tan sólo prevenir la enfermedad. Sin duda las dos son importantes, pero enseñar a las personas cómo pueden ser mejores —mejores, más rápidos, más fuertes y más felices— es mucho más inspirador. . . De manera impecable, mis amigos Deepak y Rudolph tejen juntos la complicada ciencia genética con historias conmovedoras de personas reales, y han escrito un libro que no podrás dejar de leer. Te sorprenderás escribiendo notas con frenesí y compartiendo tu nueva sabiduría con la gente que amas. Primero nos dieron la capacidad de tener *supercerebros*, y ahora han hecho lo mismo con nuestros *supergenes*".

—Sanjay Gupta, M.D., neurocirujano y autor de *Chasing Life*, *Cheating Death* y *Monday Mornings*

"Un recuento revelador y revolucionario de los descubrimientos recientes en dos campos —la epigenética y la microbiómica— entretejido con conocimientos prácticos para optimizar nuestro propio bienestar y longevidad. Rudy Tanzi y Deepak Chopra, pioneros reconocidos en sus respectivos campos, han escrito uno de los libros sobre salud más importantes del año".

—Murali Doraiswamy, M.B.B.S.,
profesor de psiquiatría y medicina, Universidad Duke

"*Supergenes* te llevará a un emocionante viaje de descubrimiento de las formas en que la expresión genética puede ser modificada por medio de simples cambios en el estilo de vida e incluso por la forma en que usas tu mente. El mensaje esencial de este importante libro es que tus genes por sí mismos no determinan tu destino. Puedes aprender a influir en ellos para disfrutar una mejor salud y un bienestar óptimo. Lo recomiendo".

—Andrew Weil, M.D., autor de
Spontaneous Happiness y *Healthy Aging*

"*Supergenes* es una contribución magnífica para nuestro creciente conocimiento de que la mente, el cerebro, el genoma y el microbioma pueden actuar como un solo sistema. Los doctores Chopra y Tanzi continúan haciendo contribuciones pioneras que están llevando la medicina integrativa a la cultura predominante. ¡Lo recomiendo mucho!"

—Dean Ornish, M.D.,
fundador y presidente de Preventive
Medicine Research Institute y profesor clínico de
medicina en la Universidad de California en San Francisco

"Chopra y Tanzi han escrito un libro que cambiará la vida de muchas personas. Transformará por completo tu perspectiva de cómo nuestros genes influyen en nosotros y cómo podemos influir en ellos. Con una buena investigación, elegante y cautivante, *Supergenes* amplía nuestro entendimiento del potencial que existe dentro de todos nosotros. Es un libro imprescindible".

—Steven R. Steinhubl, M.D., director de Medicina Digital, Scripps Translational Science Institute

"¡Este libro ofrece la manera más sana y efectiva de participar de forma positiva en la evolución misma de toda nuestra especie humana! Deepak y Rudy no sólo te traen la maravillosa noticia de que no eres víctima de tus genes, sino que se abocan directo a ponerte a cargo de tu propia salud por medio de cambios fáciles, de bajo costo y sencillos en tu estilo de vida, que mejorarán tu genoma mientras te dan a ti, e incluso a tus descendientes aún no nacidos, ¡una buena y vibrante salud!" —Elisabet Sahtouris, bióloga evolucionista, futurista y autora de *Gaia's Dance: The Story of Earth & Us*

"*Supergenes* es una magnífica aportación a nuestro conocimiento de que la mente, el cerebro, el genoma y el microbioma son un solo sistema. Felicidades a Rudy y Deepak".

—Keith L. Black, M.D., profesor y presidente del Departamento de Neurocirugía del Centro Médico Cedars-Sinai, y autor de *Brain Surgeon: A Doctor's Inspiring Encounters with Mortality and Miracles*

"La genética es una calle de dos sentidos. Los doctores Chopra y Tanzi muestran cómo la mente puede decirle a los genes que sanen el cuerpo". —Stuart R. Hameroff, M.D., Centro Médico Universitario Banner, Universidad de Arizona

DEEPAK CHOPRA Y RUDOLPH TANZI

SUPERGENES

Deepak Chopra, M.D., es médico y autor de más de sesenta y cinco libros, varios de los cuales han estado en la lista de los más vendidos de *The New York Times*. Se especializó en medicina interna y endocrinología, y en la actualidad es miembro de la Academia Estadounidense de Médicos y de la Asociación Estadounidense de Endocrinólogos Clínicos, además de desempeñarse como investigador científico en la organización Gallup. Junto a Rudolph E. Tanzi ha publicado también *Supercerebro*.

www.deepakchopra.com

Rudolph E. Tanzi, Ph.D., imparte la cátedra Joseph P. y Rose F. Kennedy de neurología de la Escuela de Medicina de la Universidad de Harvard, y es director de la Unidad de Investigación Genética y de Envejecimiento del Hospital General de Massachusetts. Como jefe del proyecto del genoma del Alzheimer, el doctor Tanzi ha descubierto, en colaboración con otros investigadores, varios de los genes implicados en dicha enfermedad, incluido el primero, y es coautor de los libros *Supercerebro* y *Decoding Darkness: The Search for the Genetic Causes of Alzheimer's Disease*

SUPERGENES

SUPER GENES

Libera el asombroso potencial de tu ADN para una salud óptima y un bienestar radical

DR. DEEPAK CHOPRA, M.D.,
y DR. RUDOLPH E. TANZI, Ph.D.

Traducción de
KARINA SIMPSON

VINTAGE ESPAÑOL
VINTAGE BOOKS
UNA DIVISIÓN DE PENGUIN RANDOM HOUSE LLC
NUEVA YORK

PRIMERA EDICIÓN VINTAGE ESPAÑOL, MAYO 2017

Información de catalogación de publicaciones disponible en la Biblioteca del Congreso de los Estados Unidos.

Vintage Español ISBN en tapa blanda: 978-1-101-97336-3
eBook ISBN: 978-1-101-97337-0

Para venta exclusiva en EE.UU., Canadá, Puerto Rico y Filipinas.

www.vintageespanol.com

Impreso en los Estados Unidos de América
10 9 8 7 6 5 4 3 2 1

PARA NUESTRAS FAMILIAS,
CON QUIENES COMPARTIMOS EL AMOR
QUE HACE “SÚPER” A NUESTROS GENES

ÍNDICE

PRIMERA PARTE
LA CIENCIA DE LA TRANSFORMACIÓN

SEGUNDA PARTE
DECISIONES SOBRE EL ESTILO DE VIDA PARA EL BIENESTAR RADICAL

TERCERA PARTE
GUÍA TU PROPIA EVOLUCIÓN

PREFACIO

BUENOS GENES, MALOS GENES Y SUPERGENES

Si deseas tener una vida mejor, ¿qué debes cambiar primero? Casi nadie respondería "mis genes". Y con justa razón, porque nos han enseñado que los genes son inamovibles e inalterables: aquello con lo que naces es lo que tendrás toda la vida. Si eres un gemelo idéntico, ambos tendrán que arreglárselas con genes idénticos, sin importar qué tan buenos o malos sean. La idea popular de los genes inamovibles es parte de nuestro lenguaje cotidiano. ¿Por qué algunas personas son más bellas y más inteligentes que la norma? Tienen buenos genes. ¿Y por qué, por otra parte, una celebridad de Hollywood se hace una doble mastectomía sin tener ningún síntoma de enfermedad? Es la amenaza de los malos genes, la herencia de una fuerte predisposición al cáncer en su familia. La gente está asustada, y aun así los medios en realidad no comunican lo rara que es esta amenaza.

Es momento de disipar estas ideas rígidas. Tus genes fluyen, son dinámicos y responden a todo lo que haces y piensas. La noticia que todos deberían escuchar es que la actividad genética está bajo nuestro control en gran medida. Esa es la idea revolucionaria que está surgiendo de la nueva genética y que es la base de este libro.

Una máquina de discos puede estar en un rincón y nunca moverse, pero aun así toca cientos de canciones. La música de tus genes es parecida, produce constantemente una amplia variedad de químicos que son mensajes codificados. Apenas estamos descubriendo lo poderosos que son estos mensajes. Al enfocarte en tu propia actividad genética por medio de decisiones conscientes, puedes:

Mejorar tu nivel de ánimo, y prevenir la ansiedad y la depresión
Resistir los resfriados de cada año y la influenza
Volver a tu sueño profundo normal
Obtener más energía y resistir el estrés crónico
Deshacerte de dolores y achaques persistentes
Aliviar tu cuerpo de una amplia variedad de molestias
Frenar el proceso de envejecimiento y potencialmente revertirlo
Normalizar tu metabolismo, que es la mejor forma de perder peso y mantenerte libre de ganarlo
Reducir tu riesgo de padecer cáncer

Por mucho tiempo se sospechó que los genes podrían estar involucrados cuando los procesos corporales no funcionan. Sabemos que los genes en definitiva están involucrados en hacer que funcionen. Todo el sistema mente-cuerpo es regulado por la actividad genética, a menudo de formas sorprendentes. Por ejemplo, en los intestinos los genes envían mensajes sobre todo tipo de cosas que en apariencia no tienen nada que ver con una función tan mundana como la digestión. Estos mensajes afectan tu estado de ánimo, la eficacia de tu sistema inmunitario, y tu susceptibilidad a enfermedades relacionadas con la digestión (por ejemplo, diabetes y síndrome de intestino irritable), pero también a otras vinculadas de forma muy distante, como la hipertensión, el Alzheimer y trastornos autoinmunes, desde alergias hasta inflamación crónica.

Cada célula en tu cuerpo le habla a muchas otras células por medio de mensajes genéticos, y tú debes ser parte de la conversación. Tu estilo de vida conduce a una actividad genética benéfica o dañina. De hecho, las acciones de tus genes tienen el potencial de ser alteradas por cualquier experiencia fuerte a lo largo de tu vida. Así que los gemelos idénticos, a pesar de haber nacido con los mismos genes, muestran una expresión genética sumamente diferente cuando son adultos. Un gemelo puede ser obeso, el otro delgado; uno puede ser esquizofrénico y el otro no; uno puede morir mucho antes que el otro. Todas estas diferencias están reguladas por la actividad genética.

Un motivo por el cual titulamos este libro *Supergenes* es para elevar el nivel de expectativa con respecto a lo que tus genes pueden hacer por ti. La conexión mente-cuerpo no es como un puente que conecta las dos orillas de un río: es mucho más como una línea de teléfono —muchas líneas, de hecho— repleta de mensajes. Y cada mensaje —tan minúsculo como beber jugo de naranja por la mañana, comer una manzana con cáscara, bajar el nivel de ruido en el trabajo o caminar antes de irte a dormir— está siendo recibido por el sistema entero. Cada célula está escuchando lo que piensas, dices y haces.

Optimizar tu actividad genética sería razón suficiente para desechar la noción derrotista de buenos genes contra malos genes. Pero en realidad, nuestra comprensión del genoma humano —la suma total de todos tus genes— se ha expandido ampliamente en las dos últimas décadas. Después de casi veinte años de investigación y desarrollo, el Proyecto Genoma Humano terminó en 2003 con un mapa completo de los 3 mil millones de pares de bases químicas —el alfabeto del código de la vida— unidos a lo largo de la doble hélice del ADN en cada célula. De pronto la existencia humana se dirige a destinos totalmente nuevos. Es como si alguien nos hubiera entregado un mapa de un continente por descubrir. En un mundo donde creemos que ya no hay mucho que explorar, el genoma humano es una nueva frontera.

Para que tengas una idea de cuál es la expansión del campo de la genética en la actualidad: posees un supergenoma que se extiende de forma casi infinita más allá de las viejas ideas de los libros de texto sobre buenos y malos genes. Este supergenoma está formado por tres componentes:

1. Alrededor de 23 000 genes que heredaste de tus padres, junto con 97 por ciento del ADN que existe entre esos genes en las cadenas de la doble hélice.
2. El mecanismo interruptor que reside en cada cadena de ADN, y que permite que éste se encienda o se apague, suba o baje, de la misma manera en que un interruptor atenuador aumenta o disminuye la luz. Este mecanismo es controlado principalmente por tu *epigenoma*, que incluye la barrera de proteínas que envuelve al ADN como si fuera una manga. El epigenoma está tan vivo y es tan dinámico como tú, y responde a la experiencia de formas complejas y fascinantes.
3. Los genes contenidos en los microbios (organismos microscópicos vivos, como las bacterias) que habitan tu intestino, boca y piel, pero sobre todo tu intestino. Esta "flora intestinal" supera en gran número a tus propias células. El mejor estimado es que albergamos cien billones de microbios intestinales, compuestos por entre 500 y 2 000 especies de bacterias. No son invasores extraños. Evolucionamos con estos microbios por millones de años, y sin ellos hoy no podrías digerir tu comida saludablemente, resistir las enfermedades o contrarrestar la amenaza de padecimientos crónicos como la diabetes o el cáncer.

Los tres componentes del supergenoma son tú. Son tus bloques de construcción, que en este mismo instante están enviando instrucciones a lo largo de todo tu cuerpo. De hecho, no puedes comprender quién eres sin aceptar tu supergenoma. La forma en que los supergenes se unieron para formar el sistema mente-cuerpo constituye la exploración más fascinante en la genética actual. Los nuevos descubrimientos surgen con un diluvio de conocimiento que nos afecta a todos. Están transformando la forma en que vivimos, amamos y comprendemos nuestro lugar en el universo.

La nueva genética puede ser resumida en una sola frase: *estamos aprendiendo cómo hacer que nuestros genes nos ayuden*. En vez de permitir que tus malos genes te lastimen y tus buenos genes te ayuden en la vida, lo cual solía ser la visión prevaleciente, deberías pensar en el supergenoma como un servidor bien dispuesto que puede ayudarte a dirigir la vida que deseas vivir. Naciste para usar tus genes, y no al revés. No estamos soñando despiertos, ni mucho menos. La nueva genética se trata de cómo alterar la actividad genética en una dirección positiva.

Supergenes reúne los descubrimientos más importantes con que contamos hoy en día y luego se expande sobre ellos. Combinamos décadas de experiencia como uno de los genetistas líderes en el mundo y uno de los líderes más aclamados a nivel internacional en medicina mente-cuerpo y espiritualidad. Tal vez provenimos de mundos distintos y pasamos nuestros días de trabajo de formas divergentes, Rudy realizando investigación de punta sobre la causa y la cura potencial del Alzheimer, y Deepak enseñando sobre la mente, el cuerpo y el espíritu a cientos de audiencias cada año.

Sin embargo, estamos unidos en una pasión por la transformación, ya sea que las raíces del cambio se encuentren en el cerebro o en los genes. Nuestro libro anterior, *Supercerebro*, utilizó la mejor neurociencia para mostrar cómo el cerebro puede ser sanado y renovado, optimizando su función cotidiana para crear mucho mejores resultados en la vida de las personas.

Nuestro nuevo libro profundiza en la historia —se podría decir que es una precuela a *Supercerebro*— porque el cerebro depende del ADN en cada célula nerviosa para lograr las cosas maravillosas que hace todos los días. Estamos tomando el mismo mensaje —tú eres el usuario de tu cerebro, y no al revés— y lo extendemos al genoma. El estilo de vida es el dominio en el que la transformación sucede, ya sea que estemos hablando de supercerebros o supergenes. Existe la posibilidad de que, al realizar cambios sencillos en tu estilo de vida, actives una enorme cantidad de potencial que no has utilizado.

Lo más emocionante de todo es que la conversación entre cuerpo, mente y genes puede ser transformada. Esta transformación va más allá de la prevención, incluso más allá del bienestar, hacia un estado que llamamos bienestar radical. Este libro explica cada aspecto del bienestar radical, mostrando cómo la ciencia moderna lo apoya por completo, o bien sugiere enérgicamente lo que deberíamos estar haciendo si queremos la respuesta más vital por parte de nuestros genes.

Los términos *buenos genes* y *malos genes* son engañosos porque se alimentan de una idea aún más equivocada: la biología como destino. Como explicaremos, no existen genes buenos contra genes malos. Todos los genes son buenos. Es la *mutación* —variaciones en la secuencia o estructura del ADN— lo que puede volver malos a los genes. Otras mutaciones también pueden volver "buenos" a los genes. Las mutaciones genéticas asociadas con enfermedades que destinan con certeza a una persona a adquirir una enfermedad en el lapso de una vida normal, abarcan tan sólo 5 por ciento de todas las mutaciones asociadas con enfermedades. Esta es una porción minúscula de los tres millones o más de variaciones del ADN en el supergenoma de cada persona. Mientras sigas pensando en términos de buenos genes y malos genes, serás prisionero de creencias obsoletas. Le dejarás a la biología definir quién eres. En la sociedad moderna, donde la gente tiene más libertad de decidir que nunca antes, es irónico que la genética se haya convertido en algo tan determinista. "Fue por mis genes" se convirtió en la respuesta típica a por qué alguien come de más, sufre de depresión, rompe la ley, tiene un brote psicótico o incluso cree en Dios.

Si la nueva genética nos está enseñando algo, es que la naturaleza coopera con la crianza. Tus genes pueden predisponerte a la obesidad, a la depresión o a la diabetes tipo 2, pero esto es como decir que un piano te predispone a tocar notas equivocadas. La posibilidad existe, pero aún más importante es toda la buena música que un piano —y un gen— son capaces de generar.

Te ofrecemos este libro con el objetivo de expandir tu bienestar, no porque haya muchas notas equivocadas que evitar, sino porque hay mucha música hermosa por componer. Los supergenes tienen la clave para la transformación personal, la cual de pronto se ha vuelto más alcanzable —y deseable— que nunca antes.

¿POR QUÉ SUPERGENES?

UNA RESPUESTA URGENTE

El propósito de este libro es elevar el bienestar cotidiano a un nivel de bienestar radical. Semejante meta requiere un viaje de transformación por medio de la comprensión de nuestra propia genética. Este fascinante campo de investigación ha llevado a un torrente de descubrimientos asombrosos, y cada día aparecen más. El ADN humano tiene muchos más secretos que revelar. Pero ya se ha alcanzado un momento decisivo. Se ha vuelto del todo claro que el cuerpo humano no es lo que parece ser.

Imagina que te paras frente a un espejo: ¿qué ves? La respuesta obvia sería que ves un objeto vivo, una máquina de carne y sangre en movimiento. Este objeto es tu hogar y tu refugio protector. Te lleva fielmente a donde deseas ir y hace lo que quieres hacer. Sin un cuerpo físico, la vida no tendría fundamento. Pero, ¿y si todo lo que asumes acerca de tu cuerpo fuera una ilusión? ¿Qué pasaría si esa *cosa* que ves en el espejo no fuera una cosa?

En realidad, tu cuerpo es como un río, fluyendo y cambiando de forma constante.

Tu cuerpo es como una nube, una espiral de energía que es 99 por ciento espacio vacío.

Tu cuerpo es como una idea brillante en la mente cósmica, una idea que tomó miles de millones de años de evolución en ser construida.

Estas comparaciones no son sólo imágenes: son realidades que apuntan a la transformación. En este momento, el cuerpo como una cosa física encaja con la experiencia cotidiana. Parafraseando a Shakespeare, si te cortas, ¿acaso no sangras? Sí, claro, porque el aspecto físico de la vida es totalmente necesario. Pero el lado físico viene en segundo término. Sin esas otras posibilidades —el cuerpo como idea, nube de energía y cambio constante— tu cuerpo saldría volando y desaparecería en un remolino azaroso de átomos.

Cuando miras más allá de la fachada de esa imagen en el espejo, la gran historia comienza. Detrás del espejo, por así decirlo, la genética ha desplegado la historia de la vida en etapas, marcada por la revelación de 1953 que dio a conocer la doble hélice del ADN, una escalera torcida con miles de millones de peldaños químicos. Sin embargo, en los últimos diez años, la historia ha detonado, gracias al descubrimiento de cuán activos son en realidad nuestros genes. En todas partes del cuerpo, una célula pone en práctica el secreto de la vida:

Sabe qué es bueno para ella y lo toma.
Sabe qué es malo para ella y lo evita.
Sostiene su supervivencia momento a momento con una concentración total.
Monitorea el bienestar de todas las demás células.
Se adapta a la realidad sin resistencia o juicio.
Recurre a los recursos más profundos de la inteligencia de la Naturaleza.

¿Podemos nosotros, que somos la suma de todas esas células, decir lo mismo de nosotros mismos? ¿Comemos demasiado, abusamos del alcohol, soportamos un estrés aplastante y nos privamos del sueño? Ninguna célula saludable tomaría esas decisiones.

¿Entonces por qué la desconexión? La naturaleza nos diseñó para ser tan saludables como nuestras células. No hay motivo para no serlo. De forma natural, las células toman las decisiones correctas a cada momento. ¿Cómo podemos hacer lo mismo?

Lo que es tan emocionante de la investigación reciente es que la actividad genética puede ser mejorada en gran medida, y cuando esto sucede es posible un estado de bienestar radical. Lo que lo vuelve radical es que va mucho más allá de la prevención convencional. Los cimientos mismos de las enfermedades crónicas están siendo divulgados por la nueva genética. Vemos cómo las decisiones sobre el estilo de vida tomadas años atrás afectan a profundidad la manera en que el cuerpo opera hoy, tanto para bien como para la enfermedad. Tus genes están escuchando todas las decisiones que tomas.

Nosotros sostenemos que el bienestar radical es una necesidad urgente, y creemos con todo el corazón que podemos convencerte de ello. Sin que la gran mayoría de las personas lo sepan, existe un hueco en el bienestar convencional, un hueco lo bastante grande como para que hayan pasado a través de él el envejecimiento acelerado, las enfermedades crónicas, la obesidad, la depresión y la adicción. Todos los esfuerzos para contrarrestar estas amenazas han sido exitosos a medias, en el mejor de los casos. Es necesario un nuevo modelo. He aquí cómo una mujer experimentó esta necesidad.

La historia de Ruth Ann

Cuando Ruth Ann empezó a tener dolor en ambas caderas, al principio no le hizo caso. A los 59 años, estaba orgullosa de lo bien que manejaba su cuerpo. Controlaba sus impulsos de forma espectacular, comía la comida correcta sin tentempiés y evitaba las visitas culposas a la cocina en mitad de la noche para comer helado que gradualmente te hacen ganar kilos. No fumaba y rara vez tomaba alcohol. Su alacena estaba llena de vitaminas y suplementos alimenticios. Su rutina de ejercicio iba más allá del mínimo recomendado de cuatro o cinco periodos de actividad vigorosa por semana; pasaba dos horas en el gimnasio cada día. Como resultado, a punto de cumplir 60, Ruth Ann presumía una figura perfecta, en la cual se había concentrado todo el tiempo.

La llegada del dolor a sus caderas dos años atrás fue molesta, pero ella no permitió que afectara su rutina de ejercicio. De forma gradual el dolor aumentó y se volvió crónico; se intensificaba cuando corría en la caminadora. Después tenía que recostarse una hora cada tarde para que se calmara. Ruth Ann fue a ver a su médico. Le tomaron radiografías y le dieron malas noticias: tenía osteoartritis degenerativa. El doctor le informó que tarde o temprano tendrían que reemplazarle la cadera.

La causa de la artritis, de la cual hay varios tipos, es desconocida, pero Ruth Ann tiene su propia explicación. "No debí ser una fanática del ejercicio. Me forcé demasiado y ahora estoy pagando el precio." Se sentía derrotada. En su mente, había estado haciendo todo lo correcto para posponer "convertirse en una viejita". Ese era su mayor miedo. Ahora, como si salieran duendecitos del clóset, los síntomas del envejecimiento acelerado estaban sobre ella. Su figura es la de una treintañera, pero las apariencias engañan. Se siente cansada sin motivo alguno. Su sueño y su apetito se han vuelto irregulares, con noches de insomnio severo que puede durar varias semanas. Pequeñas tensiones aumentan la ansiedad de bajo nivel. Ruth Ann nunca se ha sentido indefensa antes. Cada vez que tiene una imagen mental de sí misma como una "viejita", desea poder correr al gimnasio y subirse a la caminadora de nuevo.

El punto es que Ruth Ann siente que su cuerpo la ha traicionado. Sin embargo, hay que considerar la situación desde el punto de vista de una célula. Una célula no se presiona más allá de sus límites. Presta atención al más mínimo signo de daño y se apresura a repararlo. Una célula obedece el ciclo natural de descanso y actividad. Sigue la comprensión profunda de la vida inscrita en su ADN. Según los estándares convencionales, Ruth Ann hizo todo lo correcto, pero a un nivel más profundo estaba desconectada de la inteligencia de su cuerpo.

Tenemos tantas cosas positivas que decirte, que sólo enunciaremos el lado negativo una vez más: las dos grandes amenazas para el bienestar —enfermedad y envejecimiento— están presentes todo el tiempo. Fuera de vista, sin que tú lo sepas, tu buena salud actual está siendo debilitada en silencio. Están sucediendo procesos anormales en el cuerpo de todas las personas a un nivel microscópico. Las anomalías dentro de una célula que sólo afectan a un cúmulo de moléculas o a la forma de una enzima son virtualmente imposibles de detectar. No puedes sentirlos como una molestia o dolor, o incluso como un malestar vago. Semejantes anormalidades pueden necesitar años para desarrollarse incluso como síntomas menores. Pero llegará el día en que nuestro cuerpo comience a contarnos una historia que no deseamos escuchar, tal como lo hizo el cuerpo de Ruth Ann.

Este libro te dice cómo evitar ese día durante los próximos años o décadas. La posibilidad de un bienestar radical es muy real, y los progresos más emocionantes son tan sólo un preludio a una revolución en el cuidado personal. Conviértete en pionero de esa revolución. Es el paso más significativo que puedes tomar para dar forma al futuro que deseas para tu cuerpo, mente y espíritu. Tus genes juegan un papel en todas estas áreas, como vamos a mostrarte ahora.

De genes a supergenes

Las amenazas que debilitan tu bienestar son persistentes. Incluso si te consideras a salvo ahora mismo, ¿qué tan seguro es tu futuro? Los genes pueden ayudar a responder esa pregunta. Pueden llevarte a tomar decisiones vitales y corregir las malas decisiones que has hecho en el pasado. El primer paso es concentrarte en la célula. Tu cuerpo tiene alrededor de 50 billones a 100 billones de células (las estimaciones varían mucho). No existe un solo proceso —desde engendrar un pensamiento hasta tener un bebé, desde rechazar bacterias invasoras hasta digerir un sándwich de jamón— que no esté vinculado a una actividad especializada en tus células. Una célula debe ver su ADN para mantenerlo funcionando a la perfección, porque el ADN, como el "cerebro" de la célula, está a cargo de cada proceso. En una persona saludable, esta actividad ocurre de forma perfecta más de 99.9 por ciento del tiempo. Son las excepciones mínimas, que suman la fracción de 0.1 por ciento, las que pueden causar problemas.

El ADN pulcramente acomodado dentro de cada célula es algo magnífico, una compleja combinación de químicos y proteínas que contiene todo el pasado, presente y futuro de toda la vida en nuestro planeta. Las bacterias también son esenciales para el cuerpo, y billones de ellas forran los intestinos y la superficie de la piel. Éstas forman colonias conocidas como el microbioma. Desde hace mucho se sabe que las bacterias en el intestino hacen posible la digestión, pero recientemente el microbioma ha tomado mucha más importancia. En primer lugar está el número de bacterias involucradas, que suman alrededor de 90 por ciento de las células del cuerpo. Incluso más crucial, el ADN bacteriano se volvió parte del humano a lo largo de miles de millones de años. Se estima que 90 por ciento de la información genética dentro de nosotros es bacteriana; nuestros ancestros eran microbios y en muchos sentidos siguen presentes en la estructura de nuestras células.

De hecho, tu cuerpo puede contener cien billones o más de bacterias (una estimación poco exacta). En aislamiento, sumarían entre 1.5 y 2.5 kilos en peso seco. Si contamos el número de genes diferentes que posees, serían alrededor de 23 000 dentro de tus células y un millón para todos estos microbios diversos. En cierto sentido, somos sofisticados anfitriones de los microorganismos que nos colonizan. Las implicaciones de esto para la medicina y la salud tienen un potencial impactante y apenas están siendo exploradas. Una conclusión es evidente: el genoma humano, habiéndose expandido diez veces, se ha convertido en un supergenoma. A causa de los microbios ahora involucrados en la historia, el legado genético de la Tierra, de dos mil ochocientos millones de años, está presente en cada uno de nosotros, aquí y ahora. Gran parte de la sustancia original, genéticamente hablando, aún se propaga dentro de las células de tu cuerpo.

El hecho de que el ADN almacene la historia completa de la vida le otorga una responsabilidad enorme. Un paso en falso y desaparece una especie entera. Al darse cuenta de ello, durante muchas décadas los genetistas creyeron que el ADN era un químico estable, y que su amenaza más grande era la inestabilidad creada cuando un error escapa a las defensas del cuerpo. Pero ahora sabemos que el ADN responde a todo lo que sucede en nuestras vidas. Esto abre la puerta a muchas posibilidades nuevas que la ciencia apenas comienza a comprender.

La historia de Saskia

Parece que algunas personas se descubren victimizadas por sus genes; otras son rescatadas por ellos. Una mujer experimentó ambas posibilidades. Saskia tiene casi cincuenta años y sufre un cáncer de mama avanzado que ha hecho metástasis a otras partes del cuerpo, incluidos sus huesos. En su más reciente batalla contra la enfermedad, Saskia evitó la quimioterapia y prefirió la inmunoterapia, cuyo objetivo es aumentar la respuesta inmunológica del cuerpo. También decidió pasar una semana aprendiendo a cuidarse a sí misma por medio de la meditación, el yoga, el masaje y otras terapias complementarias. (El programa al que asistió fue proporcionado en el Chopra Center. Mencionamos esto con el fin de ser abiertos con la información, y no para tomar el crédito de lo que ocurrió a continuación.)

Saskia disfrutó la semana y se fue con la sensación de que podía relacionarse con su cuerpo de mejor manera. Apreció lo bien que la trataron, en especial la actitud amorosa de los terapeutas masajistas. Al final de la semana reportó que el dolor de sus huesos había desaparecido y se fue a casa sintiéndose mucho mejor, en lo emocional y lo físico. Recientemente envió un correo de seguimiento describiendo lo que sucedió después.

> Un día después de llegar a casa me realicé otra tomografía PET/CT. Esta fue cuatro meses después de la última. A la semana siguiente tuve una cita con mi oncólogo. Aunque yo esperaba lo peor, había decidido que no importaba qué tan mal resultara mi tomografía, yo me sentía mucho mejor y eso era lo que contaba. Pero en vez de malas noticias, mi médico me dijo que nunca había visto semejante respuesta en tan poco tiempo, sobre todo sin el uso de quimioterapia... ¡Estaba muy sorprendido y ahora está mucho más interesado en lo que estoy haciendo!
>
> Le conté sobre lo que aprendí en el Chopra Center (en especial meditación, yoga y masajes), los cambios que he realizado en mi dieta y el gran apoyo que he recibido de mi esposo en los últimos

meses. Creo que todas estas cosas trabajaron en conjunto para hacer posible la sanación.

En esencia, las muchas metástasis en mis ganglios linfáticos han desaparecido, así como la metástasis en mi hígado; más de la mitad de las metástasis en mis huesos han desaparecido. Las metástasis en los huesos que aún tengo han disminuido muchísimo su tamaño. Hay una nueva en un ganglio linfático del lado izquierdo de mi cuello, pero mi médico cree que es insignificante a la luz de las muchas mejorías en todo lo demás. Me dijo que continuara haciendo lo que sea que hago.

Esta historia se puede ver desde dos posturas. Una es la respuesta médica estándar, que equivale a rechazo.

Al enfrentarse con la experiencia de Saskia, la mayoría de los oncólogos la considerarían tan sólo otra pieza de evidencia anecdótica con poco peso en las estadísticas generales sobre el tratamiento del cáncer y la supervivencia. El cáncer es estadístico. La historia se cuenta a partir de lo que le sucede a miles de pacientes, y no a partir de lo que le pasa a uno. La otra actitud frente a la experiencia de Saskia es explorar cómo los cambios en su situación derivaron en un resultado tan extraordinario. A continuación enlistamos todos los cambios que experimentó que podrían influir en la expresión genética:

Mejoría en su actitud frente a la enfermedad
Mayor optimismo
Menor dolor de huesos
Apoyo emocional de su esposo
Nuevo conocimiento sobre la conexión mente-cuerpo
Nuevas decisiones sobre su estilo de vida añadidas a su rutina cotidiana: meditación, yoga, masaje
Beneficios del masaje terapéutico y otros tratamientos en el centro

Esta lista parece muy diversa, y sólo uno o dos puntos en ella se encuentran en los tratamientos estándar de cáncer en la actualidad. Pero existe algo en común entre todos los puntos. Nuevos mensajes fueron enviados hacia y desde su cerebro y sus genes. Si la medicina pudiera decodificar estos mensajes estaríamos mucho más cerca de resolver el misterio de la sanación. Para cualquier médico dedicado a curar a sus pacientes puede ser difícil admitir que el único sanador verdadero es el cuerpo mismo. Y la manera en que el cuerpo maneja los átomos y las moléculas para lograr la sanación —o no lograrla— sigue siendo un gran misterio.

Es impredecible lo que le sucederá a Saskia en los siguientes meses y años. No promovemos curas milagrosas de ningún tipo. Sabemos muy bien que *milagro* no es un término útil para comprender cómo funciona el cuerpo.

Si pudieras escuchar el caudal de mensajes que se reciben a nivel genético a lo largo de un solo día, lo más seguro es que escucharías lo siguiente:

Continúa haciendo lo que haces.
Rechaza o ignora el cambio.
Mantén los problemas lejos de mí. No quiero saber nada de ellos.
Haz que mi vida sea placentera.
Evita las dificultades y el dolor.
Hazte cargo. Yo no quiero hacerlo.

No eres consciente de que esto es lo que le dices a tus genes, una y otra vez, porque no pones estos mensajes en palabras como si fueran telegramas. Pero tu *intención* es clara, y las células responden a lo que tú quieres hacer, no a lo que dices. Todos nosotros somos increíblemente afortunados de que nuestros cuerpos puedan funcionar en automático con perfección casi total a lo largo de décadas. Pero a menos que participemos en nuestro propio bienestar, enviando mensajes conscientes a nuestros genes, funcionar en automático no es suficiente. El bienestar radical requiere de decisiones conscientes. Cuando tomas las decisiones correctas, tus genes cooperarán con aquello que desees.

Ésta es la nueva historia que queremos que sigas, y que conviertas en la tuya propia. Cuando usas tus genes para transformarte, se vuelven supergenes. Para guiarte hacia la meta, el resto del libro está organizado en tres partes:

- *La ciencia de la transformación.* Aquí te proveemos con el conocimiento más reciente de la nueva genética y la revolución que está transformando la biología, la evolución, la herencia y el cuerpo humano mismo.

- *Decisiones sobre el estilo de vida para el bienestar radical.* En esta parte ofrecemos un camino de cambio que es a la vez práctico y, en la medida de lo posible, fácil.

- *Guía tu propia evolución.* Aquí abordamos la fuente de todo crecimiento y cambio, que es la conciencia. No puedes cambiar aquello de lo que no eres consciente, y cuando eres totalmente consciente, se vuelve realidad la promesa de la transformación dirigida por ti mismo.

He ahí el mapa. Ahora comenzamos el viaje. El mapa ha marcado el territorio a cubrir, pero hasta que entres en él no see volverá real para ti. Lo que hace que este viaje sea único es que cada paso tiene el poder de transformar tu realidad personal. Nada podría ser más fascinante o gratificante.

Casi mil años antes de que el ADN revelara su primer secreto, el poeta místico persa Rumi emprendió el mismo viaje. Miró por encima del hombro para decirnos adónde conduce el camino:

Motas de polvo danzando en la luz,
esa también es nuestra danza.
No escuchamos adentro para oír la música;
no importa.
La danza de la vida continúa,
y en la alegría del sol
se esconde un Dios.

PRIMERA PARTE

LA CIENCIA DE LA TRANSFORMACIÓN

Gracias a la revolución genética que está sucediendo por todas partes a nuestro alrededor, un nuevo y poderoso aliado ha aparecido para ayudar a la felicidad humana. Que el ADN contiene el código de la vida no es una idea nueva, pero es muy nuevo decir que puedes *usar* tus genes. El ADN no está encerrado como una cuenta de banco congelada de la cual no puedes retirar dinero. Como mencionamos antes, la vieja creencia de que "la biología es destino" ya no tiene la fuerza de hierro que tuvo alguna vez. La ciencia de la transformación cuenta una nueva historia, de infinitas posibilidades que surgen del ADN. Pero para comprender dicha historia, necesitamos mirar el ADN en toda su fantástica complejidad.

La evolución de toda la vida planetaria está condensada en el ácido desoxirribonucleico, que es el nombre completo del ADN. Una sola cadena de ADN mide tres metros de largo, aunque cabe en un espacio de dos a tres micrones cúbicos en el núcleo de la célula (un micrón es igual a una millonésima de metro, o alrededor de una millonésima de yarda). Sólo tres por ciento de nuestro ADN está compuesto por genes, que proveen el esquema para las proteínas y el ácido ribonucleico (ARN), el facsímil del ADN del que están hechas las proteínas o que regulan la actividad de los genes. Éstos, junto con la grasa, el agua y una gran multitud de microbios amigables, constituyen nuestro cuerpo físico. Para un genetista, eres una colonia altamente compleja construida por el ADN, y estás siendo reconstruido sin cesar.

La superestructura del cuerpo está en revisión constante a partir de cómo vives tu vida. Lo que se conoce como expresión genética —los miles de productos químicos producidos por los genes— es muy maleable. Esto va en contra lo que sabe o cree la mayoría de la gente. Por ejemplo, ¿cuántas veces has escuchado estas frases comunes?: "De tal palo, tal astilla"; "La manzana no cae lejos del árbol"; "Es igual a su papá". ¿Qué tan ciertos son los viejos dichos? ¿En realidad somos tan sólo la biología repetida y la personalidad continuada de nuestros padres, con unas cuantas variaciones?

La nueva genética dice que no. Al igual que tu cerebro, que responde a cada decisión que tomas, tu genoma responde de forma constante. Aunque los genes de tus padres que te fueron transmitidos no se harán nuevos —tu huella única permanece igual a lo largo de tu vida—, la actividad genética cambia de manera fluida y a menudo muy rápida. Los genes son susceptibles a los cambios adversos que pueden ocurrir como resultado de la alimentación, la enfermedad, el estrés y otros factores. Por eso las decisiones en el estilo de vida cotidiano tienen repercusiones a nivel genético. Es por medio de la expresión genética que la inteligencia del cuerpo adquiere forma física. Lo que es aún más asombroso, como veremos más adelante, es que la forma en que influyes en tu cuerpo hoy podrá sentirse en el bienestar de tus hijos y nietos en el futuro lejano.

Además del ADN, tu genoma está compuesto por proteínas especiales que soportan y "amortiguan" el ADN. El ADN mismo está compuesto por cuatro bases químicas que se emparejan para formar peldaños en la doble hélice.

Las cuatro bases son la adenina (abreviada como A), timina (T), citosina (C) y guanina (G). El hecho de que un alfabeto de sólo cuatro letras sea responsable de toda forma de vida sobre la Tierra no deja de ser asombroso. He aquí cómo de la simplicidad surge la complejidad: A se empareja con T, y C se empareja con G. Tu genoma único toma tres mil millones de estas bases de cada uno de tus padres. Estas tres mil millones de bases son repartidas en 23 cromosomas, marcados del 1 al 22 más los cromosomas sexuales, X y Y. La madre siempre le da a su bebé un cromosoma X. Si el padre da un cromosoma Y, el sexo del bebé será masculino; si le da un cromosoma X, será femenino. Ya que cada uno de tus padres te dio un total de 23 cromosomas y tres mil millones de bases de ADN, tus células contienen un total de 46 cromosomas y seis mil millones de bases. Entonces es posible ver ya cómo la Naturaleza se proporcionó a sí misma suficiente material de construcción para crear una polilla, un ratón o un Mozart a partir de cuatro letras.

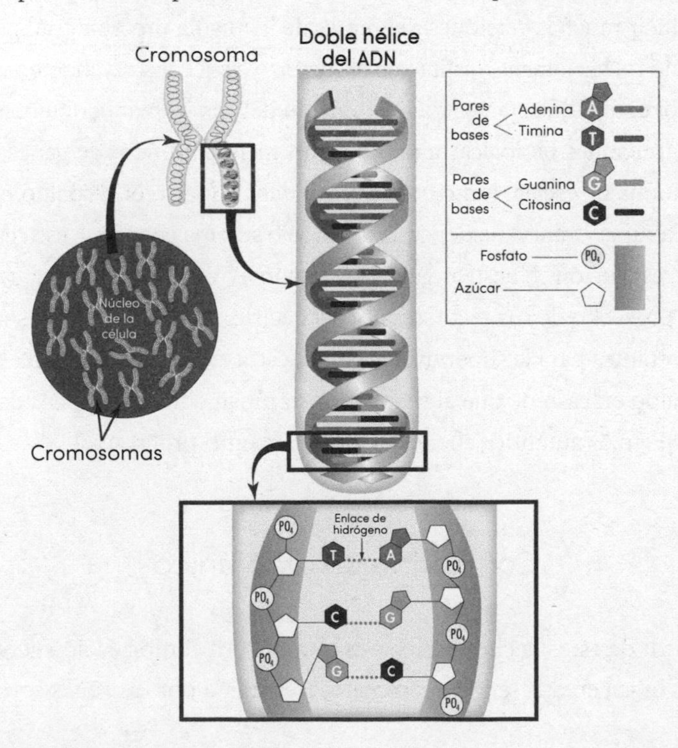

La conclusión del Proyecto Genoma Humano en 2003, el cual marcó una época junto con estudios subsecuentes, arrojó algunos resultados sorprendentes, e incluso desconcertantes. Por ejemplo, nuestro genoma contiene alrededor de 23 000 genes, lo que es mucho menos de lo que todos suponían. Consideramos al *Homo sapiens* la forma más evolucionada de vida sobre la Tierra, pero eso no es lo mismo que tener más genes: el genoma del arroz, que contiene tan sólo 12 pares de cromosomas, ¡tiene 55 000 genes! ¿Cómo pudimos llegar tan lejos como especie con menos genes que un grano de arroz? La respuesta tiene que ver con lo eficientes que se han vuelto los nuestros, y sobre todo con las diversas proteínas que cada uno de nuestros genes puede producir. La expresión genética es la clave.

Comparados con los del arroz, cada uno de nuestros genes puede producir muchas versiones diferentes de la misma proteína, cada una con un rol ligeramente distinto en el cuerpo, ya sea construyendo una célula o regulándola. Gracias a la evolución del ADN humano, obtenemos más funciones biológicas a partir de un menor número de genes. La economía de escala, junto con la redundancia (proveer respaldo para que la supervivencia no dependa de un solo sistema genético), es la regla de la evolución. Nuestros genes aún están evolucionando para sacar más provecho de sus recursos, por así decirlo. Además, los genes más importantes para la supervivencia de nuestra especie tienen copias de respaldo en caso de que algunos se corrompan con mutaciones dañinas. ¡Esto es auténtica eficiencia y pensamiento progresivo!

Convertirte en algo único

A partir de estos hechos básicos, es claro que tu conformación genética es única en dos sentidos. Primero, eres único por los genes con los que naciste, los cuales nadie duplica a menos que seas un gemelo idéntico. Segundo, eres único por aquello que tus genes hacen bien en este momento, porque esta actividad es tu historia, el libro de la vida del cual tú eres el autor. El resultado de las decisiones ordinarias en el estilo de vida (¿Voy al gimnasio o me quedo en casa? ¿Chismeo en el trabajo o respeto la vida de los demás? ¿Dono mi dinero para la caridad o engroso mi cuenta de banco?) depende de una sola pregunta: ¿Qué le estoy pidiendo a mis genes que hagan? El intercambio entre tú y tu genoma es el factor determinante en tu presente y futuro.

Sin embargo, no es necesario todo el genoma para que seas único. En las tres mil millones de bases de ADN que cada uno de tus padres te dieron, existe una diferencia cada mil bases, en comparación con la gran mayoría del ADN humano en el planeta. Esto significa que cada uno de tus papás te transmitió alrededor de tres millones de bases conocidas como variantes del ADN. Una variante del ADN puede a veces, aunque raramente, garantizar cierta enfermedad a lo largo de una vida normal o tan sólo contribuir a aumentar el riesgo de padecerla pero sin garantizar la enfermedad. Por ejemplo, en uno de los tres mil millones escalones de la doble hélice, quizá tengas la base A mientras que tu hermano tiene una T. Esta diferencia puede derivar en que tú tengas predisposición para desarrollar una enfermedad como el Alzheimer o una forma particular de cáncer, mientras que tu hermano no.

Contrario a la percepción general, no existe un "gen de la enfermedad". Todos los genes son "buenos" y aportan una función normal necesaria para el cuerpo. Son las variantes que albergan lo que puede traer problemas. Del lado positivo, algunas mutaciones aumentan la resistencia a enfermedades. Unas cuantas raras cepas familiares, por ejemplo, les han otorgado una inmunidad casi total a las enfermedades del corazón. No importa qué tanta grasa incluyan en su dieta, el colesterol no se convierte en grasa en la sangre que se acumule en las arterias coronarias en forma de placa. Los genetistas han buscado a estas poblaciones aisladas para descubrir qué variante los habrá dotado con la resistencia a enfermedades del corazón. De la misma forma, existen unas cuantas poblaciones en las cuales el Alzheimer presenil afecta a casi toda una línea familiar. Ellos también deben ser estudiados para descubrir si una marca genética es responsable de tan negativo resultado.

Rudy tuvo la suerte de estar íntimamente involucrado en los primeros eventos vanguardistas de la revolución genética actual. Cuando él y su colega, el doctor James Gusella, estaban al inicio de sus veinte dirigiendo el primer mapeo del genoma humano en el Hospital General de Massachusetts, se convirtieron en los primeros investigadores del mundo en localizar un gen causante de enfermedad al rastrear variantes naturales del ADN en el genoma. En su significativo estudio, pudieron mostrar que el gen de la enfermedad de Huntington reside en el cromosoma 4. La enfermedad de Huntington es un padecimiento letal, y antes no se tenía indicio alguno sobre su causa.

Algunas variantes son comunes y están presentes en más de 10 por ciento de la población humana, mientras que otras son mutaciones raras y asiladas. Una variante genética puede predisponerte a ciertas enfermedades o comportamientos, y es por ello que la investigación se enfoca tanto en la contribución genética al Alzheimer o la depresión. Otras variantes no provocan nada, al menos no hasta ahora en nuestra evolución. Tu "huella digital" personal de ADN está basada en el conjunto de variantes que heredaste. Éstas determinan tanto el funcionamiento como la estructura de los cientos de miles de tipos diferentes de proteínas en tu cuerpo.

El número de variantes genéticas que te dan una característica determinada, como ojos azules o cabello rubio, se conoce como variantes genéticas penetrantes, y se encuentran dentro de una absoluta minoría, un 5 por ciento del total. Pero en la gran mayoría de los casos que tienen que ver con la salud y la personalidad, tu destino genético no está tallado en piedra. Los genes son sólo un componente de la interacción casi infinita entre el ADN, el comportamiento y el entorno.

Este hecho fue enfatizado en 2015 por un estudio sobre autismo publicado en la revista *Nature Medicine*. El autismo es una enfermedad incomprensible porque no existe un solo tipo de él sino un amplio espectro de comportamiento, en el que Rudy ha trabajado extensamente a lo largo de su carrera. La imagen del niño autista que los medios masivos presentan, retrata un estado de introversión total en el que el infante apenas reacciona a cualquier estímulo externo. Perdido del todo en sí mismo, se mece de adelante hacia atrás o "juguetea" con gestos repetidos y robóticos. Las emociones están atrofiadas o no existen. Los padres están desesperados por encontrar una forma de abrirse camino entre el caparazón.

Pero en algunas familias existen dos niños autistas, y por lo regular los papás dicen que su comportamiento es muy distinto. El nuevo estudio, que observó los genes de hermanos autistas, confirmó esta percepción. Los investigadores trabajaron con 85 familias en las cuales dos niños habían sido diagnosticados con autismo. Por medio de técnicas conocidas como estudios de asociación del genoma completo y la secuenciación completa del genoma, es posible observar millones de variantes del ADN en el genoma de una persona. El estudio se enfocó en cien variantes específicas que han sido asociadas genéticamente con un mayor riesgo de ser autista. Para sorpresa de todos, sólo alrededor de 30 por ciento de los hermanos autistas compartían la misma mutación en su ADN, mientras que 70 por ciento no. En el grupo que la compartía, los dos niños autistas se comportaban más o menos parecido. Pero en el grupo que no la compartía, 70 por ciento, su comportamiento era tan diferente como cualquier par de hermanos. Lo que esto sugiere es que el autismo es único porque cada persona es única. Incluso si los científicos examinaran el genoma de miles y miles de niños autistas, sería en extremo difícil determinar la base biológica de la enfermedad.

Por desgracia, no poder predecir el autismo nos deja en un estado de incertidumbre. Las probabilidades de tener dos hijos autistas en una familia de cuatro o más es remota, alrededor de una en diez mil. Como se dio a conocer en el *New York Times*, una pareja canadiense que ya tenía un hijo con autismo severo y uno sin problemas de desarrollo, fue al doctor para hablar de su deseo de tener un tercer hijo. ¿Cuál era el riesgo de que el nuevo bebé fuera autista? Los hospitales examinan el genoma del niño mayor afectado para obtener una predicción. En este caso, le dijeron a la pareja que las probabilidades de tener otro hijo autista eran pocas, y en todo caso, si el niño fuera autista, no necesariamente lo sería en un grado severo.

Pero en realidad, el nuevo bebé que la pareja decidió tener sí desarrolló un autismo severo. Y la pareja reportó que sus dos hijos autistas no se comportan de manera parecida. Uno es lo bastante extrovertido como para acercarse a extraños mientras que el otro se retrae. A uno le encanta jugar en la computadora y al otro no le interesa. Uno corre por todas partes y el otro prefiere estar sentado.

Este es el resultado de la diversidad. Sin importar el número de muestras genéticas que tomes de una línea familiar, el siguiente bebé que nazca será sumamente impredecible, no sólo en términos del riesgo de padecer autismo sino en general.

Mientras que los genes determinan algunas cosas con claridad, como el inicio de algunas formas raras de enfermedad, la mayoría de las veces las variantes genéticas que heredamos tan sólo confieren una *susceptibilidad* hacia la enfermedad. Lo mismo puede decirse sobre la predisposición genética a cierto comportamiento o tipos de personalidad. El punto es que lo que hacemos, lo que experimentamos y la forma en que vemos el mundo, junto con aquello a lo que estamos expuestos en nuestro entorno, influyen con fuerza en el resultado real de los genes que heredamos. Nadie puede poner una cifra precisa de cuánta influencia puedes ejercer sobre tu expresión genética. Pero ya no existe duda alguna de que tu influencia es importante porque está en juego todo el tiempo.

Ahora es posible reconstruir el genoma de los neandertales a partir de sus restos, pero sin importar la minuciosidad con que se examinen sus genes, la evolución futura de los seres humanos no es observable. No existe un gen para las matemáticas o la ciencia. Si compararas los genes de Mozart con los de un violinista aficionado, no podrías detectar cuáles son los del genio de la música. Incluso las predicciones más básicas no están resultando nada simples. Una madre embarazada querría saber qué tan alto será su bebé. No existe un solo gen para la altura. Hasta ahora, parece que más de veinte genes están involucrados. Incluso si pudieras predecir cómo van a expresarse estos veinte genes, a lo mucho podrías conocer 50 por ciento de la respuesta. Los factores del entorno como la alimentación, incluidas la de la madre y la del bebé, contribuirán a la otra mitad.

Seamos muy generosos y anticipemos que la genética, por medio de algún tipo de supercomputadora, algún día manejará el engranaje de todos los factores físicos. Con toda esa información, predecir qué tan alto será un niño aún sería incierto, debido a eventos inesperados que siempre surgen. Por ejemplo, existe una enfermedad conocida como enanismo psicológico, en la que niños pequeños criados en una situación familiar de abuso se atoran en el crecimiento. La conexión mente-cuerpo convierte un factor psicológico, muy cargado con daño emocional, en expresión física. En pocas palabras, el alfabeto del ADN tiene "palabras" inconmensurables que escribir, y se desconoce cuáles serán estas palabras.

A veces puedes atestiguar en acción cómo las experiencias de la vida alteran el ADN de una persona. Al final de cada cromosoma hay una sección de ADN llamada *telómero*, que protege al cromosoma y evita que se desenrede, como la punta de una agujeta. Conforme envejecemos, nuestros telómeros se vuelven más cortos con cada nueva división celular. Después de docenas de divisiones, los telómeros protectores se vuelven tan cortos que la célula se torna senescente; es decir, ya no puede dividirse. Lo que sigue es la muerte de la célula, junto con la ausencia de nuevas células que la reemplacen.

Por lo que sabemos, las experiencias de una persona también afectan a los telómeros. Científicos en la Universidad Duke analizaron muestras de ADN; primero cuando los niños tenían cinco años y luego otra vez cuando los mismos niños tenían diez. Los investigadores sabían que algunos de estos niños habían experimentado abuso físico, *bullying* o disputas domésticas violentas. Aquellos que experimentaron las situaciones más negativas o estresantes padecieron la erosión más rápida de telómeros. Por otra parte, otra investigación señala que el ejercicio y la meditación han demostrado incrementar la longitud de los telómeros.

Las implicaciones de esto son profundas. La longevidad no sólo se ve influida por las variantes del ADN heredadas de tus padres en genes seleccionados. Lo que te sucede hoy quizá se muestre mañana en la estructura de tus cromosomas.

Uno de los viajes más fascinantes en la nueva genética gira en torno a las experiencias de vida y nuestros genes. La existencia humana es de una complejidad infinita, por lo que comprender cómo reaccionan los genes a la vida cotidiana es una tarea confusa. De alguna forma lo hacen, y hemos comenzado a revelar cómo lo logran: ese es el tema de nuestro siguiente capítulo, que expone muchas nuevas posibilidades y muchos misterios al mismo tiempo.

CÓMO TRANSFORMAR TU FUTURO: LA LLEGADA DE LA EPIGENÉTICA

Lo que posibilita que los genes sean fluidos, maleables e interconectados —en oposición a algo determinado— entra en un nuevo campo llamado *epigenética*. La palabra griega *epi* significa "sobre", así que la *epigenética* es el estudio de aquello que está por encima de la genética. Físicamente, *epi* se refiere a la cubierta de proteínas y químicos que acolchonan y modifican cada cadena de ADN. La cantidad completa de modificación epigenética del ADN en tu cuerpo se conoce como *epigenoma*. La investigación del epigenoma es quizá la parte más emocionante de la genética en la actualidad, porque es aquí donde los genes se encienden y se apagan (como un interruptor de luz) y su actividad sube y baja (como un termostato). ¿Y si pudiéramos controlar esos interruptores de forma voluntaria? Tal prospecto le provoca vértigo a cualquier genetista aventurero.

En la década de los cincuenta del siglo pasado, antes de que se sospechara que existía el epigenoma, un biólogo inglés llamado Conrad Waddington propuso por primera vez que el desarrollo humano de embrión a ciudadano adulto no estaba fijado del todo en el ADN. Tomó décadas para que se comprendiera la noción de "cableado suave" genético por la razón, ahora común, de que se pensaba que los genes eran inamovibles. Pero después fue imposible ignorar ciertas anomalías. Los gemelos idénticos son el ejemplo clásico, porque nacen con genes idénticos. Si el ADN los fija, entonces los gemelos idénticos deberían estar predeterminados biológicamente para ser idénticos durante toda su vida.

Pero no lo son. Los gemelos idénticos prácticamente con el mismo ADN genómico pueden ser muy diferentes a partir de cómo experimenten el mundo y cómo esto se traduzca en actividad genética. Si conoces a un par de gemelos, sin duda los has escuchado expresar lo diferentes que se sienten con respecto al otro. Se necesita más que el mismo genoma para crear a una persona. Pueden construirse dos edificios idénticos siguiendo los mismos planos, pero ser lugares muy diferentes según las actividades que se lleven a cabo en su interior. Por ejemplo, se sabe que la esquizofrenia tiene un componente genético, pero si un gemelo es esquizofrénico sólo existe 50 por ciento de probabilidad de que el otro lo sea. Este misterio requiere mayor discusión, pero puedes ver el dilema planteado para la "biología como destino". La epigenética nació cuando los genetistas se concentraron en los controles detrás de la expresión genética. Resulta que la flexibilidad de estos controles es uno de los dones más valiosos de la vida.

Mientras que todas las células de tu cuerpo tienen secuencias de ADN y huellas genéticas en su mayoría idénticas, cada uno de los alrededor de 200 diferentes tipos de células posee distintas estructuras y roles. Bajo el microscopio, una neurona se ve tan diferente de una célula del corazón que no esperarías que fueran operadas por el mismo ADN. Los genes están programados para crear una variedad de células diferentes a partir de las células madre, que son los precursores "bebés" de las células maduras. Las células madre almacenadas en tu médula ósea, por ejemplo, remplazan tus células sanguíneas cuando éstas mueren, lo cual sucede en el lapso de algunos meses. El cerebro también cuenta con un suministro de células madre para toda tu vida, lo que permite la generación de nuevas neuronas en cualquier etapa de la vida y es una muy buena noticia para una población que envejece y desea permanecer lo más vital y alerta posible.

Ahora se está desarrollando una comprensión completa de la herencia "suave", y cada paso trae nuevas sorpresas. En un estudio de 2005, el doctor Michael Skinner mostró que exponer a una rata embarazada a químicos que perjudican la función sexual resultó en problemas de infertilidad entre su descendencia hasta sus tataranietos. Es sorprendente que los problemas de fertilidad fueron transmitidos a la siguiente generación como una herencia "suave" por las ratas macho —por medio de etiquetas químicas (conocidas como grupos metilo) en el ADN— junto con la secuencia de ADN de los padres. Sabemos que la transmisión no fue una herencia "dura" porque la secuencia real de ADN de los genes transmitidos permaneció igual.

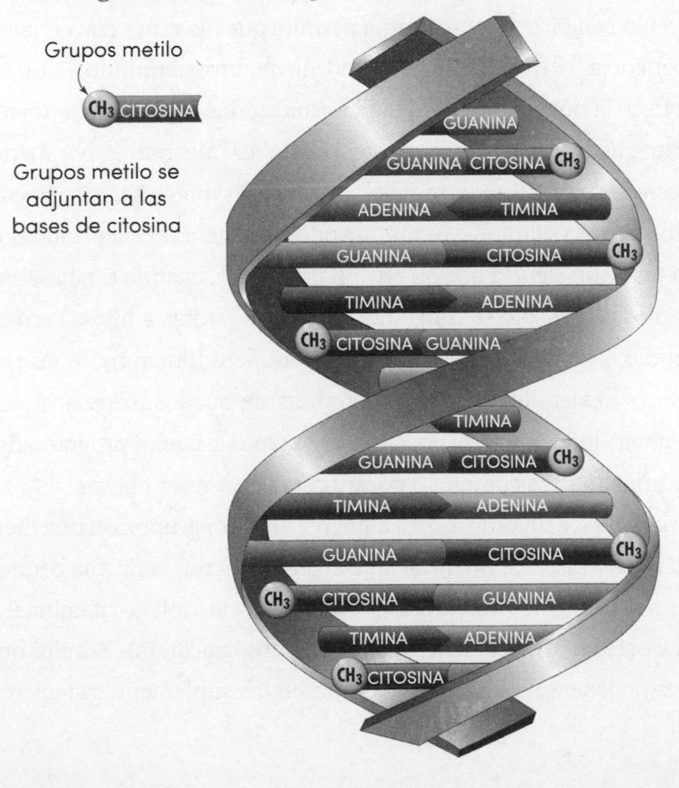

Si el ADN es el almacén de miles de millones de años de evolución, el epigenoma es el almacén de las actividades genéticas de corto plazo, tanto las más recientes como las que se extienden atrás hasta una, dos o varias generaciones. El hecho de que esa memoria pueda heredarse no es algo nuevo en biología. Los huesos en las aletas de los peces ancestrales son los mismos en estructura que los huesos en las patas de los mamíferos y los de nuestras propias manos. Este tipo de memoria en definitiva está programada porque a la evolución de las especies de peces, osos, mapaches y *Homo sapiens* le tomó millones de años volverse inalterable. Lo nuevo con la epigenética es que la memoria de la experiencia *personal* —tuya, de tu padre, de tu bisabuela— puede ser transmitida de forma inmediata.

Eso nos trae a la que es quizá la idea más importante de la nueva revolución genética. El epigenoma permite que los genes reaccionen a la experiencia. No están aislados, sino tan abiertos al mundo como tú. Esto ofrece la posibilidad de que la forma en que reaccionas a tu vida cotidiana, física y psicológicamente, puede ser transmitida por medio de herencia suave. En pocas palabras, cuando sometes a tus genes a un estilo de vida saludable, estás creando supergenes. Esta posibilidad habría parecido ciencia ficción en eras anteriores, cuando estaba labrado en piedra que sólo se transmite ADN de los padres a hijos. Pero en un estudio muy relevante de 2003 los científicos tomaron dos grupos de ratones desarrollados con un gen mutante que los hizo nacer con pelaje amarillo y un apetito voraz; por lo tanto, estaban programados genéticamente para comer sin parar hasta llegar a ser obesos.

Entonces los investigadores alimentaron a un grupo con una dieta estándar para ratones, mientras que al otro le dieron la misma comida pero con suplementos nutricionales añadidos (ácido fólico, vitamina B_{12}, colina y betaína, un producto de la remolacha azucarera). Resultó que las crías de los ratones a los que les dieron los suplementos crecieron con el pelaje café y peso normal, a pesar del gen mutante. De forma asombrosa, el gen mutante del pelaje amarillo y el apetito voraz fue ignorado por la dieta de la madre. En apoyo a este descubrimiento, otro estudio encontró que los ratones cuyas madres recibieron menos vitaminas estaban más predispuestas a la obesidad y otras enfermedades. Por lo tanto, el estado nutricional de una madre puede tener un impacto más profundo en su bebé de lo que antes se creía.

Las implicaciones de estos estudios fueron revolucionarias en varios aspectos. Primero, el epigenoma siempre está interactuando con la vida cotidiana. Lo que te sucede hoy está siendo grabado a nivel epigenético y —si los humanos reaccionan igual que los ratones— potencialmente se transmitirá a generaciones futuras. Entonces, tus propias predisposiciones no te pertenecen sólo a ti: existen en una especie de cinta transportadora genética a la cual cada generación le añade su propia contribución.

Otro estudio, publicado en 2005, mostró que las mujeres embarazadas que presenciaron los ataques del 11 de septiembre al World Trade Center transmitieron a sus bebés niveles más altos de cortisol, la hormona del estrés. La niñez traumática de tu mamá o de tu abuela pudo haber cambiado tu propia personalidad hacia la ansiedad y la depresión. Si el genoma es el plano arquitectónico de la vida, el epigenoma es el ingeniero, la cuadrilla de albañiles y el residente de obra, todo en uno.

Un misterio holandés

Hemos establecido cómo la epigenética ahonda en los cambios en la actividad genética impulsados por las experiencias de la vida. Estos cambios no necesitan alteraciones en la secuencia misma del ADN; es decir, no son mutaciones. En cambio, está involucrada alguna especie de mecanismo interruptor, pero no es un simple encendido o apagado. Resulta que el mecanismo interruptor del ADN es tan complicado como el comportamiento humano. Piensa en un comportamiento común como perder los estribos. El enojo puede ir y venir como si encendieras y apagaras la luz, o puede hervir por un rato. El enojo puede esconderse de la vista, disfrazado con la imagen de tener controladas las propias emociones. Una vez que estalla, el enojo puede ir desde leve hasta explosivo. Todos aceptan estas distinciones, ya que por experiencia todos podemos diferenciar a los impacientes de la gente relajada. Nosotros mismos sabemos tragarnos el enojo, pero al mismo tiempo luchamos contra él.

Ahora traduce esta situación a la actividad genética, y aplican todas las mismas variables. Cualquier actividad de un gen puede esconderse o apagarse. Puede ser expresada de forma parcial o total, subiendo y bajando como si estuviera controlada por un termostato. Y al igual que el enojo está interconectado con todas las demás emociones, cada gen está interconectado con todos los demás. Cada vez es más y más evidente que cualquier experiencia subjetiva le debe su complejidad a una complejidad paralela a nivel microscópico.

¿Y dónde quedamos parados al saber lo mucho que no sabemos? Si las emociones manejan a los genes y los genes manejan las emociones, el círculo puede ser interminable. Aunque la epigenética nos trajo al cuarto de control donde sucede todo el manejo de interruptores, aún no nos ha entregado los interruptores mismos. Dominar los controles es la responsabilidad individual de cada uno. De otro modo, los cambios genéticos pueden ser bastante drásticos cuando nadie está a cargo. Exploremos un ejemplo ampliamente publicitado y muy desconcertante.

Abajo verás la gráfica de la estatura masculina en Europa de 1820 a 2013, compilada por Randy Olson, investigador en ciencias de la computación. (Existen otros cálculos que difieren del que presentamos aquí, pero el patrón general es el mismo.) Presta particular atención hacia donde va la línea de tiempo de los Países Bajos, en el extremo superior derecho.

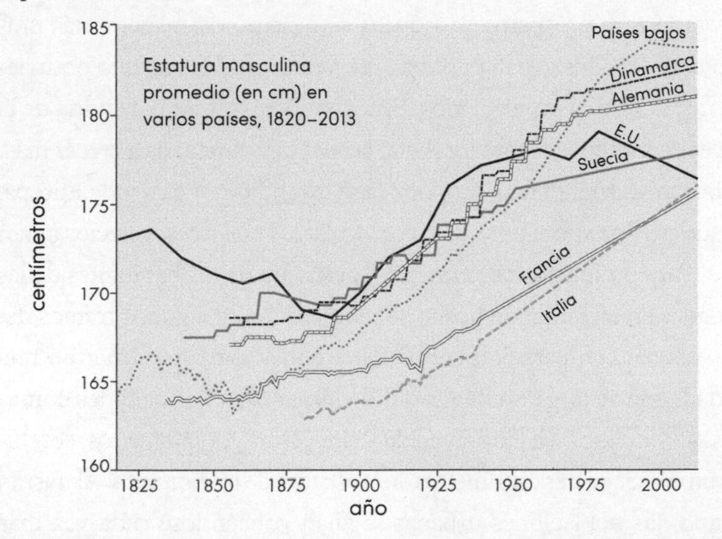

Es sorprendente que los holandeses son los hombres más altos del mundo, con una altura promedio de 185 centímetros. Supuestamente existe un club en Ámsterdam para hombres que miden más de dos metros, lo cual es común. Si uno camina por las calles de Ámsterdam podrá ver hombres y mujeres con una altura impresionante.

Este aumento de estatura representa una tendencia reciente, como también muestra la gráfica. Ha habido un aumento regular en muchos países desde 1820, pero los holandeses destacan porque eran los europeos más bajos en ese entonces. El examen de esqueletos en tumbas a partir de 1850 indica que los hombres holandeses en promedio medían alrededor de 165 y las mujeres 155 centímetros. (Los hombres con la segunda mayor estatura en 2013, los daneses, eran unos seis centímetros más altos que los holandeses en 1829 y ahora van un poco atrás.) ¿Qué sucedió para provocar este dramático crecimiento acelerado en un periodo tan corto?

Buscando una explicación, Olson consultó otras estadísticas, las cuales revelaron que conforme el ingreso aumentó y los holandeses se volvieron más prósperos, la riqueza se repartió de manera más uniforme. Casi todos ganaban dinero, en vez de que tan sólo lo obtuvieran unos cuantos privilegiados. Esta distribución más igualitaria de la riqueza condujo a una mejor dieta, la cual está vinculada a crecer más. Pero la misma tendencia económica se extendió por casi toda Europa, así que eso no explica por qué en particular los holandeses crecieron tan altos. Para profundizar el misterio, la estatura de los habitantes de las ciudades en Holanda de hecho se redujo durante algunos tramos del siglo XIX, en comparación con la de la población rural. Vivir en una ciudad, con su alta tasa de mortalidad infantil, enfermedades contagiosas, una clase baja empobrecida y aire y agua contaminados, condujo a un déficit de tres centímetros en la estatura de los hombres. Al mismo tiempo, las poblaciones urbanas seguían volviéndose cada vez más ricas, así que la prosperidad no es un muy buen predictor de la altura.

Una posibilidad ingeniosa apunta directo a los genes. La secuencia del ADN en los genes holandeses es casi la misma que hace 200 años. Hasta hace muy poco no había fuertes oleadas de inmigración, y éstas no alterarían los genes holandeses a menos que hubiera casamientos con los recién llegados. Pero, ¿y si lo contrario fuera verdad? Olson señala que se acepta generalmente que nuestros ancestros humanos eran altos. Quizá los holandeses eran altos hace cientos de generaciones, pero entonces una dieta precaria causó que se encogieran. En ese caso, una dieta mejor pudo detonar los genes ancestrales, provocando un crecimiento acelerado.

Esa es una posibilidad poco convincente, pero cualquier explicación debe incluir los genes, en especial el epigenoma. Ya que el epigenoma se modifica con las experiencias pasadas de la persona, ¿qué podría provocar un repentino aumento en la altura? Sucede que una de las mejores pruebas de que la epigenética puede, en cierto sentido, *registrar memorias* de experiencias pasadas, también proviene de Holanda. La hambruna holandesa, también conocida como *Hongerwinter*, o "invierno del hambre", quizá nos ha enseñado más sobre los efectos de la epigenética en los humanos que cualquier otro evento. Mientras los alemanes enfrentaban el inicio de la derrota en la Segunda Guerra Mundial durante el severísimo invierno de 1944, impusieron un embargo de alimento y suministros a los holandeses y comenzaron a destruir de forma sistemática los sistemas de transporte y las granjas del país. Ello provocó una escasez drástica de alimentos y una hambruna durante el invierno de 1944-1945. Las existencias de alimentos en las ciudades del oeste de Holanda disminuyeron. La ración para adultos en Ámsterdam bajó a menos de mil calorías para fines de noviembre de 1944 y a 580 calorías para fines de febrero de 1945, tan sólo un cuarto de las calorías necesarias para la salud y la supervivencia de un adulto. En esencia, la población subsistió con pan duro, papas pequeñas, azúcar y muy poca proteína, si acaso.

Millones de años de evolución nos han armado con la capacidad de sobrevivir largos periodos de malnutrición. El cuerpo reduce sus funciones para conservar energía y recursos. La presión arterial y el ritmo cardiaco disminuyen y comenzamos a quemar nuestra grasa. Gran parte de esto es posible debido a cambios en la actividad de nuestros genes. En algunos casos, las actividades genéticas se invierten por medio de la epigenética. Sin embargo, la experiencia holandesa fue más profunda y se observó que los cambios en el ADN que suceden en la vida adulta pueden ser heredados a las generaciones futuras. Esto fue lo que reveló el estudio de niños que nacieron de sobrevivientes de la hambruna holandesa.

Investigadores de Harvard obtuvieron los registros de salud y nacimiento de ese entonces, meticulosamente conservados, y como era de esperar, los bebés nacidos durante la hambruna por lo general tenían problemas severos de salud. Los bebés que estuvieron en el vientre materno de los tres a nueve meses de embarazo durante la hambruna tuvieron bajo peso al nacer. Pero los bebés en el primer trimestre hacia el final del *Hongerwinter* —esto es, poco antes de que volvieran los alimentos— nacieron más altos que el promedio. Las distintas dietas entre las madres crearon este efecto.

Pero las sorpresas más grandes surgieron al estudiar a estos hijos después de que llegaran a la vida adulta. Comparados con aquellos nacidos fuera de la hambruna, los adultos nacidos durante la hambruna eran altamente proclives a la obesidad; de hecho, había el doble de individuos obesos entre aquellos que estuvieron en el vientre materno durante la hambruna, en particular en los trimestres segundo y tercero. Alguna especie de memoria epigenética parece estar funcionando. En un momento abordaremos el mecanismo exacto.

Las investigaciones sobre la hambruna holandesa son importantes porque nos abrieron a todos los ojos sobre los efectos de las experiencias prenatales que provocan cambios en el genoma para toda la vida. La hermosa y venerada actriz Audrey Hepburn vivió cuando niña la hambruna en Holanda: siendo adulta sufrió anemia y episodios de depresión clínica. No estaba sola en ello. Los bebés en gestación durante la hambruna también fueron proclives a la esquizofrenia y otras enfermedades psíquicas. Aunque no son concluyentes, ciertas estadísticas indican que cuando los bebés de la hambruna tuvieron hijos, la siguiente generación tuvo bajo peso al nacer. Como una cinta transportadora, el genoma continuó transmitiendo una escasez severa de alimento de una generación a la siguiente.

La cinta transportadora de experiencia

Este nuevo conocimiento acerca de rasgos heredados surgió de un sufrimiento terrible, pero arroja luz sobre el motivo por el cual es tan crítico el mejor cuidado de las madres durante el embarazo. Aun así, la controversia rodea estos descubrimientos. ¿Puede en realidad la cinta transportadora cruzar la brecha generacional? En 2014, estadísticas provenientes de investigaciones de alta calidad en ratones aportaron la primera evidencia convincente de que puede tener lugar en mamíferos la herencia transgeneracional. Una genetista de la Universidad de Cambridge en Inglaterra, Anne Ferguson-Smith, publicó sus descubrimientos en la prestigiada revista *Science* después de poner a prueba en ratones las implicaciones epigenéticas de la hambruna holandesa. "Decidí que era momento de hacer algunos experimentos por mí misma sobre esto, en vez de criticar a la gente", se citó que dijo.

Hubo muchas críticas alrededor del descubrimiento clave de que la dieta de una madre embarazada tiene un impacto perdurable en la salud de sus hijos en su vida adulta. Para un darwiniano estricto, en el momento en que el esperma del padre fertiliza el óvulo de la madre, el destino de los genes se establece con firmeza en el bebé. Ferguson-Smith y sus colegas buscaron evidencia directa al usar una raza de ratones que era capaz de sobrevivir con una dieta sumamente baja en calorías. Como esperaban, los ratones tuvieron crías con muy bajo peso que después fueron propensos a la diabetes. Los machos de esta camada fueron progenitores de otra generación, y la segunda generación de ratones también tuvo diabetes aunque recibieron una dieta normal. Estos asombrosos descubrimientos aportaron la evidencia de que la cinta transportadora genética es real.

El nuevo paradigma abre enormes perspectivas. En la actualidad se advierte a las madres embarazadas no fumar ni beber alcohol durante el embarazo. Exponer al feto a toxinas eleva el riesgo de que tenga defectos de nacimiento. Es bueno prestar atención a las estadísticas sobre los riesgos. ¿Pero qué hay con mejorar a un bebé desde el vientre materno? Quizá has escuchado de mamás embarazadas que ponen música de Mozart a sus bebés en el vientre, y otros reportes de cómo un feto en el útero puede ser afectado por situaciones estresantes que experimenta la futura madre. Un gran tema de este libro es dar a tus genes el estilo de vida con el cual puedan funcionar de forma óptima. Esto sería doblemente verdad si estás decidiendo la herencia genética de una, dos o más generaciones futuras. ¿Y qué sucedería si la cinta transportadora estuviera cargada con tales experiencias óptimas que los hijos y nietos recibieran el mejor inicio posible en la vida con una herencia "suave"? Para nosotros, esto es mucho más inspirador que los planes para manipular el genoma de embriones con el objetivo de lograr un bebé genéticamente "perfecto". La ciencia de la transformación no siempre debe implicar implantes y jeringas.

Para dar lugar a una generación de niños con los mejores rasgos que puedan ser transmitidos por medio de herencia suave, debemos mirar más de cerca la ciencia que está detrás de lo que esto significa. Para explicar cómo es que una experiencia deriva en cambios genéticos necesitamos un nuevo término: *marcas epigenéticas*. Estas marcas son las huellas digitales del cambio. Son la clave para resolver el misterio de cómo cualquier cambio en el estilo de vida influye en nuestros genes, y no sólo un cambio drástico como el "invierno del hambre". Los eventos epigenéticos también pueden programar el ADN por medio de modificaciones químicas de las proteínas "acolchadas" (llamadas histonas) que rodean y protegen el ADN. Estas protecciones también deciden qué tramo del ADN que constituye un gen es expuesto a otras proteínas que encienden o apagan el gen, suben o bajan su actividad, e incluso qué tipo de proteínas o ARN producirá.

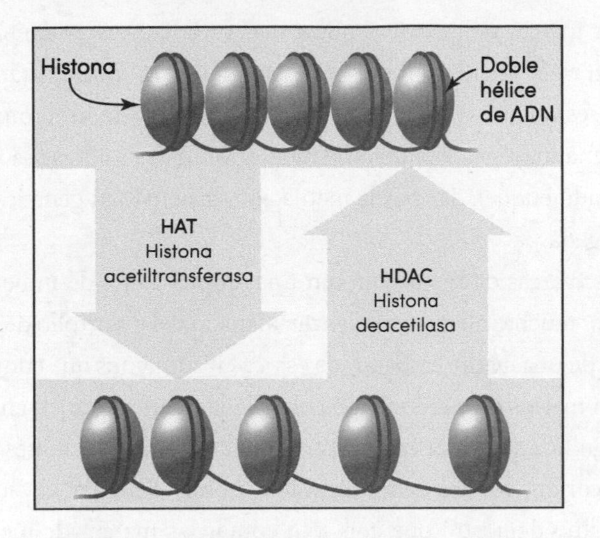

Imagina entonces que el cuerpo ha comenzado a estar privado de alimentos y eventualmente comienza a padecer hambre. ¿Cómo responde el cuerpo de una mujer embarazada? Podemos observarlo consumiéndose, pero de forma invisible su epigenoma está creando alteraciones genéticas. Las proteínas acolchadas que rodean el ADN comienzan a interactuar diferente con el ADN y dejan marcas epigenéticas. Las marcas pueden ser de diversos tipos, e involucran enzimas específicas con nombres como metilasa e histonas deacetilasas (HDAC). Incluso pequeños fragmentos de ARN (micro ARN) pueden hacer el trabajo. No necesitas recordar cómo funciona la química de la programación epigenética, pero la creciente evidencia indica que la alimentación, el comportamiento, los niveles de estrés y los contaminantes químicos pueden afectar la actividad genética y por ende la supervivencia y el bienestar de la persona.[1]

[1] Nota: Para simplificar el tema altamente complejo de los interruptores genéticos, nos hemos enfocado en las marcas de metilo, pero el encendido y apagado también involucran otros procesos químicos como la acetilación, que no estamos abordando. Las "almohadas" de histonas también están involucradas en el apagado y encendido de los genes e incluso en cambiar lo ceñido del doblado o arrollado de la hélice del ADN,. Tanto la metilación como la acetilación pueden modificar las histonas y la forma en que se ligan al ADN, y por lo tanto afectan las actividades de los genes en la región.

Las marcas epigenéticas quizá más estudiadas son aquellas que involucran la "metilación del ADN". Dondequiera que existan múltiples bases C junto a las G en la secuencia de ADN de un cromosoma, existe una mayor posibilidad de metilación. Si estas áreas se vuelven demasiado etiquetadas por la metilación, la actividad genética puede ser apagada.

Las marcas de metilo ofrecen una amplia gama de indicios. Por ejemplo, muchas alergias comienzan al inicio del desarrollo del feto. Si la dieta de una madre embarazada es rica en alimentos que etiquetan el ADN con marcas de metilo, es posible que las alergias surjan en el hijo. Esto significa que el mismo embrión gestándose en diferentes madres puede conducir a dos bebés distintos, a pesar de tener ADN idéntico. Un estudio demostró que con sólo contar las marcas de metilación en el genoma del ADN en la saliva, los investigadores pueden predecir el envejecimiento de una persona en los siguientes cinco años. Entre más marcas aparezcan, mayor es la persona; es como ver el desgaste en el dibujo de una llanta. Esto implica que la metilación excesiva puede ser la causa del envejecimiento prematuro y de enfermedades degenerativas entre los adultos mayores.

Sobrealimentar a los ratones justo después de nacer ha demostrado que conduce a un exceso de marcas de metilo en genes específicos que después los predisponen a la obesidad. Es difícil extrapolar estos efectos en los ratones a los humanos. Pero la hambruna holandesa, y los experimentos basados en ella, ofrecen un testimonio sombrío.

Una respuesta imprecisa

¿Pero qué hay con que los holandeses se volvieron los hombres más altos del mundo? A veces, para responder una pregunta se requiere descartar primero las respuestas falsas. En este caso, sabemos que no está involucrado ningún gen de la altura porque no existe tal cosa. Si una mujer embarazada desea una predicción sobre qué tan alto será su bebé cuando crezca, no podemos responderle a partir de nuestra comprensión actual de la genética. Se han identificado más de veinte genes que contribuyen a la estatura de un niño, y sus interacciones son demasiado complejas y escurridizas como para realizar predicciones precisas.

Incluso si este lado de la historia pudiera resolverse, existen factores ambientales que dan cuenta de al menos la mitad del resultado final. Estos factores incluyen la alimentación de la madre y del bebé, pero también otros intangibles como el comportamiento y el estilo de vida de la madre y el entorno familiar en que es criado el hijo. Por ejemplo, en Corea del Norte y Guatemala existe malnutrición crónica y como resultado los niños crecen con limitaciones. Una atención médica deficiente puede tener el mismo resultado, mientras que una mejor salud general hace que la población crezca más alta. Pero los holandeses no son notablemente diferentes que el resto de Europa en estas áreas. Como mencionamos antes, a lo largo de los últimos 200 años, a pesar de los periodos de alimentación escasa, como en Alemania después de la Primera Guerra Mundial, una mejor alimentación y mayor prosperidad han derivado en una mayor altura en todos los países europeos.

¿Qué otras respuestas se pueden descartar? No hubo una cantidad suficiente de nuevos genes que entraran al grupo genético holandés como para que eso sea la respuesta. Incluso si los nuevos genes en efecto se hubieran mezclado con los antiguos, no existe evidencia de que los holandeses comenzaran a casarse con extranjeros sumamente altos. Tampoco puede explicarse a partir de la idea de la supervivencia de los más aptos, porque los hombres holandeses más bajos no murieron después de que hombres más altos les quitaran el agua y los alimentos.

Sin embargo, los hábitos de apareamiento podrían tener algo que ver. Cuando la corte imperial china comenzó a preferir a los perros falderos surgió la raza pekinés de diseño, comenzando con los perros originales de China occidental hace más de dos mil años. Antiguos documentos de la corte especifican cuál debía ser la apariencia de un pekinés ideal, y el modelo era un león en miniatura. Los criadores debían desarrollar un perro con una cara plana, ojos grandes y brillantes, melena, patas cortas y de tamaño muy pequeño. En la mente de una cortesana china, esas cualidades eran como las de un león. Para lograr ese ideal, los criadores seleccionaban a los perros más pequeños de las camadas y los apareaban para que tuvieran perros aún más pequeños. De la misma forma, otros aspectos podrían ser estimulados en la cruza.

Los seres humanos no nos emparejamos siguiendo el esquema de un criador, e históricamente casi todo mundo se casaba, así que no había rasgos específicos que fueran desechados, al menos no de manera intencional. Pero sí elegimos a nuestras parejas de modo consciente y siguiendo inclinaciones personales. Si los holandeses admiraban la altura, y las personas más altas se veían atraídas por otras personas altas, con el tiempo esta secuencia produciría una descendencia más alta. Por lo regular, los rasgos genéticos no favorecen los extremos sino que regresan a la media. Han existido seres humanos de 61 centímetros y otros de 2.50 metros. Pero las posibilidades apuntan de manera apabullante a que un bebé estará mucho más cerca del promedio y crecerá hasta una altura entre 1.50 y 1.80 metros.

La regresión hacia la media, como llaman a esto los estadísticos, también explica por qué los padres con un IQ alto no pueden garantizar tener un hijo con un IQ alto. El componente genético de la inteligencia (que continúa siendo un tema controversial) favorece la inteligencia promedio, la altura promedio, el peso promedio y así sucesivamente. Por lo que serían necesarias generaciones de holandeses, con una gran mayoría que se casara por la altura, para producir una tendencia en la población. Una vez más, la historia de la herencia es demasiado complicada como para que un factor sea suficiente.

¿Y ahora qué? Una vez que eliminas las respuestas falsas, comienza a surgir una nueva forma de pensamiento. Los hombres holandeses crecieron más altos, no por simple causa y efecto, sino por una nube o niebla de causas. Los genes, la epigenética, el comportamiento, la alimentación y varias influencias externas jugaron una parte. Esto es cierto para todos los bebés, así que debe ser verdad para los bebés holandeses nacidos a lo largo de dos siglos. Pero de esta nube de causas podemos extraer algunas conclusiones positivas:

Diversos factores en la nube de causas están bajo nuestro control.

Muy pocas causas son determinantes. Rara vez somos marionetas controladas por nuestros genes.

La nube de causas es altamente adaptable al cambio.

Estas son conclusiones muy importantes. Una nube cambia de forma cuando cambia el viento, cuando la temperatura sube o baja, cuando se mueven los frentes climáticos, y la humedad aumenta y baja. En cualquier momento, las nubes que ves flotando en el cielo no sólo responden a una de estas influencias sino a varias o a todas. Intentar analizar una por una no es válido y a veces no puede hacerse. Es como tratar de predecir qué temperatura habrá en tu casa si hubiera cinco termostatos, cada uno con su propia configuración para una sola área.

Incluso bajo las peores condiciones, como el terrible estrés de la guerra, el genoma humano puede encontrar un beneficio. Durante la escasez de alimentos en Holanda en la Segunda Guerra Mundial, los hospitales notaron una mejoría en los niños hospitalizados con la extraña enfermedad celíaca, que afecta el intestino. La causa del padecimiento aún es desconocida, aunque una hipótesis era que la alimentación, en especial el trigo, tenía algo que ver. Un pediatra holandés, el doctor Willem Dicke, investigó esta conexión. Cuando los niños enfermos casi no comían pan, se recuperaban. Cuando se distribuyeron los primeros suministros de pan a los niños enfermos en los hospitales, los enfermos celíacos recayeron. Eso probó por primera vez la conexión entre la enfermedad celíaca y el trigo. Ahora se sabe que la enfermedad celíaca es un trastorno autoinmune con una predisposición genética que causa una reacción alérgica a la proteína del gluten (gliadina) que se encuentra en el trigo. Las proteínas de gluten similares que se encuentran en otros granos también provocan esta reacción.

De la misma forma, en países como Holanda y Bélgica, donde la dieta era rica en mantequilla y queso, la guerra provocó una marcada disminución en enfermedades cardiacas, lo que se atribuyó a la repentina caída en las calorías diarias y la escasez drástica de mantequilla, leche y queso cuando estos países estuvieron ocupados por los nazis. Décadas después, perder peso y reducir drásticamente la ingesta diaria de grasa se convirtió en parte de los programas para la salud del corazón a fin de conseguir un descenso en estas enfermedades.

Una nube no es un modelo muy satisfactorio para hacer ciencia, y es del todo inadecuado para alcanzar resultados en medicina. Los médicos están casados con el modelo lineal de causa y efecto. La causa A conduce a la enfermedad B, para la cual el médico receta el medicamento C. Pero, ¿y si el modelo de nube es correcto e ineludible? Nadie tiene una sala con cinco termostatos que funcionen de forma independiente, pero todos tenemos cuerpos con múltiples relojes, biorritmos y calendarios genéticos. Por este motivo, no existen dos personas que coincidan con exactitud en el día en que se les cayó su primer diente de leche, entraron a la pubertad, sintieron la primera punzada de dolor por la artritis o un sinfín de otras cosas que tienen un ritmo individual. Todo con respecto a nosotros se mueve dentro una escala fluctuante.

Entonces surge la pregunta: ¿cómo es que el cuerpo humano logra estar regulado de forma tan precisa que sincroniza todos sus relojes hasta las últimas moléculas de hormonas, péptidos, enzimas, proteínas y así sucesivamente? Como una nube, somos empujados desde todas direcciones, pero a diferencia de una nube, nuestros cuerpos son milagros de complejidad que mantienen un impresionante control.

Ahora que contamos con la secuencia completa de ADN del genoma humano, es mucho más fácil encontrar genes y mutaciones asociadas con el riesgo de enfermedad. Se han encontrado miles de mutaciones y genes relacionados con enfermedades que van del cáncer a la diabetes, de problemas del corazón a enfermedades degenerativas del cerebro en la vejez. Rudy ha descubierto varios genes y mutaciones que provocan o afectan el riesgo de padecer Alzheimer (incluido el primer gen de este tipo) así como otros trastornos neurológicos terribles como la enfermedad de Wilson, una rara condición en la que el cobre se acumula en las células y deriva en serios problemas neurológicos, psiquiátricos y de otros tipos. Conforme han aparecido cada vez más genes que provocan enfermedades, hemos descubierto que alrededor de cinco por ciento de las mutaciones de enfermedad garantizan el inicio de las mismas, mientras que la gran mayoría sólo sirve para incrementar la susceptibilidad de la persona, aunada a su entorno y los aspectos de su estilo de vida. El punto es que los humanos somos un manojo de rasgos complejos de los cuales no se han descubierto causas genéticas directas y quizá nunca se descubran. Bajo un punto de vista más realista de cómo se heredan las enfermedades comunes, el ADN serviría como esquema inicial de un edificio que será remodelado y al que se dotará de nuevo propósito una y otra vez conforme sea necesario.

Algunos todavía creen que saber lo que cada gen hace debería ser suficiente para comprender todas las enfermedades, y cuando esas vinculaciones sean validadas se cumplirá la promesa de que surgirán terapias médicas para curar enfermedades relacionadas con la genética. Pero hay un motivo por el cual no se ha dado ese paso, excepto por una minúscula fracción de padecimientos. No puedes saber lo que está haciendo un gen a menos que sepas cómo se enciende y apaga, como sube y baja, y cómo se modifica para producir ciertas variedades de proteínas. No importa qué tan perfecto se diagrame el circuito de una computadora, ésta se encuentra muerta hasta que se enciende. Lo mismo sucede con el ADN. El mecanismo detonador de los genes era un misterio que abrió el camino a la revolución genética actual.

CREAR MEJORES RECUERDOS

El logro más grande en los dos mil ochocientos millones de años de evolución en la Tierra no es el ADN humano ni el surgimiento de la vida a partir de moléculas inertes que nadaban en charcos humeantes de agua rica en químicos alrededor de las fisuras de los géiseres. El triunfo más importante de la evolución es la memoria. La memoria es lo que hizo posible la vida. Esto es bastante claro. Los anticuerpos en tu sistema inmunitario contienen la memoria de todas las enfermedades que ha enfrentado la raza humana. Un bebé recién nacido se defiende de las enfermedades al depender del sistema inmunitario de su madre, el cual ha tomado prestado. La inmunidad del bebé se desarrolla pronto cuando la glándula timo, que es el almacén de las batallas pasadas contra virus y bacterias invasoras, comienza a producir anticuerpos. El timo se expande hasta alcanzar su funcionamiento completo durante la adolescencia, y luego se encoge cuando su labor está terminada, alrededor de los veintiún años.

Si sólo nos enfocamos en este proceso, el papel de la memoria es muy profundo. Los genes de tu línea familiar determinan qué anticuerpos aparecerán en ti. Eso es tan sólo un brote en la gran rama de la evolución humana; esa rama conduce al tronco del árbol, que contiene inicialmente la memoria de cómo crear los anticuerpos. Las raíces del árbol son la capacidad del ADN de recordar experiencias y codificarlas para las generaciones futuras. Así que la próxima vez que no atrapes ese resfriado que te ronda, le debes tu inmunidad a la primera molécula de ADN.

La epigenética sugiere que nuestras células en cierto sentido "recuerdan" todo lo que hemos experimentado. Pero una sugerencia no es una prueba. Existe una gran diferencia entre recordar tu fiesta de diez años y un genetista examinando las modificaciones genéticas que codifican la memoria. Imagina que eres un telegrafista de hace décadas y que una oleada de rayas y puntos es transmitida por el cable. Puedes sostener el código en tus manos y contar todas las perforaciones en la cinta de papel, pero si no sabes español los mensajes serán ilegibles. En la genética de hoy el código está en nuestras manos, pero está en un lenguaje mucho más difícil que el español, y es el lenguaje mismo de todas las experiencias humanas.

Es un destino terrible estar a merced de tus memorias, pero esa es la situación en la que casi todos nos encontramos. La mente está poblada de miedos antiguos, heridas, eventos traumáticos y accidentes, deambulando a voluntad y distorsionando la forma en que vemos el presente. Si tienes agorafobia y temes a los espacios abiertos o públicos, no puedes salir de tu casa sin sufrir ansiedad. Tu miedo te ha convertido en esclavo de la memoria. En muchos sentidos todos estamos esclavizados por eventos que ya desaparecieron y no existen. Para estar vivo por completo debes aprender a usar tus recuerdos, y no al revés.

El miedo y las vacas electrizadas

Este es un ejercicio algo incómodo, pero siéntate por un minuto y permite que vuelvan malos recuerdos. Puede ser cualquier cosa, no importa el contenido. No busques un recuerdo doloroso reciente. Mejor busca algo que sucedió cuando aún eras pequeño. Podría ser cuando te caíste de un columpio o perdiste a tu mamá en la tienda. ¿Qué notas? Primero, que existe el recuerdo; segundo, que puedes recuperarlo. Según lo profundo del recuerdo, también notarás que se siente como si la vida se repitiera. La misma parte del córtex visual que ve un accidente de tren o la escena de una batalla entra en juego cuando una persona visualiza el accidente o la batalla al recordarla.

Todo lo que notas está reflejado en tu epigenoma. Vayamos todavía más allá. Cuando los hijos de la hambruna holandesa se volvieron vulnerables a la obesidad, la diabetes y a enfermedades del corazón, dichos recuerdos podían ser rastreados a la experiencia cercana a la inanición de sus madres. Los hijos no podían ver esta experiencia en su mente, y aun así heredaron una memoria molecular. Un impresionante estudio publicado en 2014 en la revista de alto impacto *Nature Neuroscience* añadió nueva evidencia sobre el efecto de la memoria en el ADN, sólo que en este caso el eje no fue la dieta sino el miedo. En este estudio los científicos entrenaron ratones para temer el aroma de la acetofenona química (que es agradable, como a azahar y cereza) al darles electrochoques leves cada vez que se les inducía el olor.

Los choques produjeron una reacción de estrés en los ratones, la cual se observó en su comportamiento nervioso y tembloroso. Después de un tiempo ya no fue necesario aplicar los choques. Tan sólo oler la acetofenona era suficiente para producir la reacción de estrés. Un productor de películas de terror puede hacer casi lo mismo al mostrar una habitación oscura y el sonido de una puerta que rechina. Los ojos de la heroína se encienden con miedo, ¿y qué sucede en la audiencia? Estas imágenes y sonidos inofensivos producen la anticipación de que algo horrible está por suceder. La evidencia de la respuesta de estrés aparecerá en casi todos los espectadores.

Pero el estudio de ratones que asoció un olor inofensivo con un electrochoque fue más allá. Este miedo adquirido en la edad adulta fue heredado a los hijos de los ratones e incluso a la siguiente generación. Los hijos y los nietos de los ratones condicionados al miedo nunca antes habían experimentado la fragancia de la acetofenona, pero temblaban al momento de olerla sólo porque sus padres fueron condicionados a asociar el aroma con dolor. Los investigadores analizaron entonces el gen que produce el receptor de proteína necesario para oler el químico, y encontraron que había sido modificado epigenéticamente por metilación.

La sabiduría popular ha sabido de este fenómeno desde siempre, expresado en una frase sabia de Mark Twain: "Si un gato se sienta en una estufa caliente, no se volverá a sentar en una estufa caliente. Y tampoco se sentará en una fría". De la misma forma, la sabiduría detrás de volverte a subir a un caballo después de caer está basada en el conocimiento instintivo de que el miedo puede provocar una impresión duradera a menos que la contrarrestes lo más pronto posible. Por supuesto, este tipo de condicionamiento está mediado por los recuerdos conservados por las redes neuronales en tu cerebro. Las mismas experiencias pueden modificar químicamente tu genoma para crear una "memoria molecular" paralela.

Hemos repetido varias veces que el ADN es responsable tanto de la estabilidad como del cambio. Ahora hemos llegado a un nuevo giro inesperado. ¿Cómo es que nuestro cerebro y genes determinan la diferencia entre el peligro real (una estufa caliente) y el peligro imaginario (una estufa fría)? Parece que los animales no lo hacen, como lo demuestran estudios de ganado entrenado con vallas eléctricas. El primer paso es encerrar al ganado en un corral pequeño rodeado por una valla eléctrica que da un toque inofensivo si se toca. La corriente eléctrica corre por un alambre delgado.

Después de un día, y a veces tan sólo una hora, las vacas electrizadas han aprendido a evitar la valla. Entonces pueden ser liberadas en un área de pastoreo rodeada por un solo alambre. Aunque el ganado podría vencer esta barrera con facilidad, entrenarlas con un alambre electrificado las mantiene dentro. Así, el antiguo principio de confinar físicamente a las vacas con barreras como rejas es cambiado por una barrera psicológica. Resulta difícil para los granjeros mayores aceptar que una valla psicológica puede ser más poderosa que una física, pero en experimentos en que las vacas hambrientas fueron separadas de una paca de heno por un solo alambre electrificado, se observó que no traspasaban la barrera para ir por la comida.

¿Es heredable esta forma de entrenamiento psicológico? Parece que sí, como lo evidencia una vez más el ganado. Para evitar que deambule por el camino, los granjeros instalan rejas, por lo regular de acero, con huecos entre las barras. Pero al parecer las rejas como tales no son necesarias. Pueden ser simuladas con rejas falsas como lo describió Rupert Sheldrake, un biólogo británico famoso por su pensamiento e investigación aventureros. (Este rasgo lo ha convertido en un pensador revolucionario, un rebelde audaz, un caso atípico de la biología convencional, o bien alguien demasiado crédulo de los fenómenos misteriosos, según el punto de vista desde el cual se mire. Apreciamos muchísimo su intrepidez.) En un artículo de 1988 en la revista *New Science*, Sheldrake escribe:

> Los granjeros a lo largo del oeste americano han descubierto que pueden ahorrar dinero en rejas para el ganado al usar rejas falsas que consisten en rayas pintadas sobre el camino [...] No es físicamente posible que el ganado camine sobre las rejas reales, pero no suelen intentar cruzarlas; las evitan. Las rejas ilusorias funcionan como las reales. Cuando el ganado se acerca a ellas, "frenan con las cuatro patas", como me lo expresó un granjero.

Aunque Sheldrake se percató de este fenómeno por sus amigos americanos que visitaba en Nevada, las implicaciones resonaron en él. Por varias décadas Sheldrake había sido una voz casi solitaria que proponía que los recuerdos pueden ser transmitidos de una generación a la siguiente. Sin importarle la ridiculización por parte de los viejos genetistas —esto sucedió mucho antes del nacimiento de la epigenética—, escribió libros visionarios como *Una nueva ciencia de la vida* (1981) y *La presencia del pasado* (1988) para reunir la evidencia creciente de que la herencia a través de las generaciones era real. Todavía se encuentran entre los libros más fascinantes y reveladores en el tema de la memoria como la mayor fuerza en la evolución. Como explica Sheldrake:

> De acuerdo con mi hipótesis… los organismos heredan hábitos de miembros anteriores de su especie. Sugiero que esta memoria colectiva es propia de campos, llamados campos morfológicos, y se transmite a través del tiempo y el espacio… Desde este punto de vista, el ganado que se enfrentó por primera vez a las rejas, o con cosas que parecían rejas, tendió a evitarlas debido a [la herencia] de otro ganado que había aprendido por experiencia a no intentar cruzarlas.

Un escéptico protestaría diciendo que seguro existen otras explicaciones, más convencionales. Podría ser que las vacas no heredan la tendencia a evitar las rejas sino que la adquieren de forma individual por medio de la exposición dolorosa a las rejas reales, o la obtienen de alguna forma de los miembros más experimentados del rebaño.

Sheldrake responde:

> Éste no parece ser el caso. Los granjeros me han dicho que los rebaños que no han sido expuestos antes a rejas reales evitan las

rejas falsas. Esto también ha sido descubierto por investigadores en los departamentos de ciencia animal en la Universidad Estatal de Colorado y la Universidad Agrícola y Mecánica de Texas, con los cuales he tenido comunicación. Ted Friend, de la Universidad Agrícola y Mecánica de Texas, ha medido la respuesta de varios cientos de cabezas de ganado a las rejas pintadas y ha encontrado que los animales inexpertos las evitan tanto como aquellos que estuvieron expuestos previamente a las rejas reales.

¿Es esto posible también en humanos? Heredar un rasgo de comportamiento puede explicar por qué los indios mohawk han trabajado por generaciones en la construcción de los rascacielos de Nueva York: caminan sobre las vigas a cientos de metros, y parece que no temen caer. ¿Acaso heredaron este rasgo? ¿El mismo tipo de herencia es el motivo por el cual los jugadores rusos de ajedrez han ganado el campeonato mundial tantas veces seguidas?

Aun así, el efecto de la memoria heredada a través de generaciones es lo bastante suave para ser revertido, al menos en animales. Al escribir sobre el ganado que evita las rejas falsas, Sheldrake dice:

> Sin embargo, el hechizo de una reja falsa puede ser roto. Si se presiona a las vacas a dirigirse hacia una reja falsa, o si la comida está del otro lado, unas cuantas la saltarán; pero a veces una la examinará de cerca y entonces tan sólo la cruzará caminando. Si un miembro del rebaño hace esto, pronto los demás lo seguirán. Así, la reja falsa deja de actuar como barrera.

Al menos algunas ovejas y caballos muestran también una aversión innata a cruzar rejas pintadas. En contraste, en el que quizá es el único experimento de esta índole que se haya llevado a cabo con cerdos, los animales corren hacia la reja pintada, la huelen y comienzan a lamerla.

Los investigadores de Texas usaron una pintura lavable a base de agua con una base de harina y huevo.

Notar estos aspectos de la memoria es fácil. En nuestra mente todos somos viajeros expertos en el tiempo. Pero así como tenemos habilidad para almacenar un recuerdo y evocarlo, somos bastante malos para borrar los malos recuerdos. Los recuerdos son pegajosos. Años de terapia pueden no ser suficientes para eliminar el poder de los viejos traumas. Las drogas y el alcohol sólo los enmascaran de forma temporal. La negación esconde el mal recuerdo debajo del tapete, pero no hay garantía de que permanecerá ahí.

La genética nos dice que cualquier experiencia pasada, buena o mala, es pegajosa porque ha ocupado su lugar, usando enlaces químicos, muy dentro de la célula, en el núcleo donde reside el ADN. En una molécula de sal, los átomos de sodio y cloro están unidos con firmeza. Muchas cosas dependen de que permanezcan juntos, porque si vertieras algo de sal y se separara en sus componentes, la liberación del gas de cloro sería venenosa. Asimismo es necesario que los enlaces de ADN permanezcan atados o la vida se esfumaría en una nube de átomos.

La vida se trata de la persistencia de la memoria. Hasta hace poco, los únicos recuerdos al alcance de los genetistas eran los peldaños que conectan la doble hélice del ADN, y estos fueron fijados en su lugar hace muchísimo en el tiempo evolutivo. Sin embargo, la epigenética utiliza ahora la química para crear memorias genéticas de experiencias pasadas, que son mucho más recientes e íntimas que las memorias de dos mil ochocientos millones de años de edad que construyeron la molécula del ADN originalmente.

DE LA ADAPTACIÓN A LA TRANSFORMACIÓN

La genética ya está muy encaminada con su revolución actual, ¿pero cómo impacta nuestra vida diaria? Simplemente, por medio de la adaptación. Los dinosaurios se adaptaron tan bien a su entorno que dominaron la vida en la Tierra como los mayores predadores. Cruzaron la barrera climática y migraron a zonas más frías que ahora se encuentran en el Ártico (debido al movimiento de las placas tectónicas). Algunos dinosaurios eran vegetarianos y otros carnívoros. Pero si bien su capacidad de adaptación era magnífica, un cataclismo los destruyó. Un meteoro gigante chocó con la Tierra, en lo que se cree que es ahora la región de Yucatán, en México, y de la noche a la mañana causó un cambio climático. El polvo generado por el impacto nubló el sol en todo el planeta, la temperatura bajó de forma precipitada y el ADN de los dinosaurios no tuvo tiempo de cambiar.

¿O sí lo hizo? Algunos reptiles de la actualidad sobreviven en climas gélidos al hibernar durante el invierno, lo cual permite a las víboras vivir en Nueva Inglaterra, por ejemplo. Pero la adaptación toma mucho tiempo, incluso eras, si es que una especie tiene que esperar a que sucedan mutaciones aleatorias. La adaptación puede ocurrir mucho más rápido en un individuo por medio de la expresión genética.

La cabra que hubiera sido humana

En 1942 un veterinario y anatomista holandés llamado E. J. Slijper reportó sobre una cabra nacida en la década de 1920 sin patas delanteras funcionales. La cabrita se adaptó a su desafortunada condición al aprender cómo brincar, como canguro, con sus patas traseras. La cabra sobrevivió un año antes de morir de manera accidental. Cuando Slijper realizó la autopsia, se llevó varias sorpresas. Los huesos de las patas traseras de la cabra se habían alargado. Su columna vertebral tenía forma de *S*, como la columna humana, y los huesos estaban unidos a los músculos de forma que parecían más los de un humano que los de una cabra. Otras dos características humanas habían comenzado a desarrollarse: una placa de hueso más ancha y gruesa le protegía las rodillas, y una cavidad interna más curva en el abdomen.

Es asombroso pensar que en un año un nuevo comportamiento, caminar erguida, haría parecer que la cabra se estuviera volviendo humana, o al menos como un animal que camina en dos patas, porque todos estos cambios están asociados con la evolución del movimiento bípedo. Las actividades genéticas habían cambiado para remodelar la anatomía de la cabra. Por mucho tiempo la cabra de Slijper no atrajo la atención de forma seria. En la visión darwiniana estándar, los humanos aprendieron a caminar en dos piernas debido a mutaciones aleatorias que transformaron nuestra postura de aquella encorvada de otros primates, y dichas mutaciones casi siempre ocurren una a la vez. Incluso sin las observaciones de Slijper, para los evolucionistas es un gran desafío explicar de forma creíble cómo es que ocurrieron uno a uno todos los ajustes anatómicos necesarios para que los humanos comenzaran a caminar erguidos. Sin embargo, todos funcionan juntos, y la cabra demostró que podían surgir juntos, no como mutaciones sino como adaptaciones. ¿Puede de hecho el epigenoma transmitir un conjunto de cambios completo e interconectado?

Aunque la discusión al respecto es muy acalorada, la velocidad de las adaptaciones en los seres humanos no disminuye. No ha sido resuelta la pregunta de qué tanto de tu estilo de vida afectará a tus hijos y nietos, pero los cambios que ocurren en ti son innegables.

Por eso es que los gemelos idénticos no son idénticos en realidad. Desde el momento en que nacen comienzan a vivir vidas distintas y por ende se vuelven personas diferentes, a pesar de contar con genomas virtualmente duplicados. Los gemelos idénticos pueden variar bastante en su susceptibilidad a las enfermedades y en su comportamiento. Los estudios genéticos en gemelos idénticos se han usado tradicionalmente para determinar lo que se conoce como heredabilidad de la enfermedad. Si uno de los gemelos adquiere cierta enfermedad, ¿qué posibilidades hay de que el otro la adquiera en quince años? De hecho, es un cálculo simple. Después de estudiar a cientos de pares de gemelos idénticos, los investigadores determinaron que la probabilidad de que ambos tengan Alzheimer es de 79 por ciento si uno de ellos la padece. Esto significa que el estilo de vida representa 21 por ciento de probabilidad de desarrollar Alzheimer, incluso con genomas idénticos.

En cambio, para la enfermedad de Parkinson, la heredabilidad es de sólo 5 por ciento; por ello parece que el estilo de vida juega un rol mucho mayor. La heredabilidad en fracturas de cadera en personas menores de 70 años es de 68 por ciento, pero después es de 47 por ciento. Para enfermedades coronarias la posibilidad es de 50 por ciento, no mayor que el riesgo aleatorio. Para varios tipos de cáncer —de colon, próstata, mama y pulmón— la heredabilidad en gemelos idénticos va de 25 a 40 por ciento, lo cual es la razón por la que la visión actual sostiene que en su mayoría los cánceres, quizá la gran mayoría, son prevenibles. Los cambios epigenéticos asociados al cáncer pueden ser inducidos por factores como la exposición crónica al asbesto, solventes y humo de cigarros. Pero estos cambios epigenéticos causantes de cáncer pueden ser compensados con una dieta saludable y ejercicio; y esa es una posibilidad altamente promisoria.

El cambio está en el aire

Los cambios físicos no siempre requieren de causas físicas. A veces el estímulo puede ser tan sólo una palabra. Si conoces a alguien nuevo y te enamoras, sucede un cambio dramático en la actividad cerebral —esto ha sido ampliamente documentado—, y si la persona de la que estás enamorada dice "Te amo", en lugar de "Estoy saliendo con alguien más", la expresión genética en el centro emocional de tu cerebro será alterada de forma dramática. Al mismo tiempo, los mensajes químicos enviados por medio del sistema endocrino crearán una adaptación en tu corazón y en otros órganos. Buscar ser aceptado por un ser amado puede hacerte sufrir por amor; ser rechazado puede romperte el corazón. Existe una expresión genética única para ambas situaciones.

Hay ciencia sólida que respalda estas experiencias milenarias. En un estudio de 1991 realizado por microbiólogos en la Universidad de Alabama, inyectaron a ratones con un químico que estimulaba su sistema inmunitario. Este químico, conocido como poli I:C (ácido polinosínico-policitidílico), causa una mayor actividad en una parte del sistema inmunitario llamada células asesinas naturales. Al mismo tiempo, conforme los ratones recibían la inyección de poli I:C, se liberó en el aire el olor de alcanfor. Se entrenó rápido a los ratones a asociar las dos cosas, y después una cantidad mínima de poli I:C era suficiente para estimular las células asesinas naturales de los ratones mientras el olor del alcanfor estuviera en el aire.

Los cuerpos de los ratones producían por sí mismos los químicos necesarios para estimular su sistema inmunitario. Sólo necesitaban un pequeño detonante. Éste es un descubrimiento impactante porque muestra que los genes pueden adaptarse en una dirección específica con muy poca motivación. Las moléculas de alcanfor que van de la nariz hacia el cerebro de un ratón no tienen efecto en el sistema inmunitario. Fue la *asociación* con el alcanfor lo que creó el efecto. Hemos avanzado un paso más allá de las vacas electrizadas, cuyo comportamiento fue cambiado por el recuerdo del dolor al sentir los toques eléctricos. Los ratones no aprendieron de forma consciente. Sus cuerpos se adaptaron sin que la mente (en sí misma) tuviera que aprender o siquiera pensar.

Los seres humanos *podemos* pensar, por supuesto, pero nuestro cuerpo está siendo afectado sin cesar aun cuando no somos conscientes de ello. Con respecto al olor, las feromonas secretadas por la piel están conectadas con la atracción sexual en los mamíferos y parece que juegan un rol en la atracción humana. En un experimento para probar la aromaterapia, los investigadores descubrieron que la gente reporta de forma fidedigna un cambio positivo en el estado de ánimo después de oler aceite de limón, en comparación con no tener cambio alguno después de oler lavanda o agua sin olor. Esa elevación del estado de ánimo sucedió aunque los sujetos jamás hubieran experimentado alguna vez la aromaterapia. De hecho, a un grupo no le dijeron nada acerca de los aromas o qué esperar, y su estado de ánimo también mejoró después de oler aceite de limón.

Pero el poder de la expectativa es innegablemente fuerte. En el efecto placebo, un sujeto recibe una pastilla inerte de azúcar y se le dice que es un medicamento para aliviar síntomas como dolor o náusea, y en 30 a 50 por ciento de las personas, el cuerpo comienza a producir los químicos necesarios para conseguir el resultado esperado. Aunque el efecto placebo ya es algo muy conocido, aún resulta asombroso que simples palabras ("Esto te aliviará las náuseas") puedan detonar una respuesta específica en la conexión entre el cerebro y el estómago. Incluso puedes darle al sujeto un medicamento que *provoca* náusea, y con sólo escuchar que es una pastilla antináusea, en algunas personas ésta desaparece. Para completar el cuadro, existe el efecto nocebo, en el que darle a alguien una inofensiva pastilla de azúcar mientras se le dice que no sentirá ningún beneficio al tomarla, puede crear incluso efectos negativos.

Parece que nos hemos desviado bastante de cómo la adaptación falló en los dinosaurios, pero todos estos descubrimientos son sumamente relevantes. Si un simple olor o las palabras "Esto te hará sentir mejor" pueden alterar la expresión genética, y si una sustancia del todo inerte puede provocar náusea o hacer que desaparezca, todo el mundo de la adaptación está abierto. En vez de ser como los perros de Pavlov, que salivaban cada vez que escuchaban una campana asociada con la hora de comer, los humanos insertamos otro paso: la interpretación.

No existe ningún tipo de interpretación en un ratón entrenado para asociar el alcanfor con una respuesta más fuerte del sistema inmunitario. El estímulo conduce a la respuesta. Pero todos los intentos por entrenar el comportamiento humano tienen una probabilidad de fallar de al menos 50/50. Los incentivos positivos como el dinero, el poder y el placer afectan a todos, pero siempre hay una persona que se niega y se aleja. Los incentivos negativos como el castigo físico, la intimidación y la extorsión es muy probable que logren que la gente haga lo que sus verdugos desean, pero siempre hay quienes se resisten y no ceden. Entre el estímulo y la respuesta está la mente consciente y su capacidad para interpretar la situación y responder de acuerdo con ella.

Así que lo que tenemos es un circuito de retroalimentación que funciona con cada experiencia. Existe un evento detonante A, que conduce a la interpretación mental B, que resulta en la respuesta C. Esta respuesta es recordada por la mente, y la próxima vez que surja el mismo evento A, la respuesta no será exactamente la misma. Este circuito de retroalimentación es una conversación interminable entre la mente, el cuerpo y el mundo exterior. Nos adaptamos rápido y de manera constante.

Este resultado se volvió aún más fascinante cuando los experimentos tomaron el mismo olor del alcanfor y lo introdujeron mientras inyectaban a los ratones con un medicamento que bajaba la respuesta inmunológica. Una vez más, después de un tiempo sólo fue necesario el olor del alcanfor para afectar la respuesta inmunológica de los ratones. En otras palabras, el mismo estímulo (el alcanfor) puede inducir una respuesta específica y su opuesto exacto.

Adaptarse primero, mutar después

A pesar de la creciente base de evidencia que apoya la epigenética, algunos biólogos evolucionistas no pueden evitar insistir en que la evolución de nuestra especie es por completo azarosa y está basada tan sólo en la selección natural. Insinuar siquiera que quizá existe algún programa epigenético altamente interactivo que dirige la evolución de nuestra especie, puede provocar que muchos biólogos evolucionistas acérrimos echen espuma por la boca y te etiqueten como un "creacionista" que divulga nociones de "diseño inteligente". Sin duda no estamos sugiriendo un "diseño inteligente". Sin embargo, al considerar la evidencia cada vez mayor de los efectos de la epigenética en la salud general, es momento de considerar de forma seria lo que la nueva genética nos enseña acerca de nuestra propia evolución.

Los descubrimientos actuales pueden hacer una diferencia de vida o muerte. A lo largo de casi tres décadas en la Universidad del Estado de Ohio, la profesora Janice Kiecolt-Glaser y sus colegas han examinado los efectos del estrés crónico en el sistema inmunitario. El panorama general ya era bien conocido. Si eres sometido a estrés continuo, baja la resistencia a la enfermedad. Además, corres el riesgo de desarrollar trastornos como cardiopatías e hipertensión. Pero la gente está mucho menos familiarizada con los peligros del estrés cotidiano, del tipo que no nos gusta pero sentimos que debemos soportar.

El grupo de Kiecolt-Glaser observó una especie de estrés que se ha convertido en algo mucho más común recientemente, al cuidar a alguien con Alzheimer. La generación del *baby boom* está siendo marginada cada vez más por tomar la responsabilidad de sus padres ancianos con Alzheimer, y debido a que el cuidado profesional es limitado y demasiado caro, millones de hijos adultos son el último recurso para el cuidado de sus progenitores. Aunque amemos mucho a nuestros padres, cuidarlos a toda hora genera un estrés crónico serio, día tras día.

Se está pagando un precio genético. Como lo reportó un sitio web de investigación de dicha universidad: "Trabajo previo de otros investigadores ha demostrado que las madres que cuidan a hijos con enfermedades crónicas desarrollan cambios en sus cromosomas que equivalen a varios años de envejecimiento adicional entre ese tipo de cuidadoras". Cuando su atención se dirigió en particular a los cuidadores de personas con Alzheimer, no fue sorprendente que el equipo de Kiecolt-Glaser descubriera indicadores más altos de depresión y otros efectos psicológicos. Pero ellos también deseaban enfocarse en las células específicas que mostraban evidencia de cambios genéticos.

Las encontraron en los telómeros de las células inmunológicas. Como recordarás, los telómeros son las tapas que van al final de una secuencia de ADN, como el punto al final de una oración. Los telómeros se deshacen conforme las células se dividen una y otra vez, lo que da un marcador para el envejecimiento. "Creemos que los cambios en estas células inmunológicas representan la población completa de células en el cuerpo, lo que sugiere que todas las células del cuerpo han envejecido en ese mismo grado", dice Kiecolt-Glaser. Estima que el envejecimiento acelerado priva a los cuidadores de personas con Alzheimer de cuatro a ocho años de vida. En otras palabras, la adaptabilidad de nuestros cuerpos tiene serias limitaciones.

Kiecolt-Glaser señaló que existe abundante información que muestra que los cuidadores estresados mueren antes que las personas que no tienen dicho rol. "Ahora tenemos una buena razón biológica por la que esto es así", dijo. Como Rudy pudo apreciar con rapidez al secuenciar genomas completos de más de 1 500 pacientes con Alzheimer y sus hermanos saludables, el genoma está repleto de secuencias repetitivas de A, C, T y G. Algunas de estas secuencias repetidas en el ADN pueden atar ciertas proteínas que residen muy profundo dentro del núcleo de la célula, con el fin de controlar las actividades de los genes a su alrededor. Otras repeticiones están en las puntas de los cromosomas, y su longitud es controlada por proteínas como la telomerasa. Entre más tiempo permanezcan estables las puntas de los cromosomas (reconstruidas por la telomerasa), las células sobrevivirán más tiempo.

El hecho es que a lo largo de nuestra vida nos adaptamos a nuestro entorno todos los días al modificar nuestros cuerpos, incluidas modificaciones al nivel de nuestra actividad genética. Tu siguiente comida, tu siguiente estado de ánimo, tu siguiente hora de ejercicio está modificando tu cuerpo en un flujo de cambio interminable. Darwin explicaba cómo una especie se adapta al entorno a lo largo de eras, el paso de decenas de millones de años en los cuales surgieron los dinosaurios y luego se transformaron en aves. Para un darwinista estricto, las plumas usadas para volar son sólo una adaptación física frente a la presión ambiental. Pero de hecho nuestros genomas se adaptan en tiempo real a cada momento de nuestras vidas en la forma de actividad genética. ¿Es posible que estas adaptaciones sean una fuerza impulsora por sí mismas?

Ahora mismo ese es un tema candente. Para la gran mayoría de los biólogos evolucionistas, es inaceptable colocar la adaptación antes de la mutación. Pero existen excepciones. En un artículo de la revista *New Scientist* publicado en enero de 2015 y titulado "Adapt First, Mutate Later" ("Adaptarse primero, mutar después"), el reportero pone a la cabra de Slijper en un nuevo contexto. Un pez primitivo de África llamado bichir tiene la capacidad de sobrevivir en tierra. Como adaptación, caminar sobre la tierra ayuda a que el bichir sobreviva en la época de sequía, ya que así puede dejar un estanque seco para buscar agua fresca, así como nuevas fuentes de alimento y un territorio más amplio que colonizar. Otras especies tienen la misma adaptación. Un pez gato caminante, proveniente del sureste de Asia (*Clarias batrachus*), escapó en Florida y se volvió un fuerte invasor al poder viajar en tierra. Éste no usa dos patas sino que se contonea, impulsándose con sus aletas frontales o pectorales, lo cual mantiene su cabeza en alto. Mientras estén húmedos, estos peces gato pueden permanecer fuera del agua por tiempo casi indefinido.

Esta adaptación para caminar sobre la tierra le recordó a Emily Standen, una evolucionista de la Universidad de Ottawa, cómo los peces ancestrales emergieron de los océanos hace cientos de millones de años. Hace poco, un fósil de 360 millones de años causó sensación al aportar evidencia física de este cambio de era de la vida en la Tierra. Un fósil de pez que acaba de ser descubierto, llamado *Tiktaalik roseae*, tenía un esqueleto que era como de pez pero con nuevas características como de tetrápodos, o habitantes de tierra con cuatro patas. Standen se especializa en la mecánica de las especies en evolución, y se preguntó si estas mismas adaptaciones podían ser aceleradas: y sí es posible, de forma bastante dramática.

Standen y su equipo criaron peces bichir en tierra, y al ser forzados a contornearse sobre sus aletas más de lo que lo harían en su entorno natural, los peces cambiaron su comportamiento y se volvieron caminantes más eficientes. Colocaron sus aletas más cerca de sus cuerpos y elevaron más alto sus cabezas. Sus esqueletos también mostraron cambios en el desarrollo: los huesos que soportaban las aletas habían cambiado de forma como respuesta a una mayor gravedad (los peces dentro del agua pesan menos). Al igual que la cabra de Slijper, se formó todo un grupo de adaptaciones necesarias. Tomará tiempo ver qué tan lejos nos llevará esta línea de investigación, pero ya sugiere exactamente lo que dice el título del artículo de *New Scientist*: "Adaptarse primero, mutar después".

El problema de la muñeca rusa

Todo este pensamiento revisionista es bastante para tomar en cuenta, pero te aseguramos que todo conduce a algo grandioso. Resulta desconcertante reemplazar el simple modelo evolutivo de causa y efecto por una nube de influencias vagas. Lo mismo vale para tu cuerpo en este instante. Cualquier día es bombardeado por influencias: por medio de la comida, el comportamiento, la actividad mental, los cinco sentidos y todo lo que sucede en el entorno. ¿Cuál será decisivo? Los genes pueden predisponerte a la depresión o a la diabetes tipo 2 o a ciertos tipos de cáncer, aunque sólo un porcentaje de personas con dicha predisposición tendrán activado ese gen. Localizar un factor o factores específicos que activarán un gen específico es como aventar una baraja al aire y atrapar el as de espadas conforme caen las cartas.

A los científicos no les gusta abandonar la causa y efecto lineales. Muchos incluso odian la idea en sí. Así que nos quedamos con un modelo que parece una *matrioska* tradicional, o muñeca rusa, en la cual dentro de la muñeca más grande hay una más pequeña, y dentro de ésta, otra aún más pequeña, y así hasta llegar a una muñeca minúscula. Las muñecas rusas son encantadoras, ¿pero qué sucedería si afirmaras que la muñeca más grande fue *construida* por la que está dentro de ella, y esa por la siguiente más pequeña, y así sucesivamente?

Eso es en esencia hacia donde nos conduce la genética. A veces el panorama genético es lo bastante simple como para que no surja ninguna ambigüedad. Imagina que ves un flamenco blanco que destaca entre miles de flamencos rosas. ¿Qué hizo que fuera blanco? La respuesta es dada por una secuencia lineal de pensamiento. Primero viene una especie, el género *Phoenicopterus*, que contiene seis especies de flamencos divididos entre América y África. Cada una tiene un gen dominante que produce plumas rosas generación tras generación. Pero todos los genes pueden mutar o no aparecer, lo que conduce a que un ave al azar sea albina. El número de aves que nacen con plumas blancas puede ser predicho estadísticamente, y ahí termina la historia.

Estamos usando razonamiento de muñeca rusa, yendo a los niveles más y más pequeños de la naturaleza en busca de causas. Este es el método reduccionista, que tiene en la ciencia el valor de una larga tradición. Perseguir a la naturaleza hasta su componente más pequeño es el objeto de la ciencia, ya sea un físico persiguiendo partículas subatómicas o un genetista persiguiendo marcas de metilo en un gen. Pero hay un problema con esto, y es verdaderamente crucial.

Considera a alguien que se ha vuelto obeso, uniéndose así a la epidemia de obesidad que ha arrasado en los países desarrollados. Existen muchas teorías acerca del motivo por el que un individuo se vuelve obeso. Se ha sugerido que se debe al estrés, el desequilibrio hormonal, los malos hábitos alimenticios desde la infancia y el exceso de azúcar refinada y almidón en la dieta moderna. Usando el razonamiento de muñeca rusa, la eventual explicación se rastrearía hasta el nivel genético. Aunque alguna vez hubo una búsqueda comprometida del "gen de la obesidad", apoyada por evidencia estadística que mostraba que el sobrepeso se manifiesta por familias, el proyecto sólo tuvo un éxito limitado aunque identificó algunos genes (por ejemplo, el gen FTO) que transmiten variantes de ADN ligeramente predispuestas a la obesidad. Al igual que los trastornos como la esquizofrenia, que tienen un componente genético, la influencia genética aporta una predisposición como mucho.

En la actualidad se ha descubierto una muñeca más pequeña en la epigenética y los interruptores que ésta controla. Casi todos los factores que podrían contribuir a la obesidad, ya sea demasiado estrés, azúcar en exceso, malos hábitos alimenticios o desequilibrio hormonal, teóricamente serían regulados por el epigenoma, la estación interruptora que convierte la experiencia en alteraciones genéticas. Pero la línea reduccionista de pensamiento se topa con un callejón sin salida. Pero aquí es donde la línea reduccionista de razonamiento llega a su límite. Es en extremo difícil decir qué experiencia particular crea qué marca en qué gen, y así cambiar la actividad genética. Algunas personas se vuelven obesas con o sin estrés, con o sin azúcar, y así sucesivamente. Como resultado, es imposible predecir con exactitud cómo las experiencias pasadas o futuras alteran tu actividad genética de manera segura. La nube de causas que rodea el motivo por el que los hombres holandeses de pronto crecieron tan altos también rodea en buena parte a la epigenética. *Algo* crea marcas de metilo, pero la marca es algo material en la naturaleza mientras que ese *algo* que la creó no lo es. Una toxina ambiental puede causar cambios epigenéticos, pero también lo puede hacer una emoción fuerte como el miedo, al menos en ratones hasta ahora.

Si analizas con profundidad, la suposición básica de que existe una causa material que provoca marcas genéticas resulta poco firme. Es toda la gama de experiencia de vida, desde las interacciones físicas hasta las reacciones emocionales, lo que gobierna la modificación química de ciertos genes con marcas de metilo. Una marca de metilo, que recordarás es el método más estudiado en que el epigenoma modifica a un gen, es en extremo pequeña. Químicamente, un grupo metilo es minúsculo, no más grande que un átomo de carbono unido a tres átomos de hidrógeno. La metilación sólo marca el par base C (citosina), pegándose a él como una rémora, o pez ventosa, se pega al vientre de un tiburón: la molécula de citosina es 40 veces más grande. Se ha demostrado que cuando el ADN es modificado con más marcas de metilo, cierta porción de éste es apagada. Así que al parecer estamos ante el punto más pequeño, aquel que enciende o apaga a todos los más grandes. Noventa por ciento de las modificaciones en el ADN asociadas con enfermedades están localizadas en áreas interruptoras del gen. Además, la epigenética tiene un notable efecto en el desarrollo prenatal, la personalidad y los tics del comportamiento, y la susceptibilidad a enfermedades por encima y más allá de los genes y mutaciones heredadas de nuestros padres.

La manera en que tu madre vivió su vida mientras te llevaba en el vientre podría afectar de manera potencial tus propias actividades genéticas y tu riesgo de padecer enfermedades décadas después. Investigadores canadienses en la Universidad de Lethbridge sometieron a ratas adultas a condiciones estresantes y luego estudiaron a sus crías. Las ratas hijas de las madres estresadas tuvieron embarazos más cortos. Incluso las ratas nietas, cuyas madres no sufrieron estrés, tuvieron embarazos más cortos. Los investigadores propusieron que esto fue debido a la epigenética. Aún más específicamente, afirmaron que los cambios epigenéticos inducidos por estrés involucran algo que se llama micro ARN,[2] segmentos minúsculos de ARN hechos a partir del genoma y que después regulan la actividad genética.

Dejando de lado las anormalidades potenciales en las que puede enfocarse la investigación médica, el encendido y apagado es la forma en que todos nosotros llegamos aquí. Es algo básico para ese viaje en el que una sola célula fertilizada en el vientre de una madre crece hasta convertirse en un bebé completamente formado y sano. Conforme esta primera célula se divide, cada célula futura contiene el mismo ADN. Pero para desarrollar a un bebé debe haber células de hígado, células del corazón, células de cerebro, etcétera, todas diferentes unas de otras. El epigenoma y sus marcas regulan la diferencia. Fue necesario con urgencia un mapa del epigenoma para poder ubicar cómo se determina cada tipo de célula en el desarrollo de un embrión en el útero. Cuatro países —Estados Unidos, Francia, Alemania y Reino Unido— han fundado el Proyecto Epigenoma Humano, cuya misión es mostrar dónde se encuentran todas las marcas relevantes, o en lenguaje oficial, "identificar, catalogar e interpretar los patrones de metilación del ADN en el genoma entero de todos los genes humanos en todos los tejidos principales".

Con la participación de más de 200 científicos, febrero de 2015 marcó un parteaguas con la publicación de 24 artículos que describían, de todos los millones de interruptores involucrados, aquellos que determinan el desarrollo de más de cien tipos de células en nuestro cuerpo. Este esfuerzo implicó miles de experimentos con tejido adulto, así como células fetales y madre. (En teoría, sería más fácil

[2] El ADN entre los genes solía ser llamado ADN "basura". Sin embargo, ahora sabemos que el ADN entre los genes (o ADN intergénico) puede ser utilizado para producir moléculas minúsculas llamadas micro ARN, las cuales controlan las actividades genéticas a lo largo de todo el genoma.

contar todas las manchas de todos los leopardos del mundo.) Ya se conocían los químicos que regulan los diferentes tipos de células, y a veces sus interruptores no están cerca del gen afectado. De hecho, el interruptor A puede estar ubicado a una distancia considerable del gen B. En esos casos, los investigadores a veces tuvieron que inferir el rol del interruptor al observar el regulador químico. Si estaba presente en una célula, inferían que el interruptor estaba encendido.

Padres, bebés y genes

Llegar a esta parte del mapa del epigenoma fue un progreso emocionante. Encender y apagar genes clave podría ser potencialmente la mejor ruta para prevenir y curar una multitud de enfermedades. Como reconocen los investigadores, ubicar todos estos interruptores les ofrece montañas de información nueva, pero eso es sólo el comienzo. En la actividad del ADN, los interruptores interactúan; forman circuitos llamados redes; incluso pueden actuar sobre los genes a distancia. Descifrar todo el sistema de circuitos no indica el motivo por el cual surge la actividad, al igual que mapear la ubicación de cada teléfono en una ciudad no te indica qué es lo que la gente dice cuando llama. Las diferentes regiones del genoma pueden encenderse en paralelo por medio de la epigenética debido a una reorganización tridimensional del genoma (como doblar la cadena de ADN en un círculo) que acerque a dichas regiones.

También está el efecto que la epigenética tiene en la vida temprana de un niño después de nacer. Este periodo es como un pivote entre la influencia epigenética de la madre y las experiencias que le pertenecen al infante. ¿Qué tan importante es la superposición entre los dos? Esta pregunta es central en temas médicos relacionados con niños, y uno de ellos es la alergia a los cacahuates. Como fue publicado en el *New York Times* en febrero de 2015, alrededor de 2 por ciento de los niños en Estados Unidos son alérgicos a los cacahuates, una cifra que se ha cuadruplicado desde 1997. Nadie puede explicar por qué, pero ha habido un aumento agudo en todas las alergias en las últimas décadas, lo cual sigue siendo un misterio. Este aumento ha sucedido en todos los países occidentales.

Un infante con una fuerte alergia a los cacahuates puede morir por la exposición a un rastro mínimo de cacahuate en los alimentos. La recomendación estándar ha sido que darles mantequilla de cacahuate y otros alimentos relacionados incrementa su riesgo de desarrollar la alergia. Pero un persuasivo estudio de 2014 publicado en el *New England Journal of Medicine* ha puesto de cabeza a la medicina convencional. Alimentar a los niños con productos como mantequilla de cacahuate cuando son muy pequeños "disminuye de forma dramática el riesgo de desarrollar alergia a los cacahuates", concluyeron los autores del estudio. Esta noticia fue alentadora, ya que indicó que un paso en el cuidado infantil podía reducir o incluso revertir esta tendencia a la alza.

El nuevo estudio se llevó a cabo en Londres, donde 530 infantes que se consideró estaban en riesgo de desarrollar alergia a los cacahuates (por ejemplo, quizá ya eran alérgicos a los huevos o a la leche) fueron divididos en dos grupos. Al inicio, cuando los infantes tenían entre cuatro y once meses de edad, un grupo recibió alimentos que contenían cacahuates, mientras que el otro no. A la edad de cinco años, el grupo expuesto a los cacahuates tenía una incidencia mucho menor de la alergia, 1.9 por ciento, en comparación con 13.7 por ciento para aquellos cuyos padres evitaron proporcionarles alimentos con cacahuate. De hecho, se especuló que tener padres preocupados en mantener los cacahuates lejos de sus hijos pequeños pudo haber provocado este tremendo aumento en la alergia a los cacahuates.

Por largo tiempo los padres han estado confundidos con respecto a las alergias y los recién nacidos, no sólo en lo relativo a los cacahuates. Antes de este descubrimiento la información no era clara. Como hemos mencionado, un bebé recién nacido hereda el sistema inmunitario de la madre, que sirve como un puente mientras el bebé comienza a desarrollar sus propios anticuerpos. La glándula timo, localizada en el pecho, entre los pulmones y frente al corazón, es donde maduran las células T del sistema inmunitario. Cuando el cuerpo es invadido por bacterias y virus externos, o sustancias cotidianas como el polen, las células T son responsables de reconocer a qué invasores deben repeler. Una alergia es como un caso de identidad equivocada en el cual una sustancia inocente se identifica como enemigo, lo que conduce a una reacción alérgica creada por el cuerpo mismo, no por el invasor.

El timo está en su fase más activa justo después del nacimiento y durante la infancia; una vez que la persona ha desarrollado una dotación completa de células T, el órgano se atrofia después de la pubertad. El problema con las alergias se centra en qué tanto de nuestra inmunidad es heredada genéticamente y qué tanto es influida por el entorno después de que nacemos. Para explicar el alarmante aumento en las alergias en los países desarrollados, parecería que cuanto más contaminado esté el entorno, peor es el problema. Pero después de la caída de la Unión Soviética en 1991 y la apertura de sus países satélites, cuyos índices de contaminación en general son mucho más altos que los de Estados Unidos o Europa Occidental, los investigadores descubrieron que áreas muy contaminadas en Europa del Este mostraban menores índices de alergias que en la parte occidental.

Entonces se pensó que era más bien al contrario: los países occidentales son demasiado limpios e higiénicos, lo que priva al sistema inmunitario de exponerse a sustancias a las que necesita adaptarse. Por lo tanto, el descubrimiento acerca de la alergia a los cacahuates podría ser muy importante. Las normas de la Academia Americana de Pediatría publicadas en 2000 recomendaban que los infantes hasta los tres años no debían comer alimentos con cacahuates si tenían riesgo de desarrollar la alergia. Para 2008, la academia reconoció que no existía evidencia conclusiva de que evitar los cacahuates fuera efectivo más allá de la edad de cuatro a seis meses. Pero aún no había un estudio que mostrara que era correcto dejar de evitar los cacahuates. La primera pista real llegó en una encuesta de 2008 publicada en el *Journal of Allergy and Clinical Immunology*, que encontró que el número de niños con alergia a los cacahuates en Israel era una décima parte de los niños judíos en el Reino Unido. La diferencia significativa parecía ser que los niños israelíes consumen alimentos con cacahuates durante su primer año de vida, en especial Bamba, un refrigerio popular que combina maíz inflado y mantequilla de cacahuate, mientras que los niños británicos no lo hacen si es que sus padres están preocupados por las alergias.

Sin embargo, el nuevo estudio no aplica a otros alimentos a los cuales los niños desarrollan alergias. Y dos grandes preguntas permanecen sin responder: primero, si los niños a quienes le dieron alimentos con cacahuates dejaran de comerlos, ¿serían propensos a desarrollar la alergia? Esta pregunta está siendo estudiada en el seguimiento a los sujetos de estudio originales. Segundo, ¿son aplicables los resultados a los niños con bajo riesgo de alergias alimenticias? Eso se desconoce, pero los investigadores tienden a sentir que comer alimentos con cacahuate no les hará ningún daño. Pero pedir a los padres ansiosos que cambien sus hábitos puede ser difícil, ya que la atención convencional ha hecho mucho hincapié en evitar los alimentos "malos".

Hemos entrado en cierto detalle no porque tengamos la respuesta a las alergias, sino para dejar claro lo inciertas que pueden ser las influencias del entorno, aunque en un sentido general se sabe que las marcas epigenéticas son sensibles a ellas. El milagroso desarrollo de un humano desde el embrión hasta ser un infante, niño, adolescente y adulto implica una intrincada danza entre los genes y el entorno. En los mamíferos, las interacciones entre el bebé recién nacido y sus padres pueden tener efectos profundos en la salud del hijo décadas después. Aunque muchos descubrimientos en esta área han surgido a partir de estudios de ratas y ratones solamente, existe evidencia creciente de que también pueden estar relacionados con los humanos. Por ejemplo, cada vez hay más evidencia de que el abuso, el abandono y el maltrato en la infancia temprana pueden conducir a efectos epigenéticos en la actividad genética que afectan de manera adversa la salud física y mental más adelante en la vida.

Para bien o para mal, los eventos tempranos que dan forma a los vínculos entre padres e hijos tienen efectos profundos en el desarrollo del cerebro y la personalidad del niño. ¿Pero cómo se establecen esos vínculos? Cada vez más, los estudios muestran que las modificaciones epigenéticas de los genes del niño son responsables de ello en gran medida, guiadas por experiencias de la infancia que comienzan en los primeros días de vida. Cuando una madre actúa distante de su hijo, puede darse una respuesta hipotalámica-pituitaria-adrenal (HPA) disfuncional asociada con el estrés, desarrollo cognitivo disminuido y el incremento de cortisol tóxico, lo cual se mide en la saliva del niño.

Algunos niños que fueron abusados mueren jóvenes, y en estos casos trágicos sus cerebros pueden ser estudiados en la autopsia. La investigación de esta índole ha mostrado evidencia clara de la modificación epigenética (aumento en la metilación) del gen NR3C1, que resulta en la muerte de las células nerviosas en la región del cerebro conocida como hipocampo, que se utiliza para la memoria de corto plazo. En niños vivos, la misma modificación genética puede encontrarse en la saliva de niños abusados emocional, física y sexualmente. Este daño puede conducir a un comportamiento psicopático en el futuro.

Estos descubrimientos amplían la comprensión largo tiempo mantenida de que el abuso y el abandono tienen efectos psicológicos profundos. Ahora podemos rastrear el daño a nivel celular. En busca de los cambios biológicos por debajo de estos eventos, están resultando implicadas cada vez más las rutas epigenéticas que controlan la expresión genética en el cerebro. De la misma forma, en el futuro quizá sea posible analizar la efectividad de las terapias psicológicas o con medicamentos al ver si se han revertido los efectos negativos en el epigenoma.

Ya se han hecho progresos en pruebas con animales. En 2004 un estudio en la Universidad McGill, dirigido por el doctor Michael Meaney, neurocientífico, mostró que las ratas bebés que eran acicaladas (lamidas) a menudo por sus madres tenían un aumento en los niveles de receptores de glucocorticoides en el cerebro, lo que resultaba en una reducción del comportamiento agresivo y la ansiedad. ¿Cómo se alcanzaron estos cambios en el comportamiento? Una vez más, por medio de la epigenética. Los ratones que recibieron cuidados afectivos y acicalamiento por parte de sus madres experimentaron una menor modificación de sus genes receptores de glucocorticoides por metilación, lo que derivó en menores cantidades de cortisol, provocando así una menor respuesta de estrés, agresividad y ansiedad.

El área más controvertida en la epigenética tiene que ver con que las generaciones posteriores se vean afectadas por el estrés y el abuso de hoy. Cuando los ratones macho son separados de sus madres después de nacer pueden sufrir ansiedad y presentar rasgos de depresión, como inmovilidad, que son transmitidos a generaciones subsecuentes. Los cambios epigenéticos negativos se encuentran en el esperma de los ratones tras la separación de sus madres; el esperma luego sirve como vehículo de transmisión hacia las crías. Los estudios relacionados han mostrado que una gran multitud de efectos, desde una dieta pobre y el estrés, hasta la exposición a toxinas (por ejemplo, pesticidas que provocan modificaciones epigenéticas en los cerebros y esperma de los ratones), pueden ser transmitidos a la siguiente generación.

Un ejemplo profundo de cómo podríamos afectar nuestra propia actividad genética proviene de un estudio salido directamente de la ciencia ficción. Un equipo suizo-francés en Zúrich fue inspirado por un juego innovador llamado Mindflex, que viene con unos audífonos que recogen ondas cerebrales de la frente y las orejas de los jugadores. Al enfocarse en una pelota ligera de hule espuma, el jugador puede elevarla o bajarla en una columna de aire. El juego consiste en poder mover la pelota a través de una ruta de obstáculos, por supuesto, usando solamente el pensamiento.

Los investigadores se preguntaron si el mismo enfoque podría afectar la actividad genética. Idearon un casco de electroencefalograma (EEG) que analizaba las ondas cerebrales y entonces podía transmitirlas de forma inalámbrica por medio de Bluetooth. Como lo reportó en noviembre de 2014 la revista *Engineering & Technology* (*E&T*), las ondas cerebrales fueron convertidas en un campo electromagnético dentro de una unidad que alimentaba un implante dentro de un cultivo de células. El implante tenía una lámpara de diodo emisor de luz (LED, por sus siglas en inglés) que emitía luz infrarroja. La luz detonaba entonces la producción de una proteína específica deseada en las células. Uno de los investigadores principales comentó: "Controlar los genes de esta forma es completamente nuevo y es único por su simplicidad".

Los investigadores usaron luz infrarroja porque no daña las células mientras que penetra en lo profundo del tejido. Después de que las transmisiones cerebrales remotas trabajaron en las muestras de tejido, el equipo progresó hacia los ratones, en los que también tuvieron éxito. Se solicitó a varios sujetos humanos de estudio que usaran el casco EEG y que controlaran la producción de proteínas en los ratones utilizando sólo sus pensamientos. De los tres grupos, al primero se le pidió concentrar su mente jugando Minecraft en una computadora. Como se reportó en el artículo de *E&T*: "Este grupo sólo logró resultados limitados, según las mediciones de concentración de la proteína en el torrente sanguíneo de los ratones. El segundo grupo, en un estado de meditación o relajación total, indujo una tasa mucho mayor de expresión proteínica. El tercer grupo, que usó el método de *biofeedback*, fue capaz de encender y apagar de forma consciente la luz LED implantada en el cuerpo de uno de los ratones".

Más allá de las increíbles aplicaciones de la influencia directa del pensamiento sobre las actividades genéticas, este enfoque algún día podría ser aplicado para ayudar a pacientes con epilepsia al proporcionar medicamentos al instante o encender y apagar ciertos genes por medio de implante cerebral al inicio de un ataque. Justo antes de una convulsión, el cerebro epiléptico genera un tipo de actividad cerebral particular, la cual puede ser utilizada para encender un implante genético activado por luz que emita un medicamento anticonvulsivo con rapidez. Una estrategia similar puede ser usada para tratar el dolor crónico al introducir analgésicos en el cerebro en cuanto se presenten los primeros signos de dolor.

En resumen, nuestro genoma es un ensamblaje fantásticamente ágil de ADN y proteínas en constante remodelación en términos de estructura y actividad genética, y gran parte de esta remodelación parece darse como respuesta al modo en que vivimos nuestra vida. Pero el problema de la muñeca rusa no puede ser dejado de lado por completo. Es evidente ahora que los interruptores inducidos químicamente están en la raíz del cambio en la actividad genética. Eso es indiscutible. Un cambio en la actividad genética en respuesta al estilo de vida de una persona puede ser causado por un pequeño grupo metilo atorado en un gen, dejando una marca delatora. Sin esta modificación química del gen, una célula madre podría no desarrollarse en una célula cerebral particular en vez de en una célula del hígado o del corazón. De hecho, podría no desarrollarse siquiera en nada, sino sólo seguirse dividiendo una y otra vez, de la misma manera en que se forman los tumores cancerosos.

Las marcas de metilo no sólo son modificaciones químicas que apagan la actividad genética, sino que también son como notas musicales que representan la sinfonía de interacciones genéticas más complejas. Al leer las marcas como un grupo podemos obtener cierto sentido de las redes de actividad que corresponden a cómo vivimos nosotros (y quizá nuestros padres y abuelos). Quizá sería posible leer directo del epigenoma las experiencias específicas implicadas, como vivir una hambruna. Tiene sentido mirar las marcas como si fueran la partitura de una sinfonía porque es necesaria una multitud de notas antes de que la música pueda ser en verdad captada. Observar sólo un compás de una sinfonía sólo ofrece una imagen. De la misma forma, intentar encontrar la muñeca más pequeña no te dice la historia genética completa.

En genética, las marcas son descifradas químicamente, pero el paso de conectarlas a aquello que significan en términos de experiencia representa desafíos importantes. Primero, no podemos observar los cambios genéticos en tiempo real. Segundo, no podemos conectar la experiencia A al cambio genético B sin algo específico, excepto en muy pocos casos. Debería ser posible encontrar alteraciones epigenéticas por fumar, por ejemplo, pero incluso así, como decimos, no todo mundo sufre el mismo daño por sus efectos. Aunque sabemos cómo pueden darse marcas químicas en ciertos genes, no podemos decir cómo es que cierto tipo de experiencia de vida (por ejemplo, una hambruna prolongada) provoca que aparezcan marcas específicas en genes específicos en áreas exquisitamente precisas del genoma.

En la actualidad, el reto más grande continúa siendo la conexión faltante entre las marcas y el significado. Cuando un violinista ve las marcas con que comienza la Quinta Sinfonía de Beethoven —el conocido "ta-ta-ta-TAN"—, entra en acción y mueve su brazo hacia arriba y hacia abajo a lo largo de las cuerdas del violín. Puedes ver que su brazo se mueve, pero detrás de esta acción yacen muchos elementos invisibles. El violinista sabe qué significan las notas, ya que aprendió a leer música. No son sólo unas marcas al azar en negro sobre blanco en la página. Su mente convierte las notas en acciones de alta coordinación entre el cerebro, los ojos, los brazos y los dedos. Por último, casi nunca se menciona porque es muy obvio, un ser humano, Ludwig van Beethoven, se inspiró para escribir la sinfonía e inventó el motivo de cuatro notas que conoce el mundo entero. Cientos de compases musicales están basados en este simple conjunto de notas.

Incluso sabiendo esto, ¿cómo hace la coreografía química de millones de genes y sus interruptores de encendido y apagado controlados químicamente para darle al cerebro la asombrosa capacidad de pensar? Nadie lo sabe. ¿Cómo evolucionó el cerebro de alguna manera a lo largo de eras en respuesta a la programación por parte de nuevas mutaciones surgidas? La genética darwiniana diría que todas estas mutaciones ocurrieron al azar. ¿Pero cómo puede ser esta toda la historia, considerando que las modificaciones epigenéticas en respuesta a cómo vivimos nuestra vida bien pueden determinar en qué parte del genoma surgen nuevas mutaciones? En esos casos incluso Darwin tendría que admitir que no todas las mutaciones suceden al azar.

Por supuesto, Darwin no podía tener idea de la epigenética en su tiempo. ¿Pero y si lo hubiera sabido? Quizá Darwin nos diría que nuestra evolución implica la interacción tanto de las marcas epigenéticas como de nuevas mutaciones genéticas. Darwin impactó a sus contemporáneos al excluir a Dios, o cualquier Creador consciente, de su explicación de cómo surgieron los humanos modernos. Es cierto que, en el estudio de la genética, asumir que existe una especie de inteligencia superior tras bambalinas no nos ayuda a comprender cómo fue que evolucionamos. Pero ahora podemos considerar un principio organizador inherente en el proceso evolutivo que trasciende el pertinaz concepto de las mutaciones aleatorias y la supervivencia del más apto. En la construcción de un nuevo modelo evolutivo, las marcas de metilo en miles de genes y las histonas que los acompañan, trabajando a la par con el genoma, ayudarían a determinar dónde surgirán nuevas mutaciones (también al influir en la estructura tridimensional del ADN). Entonces la selección natural de Darwin puede hacerse cargo y decidir qué nuevas mutaciones persisten. En este intrigante aunque especulativo escenario no sólo estamos a la deriva, esperando que surjan las mutaciones aleatorias. Estamos influyendo de forma directa en la evolución futura de nuestro genoma, a partir de las decisiones que tomamos.

UN NUEVO JUGADOR CLAVE: EL MICROBIOMA

La genética está en medio de una explosión de conocimiento. La información obtenida a raudales acerca del genoma y el epigenoma se acumula cada día, no en *gigabytes* sino en *terabytes*, lo que significa un billón de *bytes* de información digital, mil veces más grande que un *gigabyte*. Resulta difícil concebir esa montaña de datos, no digamos analizarla, y se le ha añadido otra cordillera del Himalaya desde una dirección que nadie esperaba: los microbios. En la facultad de medicina, los microbios son vistos sobre todo como invasores, las bacterias y los virus que causan enfermedades cuando traspasan las defensas inmunológicas del cuerpo. Por otra parte, por supuesto, también fueron señalados los microbios amigables, aquellos que viven en el tracto intestinal y que sirven para digerir los alimentos que consumimos.

Un médico que se especializa en medicina gastrointestinal se familiariza mucho con lo que puede salir mal en los intestinos, pero la mayoría de la gente tiene muy poca conciencia de los microbios que viven junto a nuestras propias células. Los antibióticos, cuyo propósito es matar gérmenes causantes de enfermedad, también atacan a la flora amigable en los intestinos. Normalmente, esta flora amigable se restaura a sí misma poco después de que el antibiótico desaparece, y lo máximo que notarás será un acceso de diarrea. Cuando los viajeros sufren malestares intestinales como *"Delhi belly"*, en India, o "la venganza de Moctezuma", en México, la causa es un cambio en la ecología del intestino. Los microbios digestivos son diferentes en distintas partes del mundo. A menos que sientas dolor, incomodidad, hinchazón, diarrea o estreñimiento, no es probable que prestes mucha atención a tu digestión, y menos aún a nivel microbiano.

Sin embargo, en los últimos años, toda la población de microbios que nos habitan ha tomado una importancia enorme, casi de la nada. Lo dimos a entender de pasada cuando mencionamos que el cuerpo contiene cien billones de células ajenas o microbianas. Como ya hemos comentado, esto significa que 90 por ciento de las células del cuerpo son microbios, incluida una gran preponderancia de su material genético. Tu cuerpo contiene alrededor de 23 000 genes humanos, en contraste con más de un millón de genes bacterianos. En pocas palabras, ¡somos una colección de colonias bacterianas con unas cuantas células humanas en suspensión! Pudimos comprender esto cuando fue posible mapear genomas enteros, incluidos los de cientos y miles de posibles especies microbianas que habitan el cuerpo, sobre todo en el intestino pero también en la piel, la boca y otras partes.

Antes de poder comprender nuestros propios genes, es necesario captar las implicaciones genéticas del *microbioma*, el nombre otorgado a la ecología total de microorganismos que superan diez veces a nuestras células (también se utiliza *microbiota* como sinónimo). Estos microbios no sólo llegaron de visita cuando aparecieron formas de vida más desarrolladas. La relación simbiótica entre las células de nuestro cuerpo y billones de microbios abarca periodos enormes, comenzando con la primera aparición de los microbios hace tres mil quinientos millones de años; el surgimiento de nuestros ancestros homínidos hace unos 2.5 millones de años representa un parpadeo en el camino evolutivo de las bacterias, las cuales pueden crear genes e incluso intercambiarlos. A lo largo del camino, nuestra interacción con estas bacterias influyó en la evolución de cada órgano, incluido el cerebro. No se ha determinado cuántas especies de microbios están presentes en nuestro cuerpo; los estimados generales hablan de más de mil: en todo caso, una impresionante multitud. Dan una idea del impacto del microbioma las maneras en que ha sido descrito: "el segundo genoma humano"; "un órgano apenas descubierto"; "un bosque tropical bacteriano interno". En los intestinos las células son vertidas en grandes cantidades: de 100 millones a 300 millones son arrojadas por el colon *cada hora*, una pequeña fracción de los mil a tres mil millones que vierte el intestino delgado. Los microbios se establecen en la biopelícula que recubre la pared intestinal, pero también son vertidos en grandes cantidades: una muestra de excremento contiene alrededor de 40 por ciento de su peso en microbios.

El término *microbioma* fue acuñado por un biólogo molecular ganador del Premio Nobel y antiguo colega de Rudy, Joshua Lederberg, pero la noción de un microbioma fue descrita por primera vez por un cirujano del ejército de Estados Unidos en el siglo XIX, William Beaumont (1785-1853), pionero en la fisiología de la digestión. Afirmó que la ira entorpecía la digestión. Desde entonces hemos aprendido que la amplia variedad de bacterias intestinales afecta directamente el desarrollo del cerebro y del sistema nervioso central desde que estamos en el útero hasta que morimos. Además, tu microbioma ajusta todos los días tu sistema inmunitario.

Se llama *disbiosis* cuando el equilibrio natural del microbioma es perturbado o alterado, aunque hasta ahora se ha descubierto que lejos de ser sólo un problema digestivo, la disbiosis es sistémica en cuanto al daño que provoca. La gama de trastornos asociados a ésta sigue creciendo, pero sus cifras ya son sorprendentes: se han encontrado vínculos con el asma, el eczema, la enfermedad de Crohn, la esclerosis múltiple, el autismo, el Alzheimer, la artritis reumatoide, el lupus, la obesidad, las enfermedades cardiovasculares, la aterosclerosis, el cáncer y la malnutrición. Las sendas para los nuevos tratamientos conducen al mismo camino: el microbioma.

El entusiasmo acerca del microbioma ha llegado a ser tan frenético que tal vez lo hayas notado por los medios y en los productos llamados probióticos (el yogur activo el más publicitado), que son benéficos al fomentar el crecimiento de microbios saludables en el tracto intestinal. Desde el punto de vista de la genética, el microbioma ayuda a educar al sistema inmunitario y a prevenir las enfermedades. A lo largo de eras de evolución, el ADN microbiano no sólo ha vivido junto al ADN que existe dentro de las criaturas vivas, sino que lo ha infiltrado, y en la actualidad es una parte integral del ADN humano. De esta interdependencia, la cual ha continuado por millones de años entre nuestras especies, parte todo un mundo de posibles descubrimientos.

Es probable que la otra historia importante, la conexión entre el microbioma y las enfermedades crónicas, tenga un impacto considerable en la vida de todos nosotros, y podría llegar bastante rápido. Existe una conexión natural con las enfermedades del tracto intestinal como el síndrome del intestino irritable. La obesidad también se ajusta perfecto por la forma en que la comida es digerida y metabolizada. Pero algo más inesperado es el vínculo potencial entre el microbioma y trastornos muy poco relacionados como las cardiopatías, la diabetes tipo 1, el cáncer e incluso enfermedades mentales como la esquizofrenia.

Ahora se sabe que las bacterias intestinales producen componentes neuroactivos que interactúan con las células cerebrales y que pueden incluso controlar la expresión de nuestros propios genes por medio de la epigenética. Una vez que se descubrió que existía una fuerte conexión entre el intestino y el cerebro, comenzaron a derrumbarse las barreras entre nuestras propias células y las células ajenas. Si un conjunto de bacterias en tu intestino puede influir en tu estado de ánimo o contribuir a una enfermedad mental, entonces se vislumbra una concepción totalmente nueva acerca del cuerpo, como explicaremos. (Discutiremos los probióticos y otras recomendaciones alimenticias en la segunda parte, "Decisiones sobre el estilo de vida".)

Del misterio a la moda

Debido a que cientos de microbios habitan tu cuerpo, sus genomas y los *terabytes* de información derivados de ellos plantean un enorme misterio. Para ayudar a darle sentido, necesitamos algunas categorías generales para empezar a entender. El profesor Rob Knight, experto en microbios humanos por la Universidad de Colorado, presenta el microbioma diciendo: "El kilo y medio de microbios que cargas puede ser más importante que cada gen que portas en tu genoma". En cuanto al peso, el microbioma pesa casi lo mismo que el cerebro. Knight simplifica la población pululante de microorganismos al agruparlos en las áreas primarias que ocupan a lo largo del cuerpo, los intestinos, la piel, la boca y la vagina, las principales. Éstas son como paisajes microbianos —y genéticos— separados, tan distintos en su ecología como el Ártico es diferente del trópico. Detrás de este mapa simplificado está el análisis que realizó Knight del microbioma de 250 voluntarios adultos sanos, y detrás la enorme base de datos de la secuenciación del genoma que llevó a cabo el Proyecto Genoma Humano, el cual costó 173 millones de dólares y fue financiado por el gobierno federal de Estados Unidos.

Uno de los principales misterios acerca del microbioma es que varía mucho de persona a persona. En una charla TED de febrero de 2014 que ha acumulado más de 300 mil vistas, Knight nos atrapa con algunos hechos intrigantes. Algunas personas juran que las muerden los mosquitos mucho más que a otras, mientras que algunas afirman que rara vez las pican. La razón tiene que ver en parte con los diferentes microbios en su piel y qué tanto los mosquitos son atraídos a ellos. Los microbios en el intestino también parecen determinar si un analgésico de venta libre como el Tylenol (acetaminofén) puede provocar daño hepático.

La diversidad dificulta describir la población de un microbioma perfectamente sano. La parte negativa es que los intestinos modernos pueden estar en un peligro severo. En un influyente artículo de 2014 Erica y Justin Sonnenburg, microbiólogos de la Universidad de Stanford, divulgaron un mensaje acerca de la posible pérdida de microbios intestinales debido a varios factores. Uno es la dieta occidental, baja en fibra vegetal. La fibra es un *prebiótico*, un alimento que los microbios necesitan consumir para desarrollarse (frente a los *probióticos*, que introducen nuevos microbios al tracto digestivo). El uso generalizado de antibióticos también tiene un efecto destructivo en cierto espectro de bacterias y virus. Nuestro estresante estilo de vida es menos tangible pero igualmente sospechoso, porque las hormonas del estrés y las emociones en general pueden provocar cambios en el microbioma. Al igual que tu actividad genética, tu microbioma es tan dinámico que debería ser pensado como un verbo, y no como un sustantivo.

La idea más perturbadora de los Sonnenburg es que las dietas occidentales modernas son cruciales en el aumento de enfermedades crónicas y en especial los trastornos autoinmunes como las alergias. El microbioma ayuda a regular la inmunidad y también genera durante el proceso digestivo subproductos químicos que reducen la inflamación. Cada vez hay más evidencia que vincula la inflamación a una gran variedad de trastornos, incluidos cardiopatías, hipertensión y varios tipos de cáncer. Reducir la diversidad de la ecología intestinal puede estar arruinando nuestra salud de forma permanente. Los Sonnenburg manifestaron de forma explícita los riesgos: "Es posible que el microbiota occidental de hecho sea disbiótico [dañino para los microbios] y predisponga a los individuos a una variedad de enfermedades".

Como sucede con muchas cuestiones en torno al microbioma, es muy difícil validar estos riesgos con total certeza. Existen sólo unas cuantas poblaciones aisladas alrededor del mundo cuyo microbioma está libre de influencias dañinas. Emily Eakin, en *The New Yorker* (diciembre de 2014), cita a la tribu Hadza, en África, la cual ha sido estudiada por Jeff Leach, un antropólogo que colabora con los Sonnenburg. Durante un año, 300 Hadza que aún viven en condiciones de cazadores-recolectores en Tanzania fueron los sujetos de estudio. "Tenemos que ir a los lugares donde la gente no tiene acceso inmediato a los antibióticos, donde todavía beben agua de las mismas fuentes donde beben las cebras, las jirafas y los elefantes, y que todavía viven en el exterior", le dijo Leach a Eakin. Estas son las condiciones en que se desarrollaron los genes de los *Homo sapiens*.

Por medio de muestras de excremento, Leach descubrió que "parece que los Hadza tienen uno de los ecosistemas intestinales más diversos del mundo de cualquier población que haya sido estudiada". Pero un estudio anterior de los Hadza realizado por investigadores del Max Planck Institute for Evolutionary Anthropology, en Alemania, reveló que aunque albergaban ciertas bacterias intestinales nunca antes vistas, los Hadza carecían de otras asociadas a la buena salud en el microbioma occidental. Sin embargo, Leach creía tanto en la superioridad genética de los intestinos de los Hadza que trasplantó una muestra de su microbioma a su propio tracto intestinal.

Esto conduce a una moda que se ha vuelto viral a pesar del hecho de que gran parte del microbioma se encuentra en el aire. Leach trasplantó los microbios Hadza por medio de una jeringa para pavo, inyectándose las heces en su propio colon. Aunque esto suene desagradable, incluso repugnante, en YouTube hay videos en los que se muestra cómo uno puede hacer lo mismo. La base de este procedimiento del tipo "hágalo usted mismo", es simple lógica. Si el microbioma de un adulto occidental está en riesgo, el de un bebé recién nacido o el de un niño saludable no lo está. ¿Por qué no intercambiar el de uno por el del otro?

La Agencia de Alimentos y Medicamentos de Estados Unidos (FDA, por sus siglas en inglés) ha intervenido para impedir que los médicos realicen trasplantes de microbiota fecal (FMT, por sus siglas en inglés) hasta que se lleven a cabo pruebas oficiales bajo los mismos lineamientos que cuando se introduce un nuevo medicamento. Sin embargo, es tanto el entusiasmo por el FMT que su práctica se ha vuelto clandestina, y en otros países los médicos no enfrentan prohibición alguna al respecto. El fallo de la FDA puso un alto inmediato a la investigación en pequeña escala, que carece del financiamiento necesario para llevar a cabo pruebas que son exorbitantemente caras y duran de siete a diez años. Pero la FDA, como reporta Eakin, se vio aguijoneada por los miles de personas que desarrollaron el síndrome de inmunodeficiencia adquirida (sida) por medio de transfusiones sanguíneas antes de que se supiera que el virus de inmunodeficiencia humana (VIH) era transmitido en la sangre. Organismos patógenos como el virus que causa la hepatitis A se albergan en los intestinos. (En el caso de la hepatitis A, la materia fecal infectada debe entrar a la boca de una persona que no sea inmune a la enfermedad; por lo regular esto sucede en condiciones insalubres con personas que manejan alimentos.) Debido a éste y otros riesgos aún desconocidos, la cautela en el fallo de la FDA es apropiada.

Realizar un FMT es como tomar el microbioma completo del donante sin saber qué contiene. Nadie debería correr semejante riesgo. Pero la moda clandestina del FMT, tan sucia y repelente como lo es el procedimiento completo, descansa en el enorme potencial del microbioma para revertir tantas enfermedades crónicas. Un ejemplo impactante es la enfermedad de Crohn, un trastorno inflamatorio intestinal que puede ser absolutamente debilitante. Los síntomas incluyen diarrea crónica, que puede resultar en una pérdida de peso severa, junto con dolor abdominal y fiebre. Las víctimas de la enfermedad de Crohn suelen vivir vidas miserables al ser prisioneros de su mal. Dado que la causa es una inflamación de origen inexplicable, también puede haber problemas inflamatorios fuera del tracto intestinal, como sarpullido cutáneo, ojos rojos e hinchados, e incluso diabetes.

Los tratamientos con medicamentos a menudo son ineficaces en la enfermedad de Crohn, y en casos severos las secciones más dañadas del intestino son extraídas por medio de cirugía. Pero antes, en la década de 1950, unos cuantos médicos, por lo regular considerados renegados o algo peor, creían que tratar a los pacientes con enfermedad de Crohn mediante materia fecal de donantes saludables (tomada en condiciones salubres por medio de una píldora o por el recto) producía curas reales, a menudo con rapidez asombrosa, ya fueran semanas o meses. Tratar ahora la enfermedad de Crohn mediante FMT podría volverse algo convencional, e incluso la FDA haría una excepción en su regulación contra el procedimiento.

Aún más inquietante es una enfermedad que la FMT parece curar en cuestión de horas, incluso si el paciente está próximo a morir. La enfermedad es una infección bacteriana de *Clostridium difficile*, asociada a fuertes dosis de antibióticos. Alrededor de medio millón de personas sufren actualmente esta infección, y más de diez mil mueren al año en casos severos. La *C. difficile* es resistente a los antibióticos y de forma típica se encuentra cuando un paciente hospitalizado que está siendo tratado con una fuerte carga de antibióticos, muestra una severa disminución de su microbioma. Las condiciones entonces son perfectas para la *C. difficile*, y la infección causa síntomas similares a los de la enfermedad de Crohn, incluida la diarrea intensa.

Resulta irónico que el tratamiento estándar de la *C. difficile* sea prescribir vancomicina, un antibiótico. La vancocimina puede ser del todo inefectiva si ha brotado una cepa nueva y resistente de la bacteria. Pero la literatura médica contiene reportes dispersos de una recuperación notable y casi instantánea al usar FMT. En cuestión de horas, los microbios recién insertados derrotan y expulsan a la *C. difficile*, lo que conduce a la desaparición de los síntomas. La FDA también ha hecho una excepción en este caso. Por extensión, si un FMT puede sanar dos trastornos que compartan el mismo síntoma —una inflamación altamente destructiva— y si en potencia la inflamación es el villano en enfermedades crónicas de muchos tipos, ¿por qué no arriesgarnos y realizar nuestro propio FMT, usando el excremento más sano que podamos convencer a alguien de donar? Esta es la lógica que volvió viral al FMT casero.

Nadie ha probado que dar un paso así sea buena ciencia o medicina efectiva, y sin duda no lo estamos justificando. (Existen otras maneras más seguras para optimizar tu microbioma, como veremos más adelante.) Pero los descubrimientos en pruebas con animales indican que quizá se está cocinando una verdadera revolución. En 2006, un equipo de la Universidad Washington en St. Louis al parecer demostró que existe una fuerte conexión entre el microbioma y la obesidad. Tomaron ratones que habían sido alterados genéticamente para ser obesos y transfirieron algunos de sus microbios a ratones normales. Esos ratones se volvieron obesos, y es la primera vez en que un trastorno se ha transferido por vía del microbioma, al menos en animales. Pero lo que resulta en verdad asombroso es que los ratones que engordaron después de recibir los microbios comían lo mismo que otros ratones sin el trasplante, pero los ratones que no fueron tratados no engordaron.

¿Cómo pudo el mismo consumo calórico producir ratones gordos y ratones normales al mismo tiempo? Se presume que los microbios insertados eran de alguna manera más eficientes en extraer nutrientes de la comida conforme era digerida. Esto va en contra de una creencia sostenida por largo tiempo de que las calorías que entran son iguales a las calorías que salen. En otras palabras, si una comida contiene mil calorías, el cuerpo de cualquier persona con una digestión completa y saludable extraerá mil calorías de energía. Pero todos conocemos a gente que dice: "De tan sólo ver una rebanada de pastel de chocolate, subo un kilo". Este nuevo y provocativo estudio sugiere que tienen razón. Algunos microbiomas pueden trabajar mejor que otros en la extracción de nutrientes, y así la gente obesa extrae demasiados y la delgada muy pocos.

Investigadores en Ámsterdam querían ver si un trasplante fecal de microbios de personas delgadas hacia personas gordas sería suficiente para que estas últimas perdieran peso. Hasta ahora no ha sido así. Los sujetos mostraron una mejoría en su sensibilidad a la insulina (lo que es clave para que las calorías sean metabolizadas de forma adecuada en vez de ser almacenadas como grasa), pero no perdieron peso y el beneficio desapareció después de un año. Quizá se necesiten más tratamientos o que deban ser aislados microbios específicos de los microbiomas "delgados". Sin embargo, falta contar toda la historia genética y puede ser mucho más complicada.

Pasar a una nueva ecología

Como puedes ver, los adjetivos como "ajeno", "extraño" e "invasivo" no son aplicables a los microbios que han aprendido a cooperar con el cuerpo humano durante millones de años. Existen señales de que el desarrollo normal de un bebé puede depender de ellos. Volviendo al mapa simplificado del profesor Rob Knight, existen diferentes microecologías ubicadas en la boca, los intestinos (heces), la piel y la vagina.

Antes de nacer, el cuerpo de un bebé no tiene microbios; su tracto gastrointestinal (GI) en realidad es estéril. Cuando pasa por el canal vaginal recibe una delgada capa del microbioma de la madre en esa área. El nacimiento es tan sólo el primer paso en la exposición del bebé a los microbios, los cuales adquirirá de todas direcciones: del pecho de la madre, la comida, el agua, el aire, las mascotas y otras personas. El tracto GI comienza a ser colonizado a unas horas del nacimiento. Estudios en animales han mostrado que cuando son criados en entornos esterilizados y libres de microbios, desarrollan una gama de anormalidades, desde deficiencia inmunológica y corazón encogido hasta un funcionamiento inapropiado en las células del cerebro, junto con los problemas digestivos esperables.

En algún momento de la infancia el microbioma deja de estar en constante flujo. Se estabiliza, aunque no de la misma manera para todos. En la gráfica de Knight, el progreso del microbioma temprano pasa de la región de piel-vagina en el nacimiento, a la región intestinal-fecal. Esta secuencia es la misma para todos, porque un intestino que digiere alimentos es algo universal. Pero existe evidencia de que es mejor una mayor exposición a los microbios, lo que es una especie de paradoja. El microbioma de los niños criados en países en desarrollo muestra una diversidad mucho mayor, lo que aumenta la probabilidad de que en el Occidente desarrollado vivamos "demasiado limpios". Pero estos niños tienen muchas más enfermedades en la infancia, al igual que los niños que van a la guardería parecen menos propensos a las alergias pero también corren el riesgo de tener más resfriados, dolor de oído, influenza y otras enfermedades contagiosas.

Como hemos visto, el mayor problema en la epigenética es la ausencia de una línea recta entre causa y efecto. A no conduce a B cuando una nube de causas afecta el sistema mente-cuerpo. Con el microbioma, el gran problema es la rapidez con que cambia. Los genes están mucho más fijos, incluso tomando en cuenta el epigenoma, que los microbios que nos habitan. Imagina la costa mientras las olas golpean contra la arena, moviéndola de forma constante. Las mareas y el clima determinan qué tanta arena se lleva el mar y qué tanta deposita. Si los granos de arena fueran microbios vivos, las mareas y el clima de los intestinos están moviéndolos constantemente, expulsando a algunos y permitiendo que otros entren.

Cuando usamos la palabra *ecología* puede sonar como una metáfora, pero la medicina sólo es el principio para comprender que el tracto intestinal, que mide alrededor de ocho metros y cuya área superficial es comparable a la de una cancha de tenis, es tan complejo y dinámico como la ecología global. Se estima que el microbioma tiene entre 40 y 150 veces más genes que el cuerpo mismo. Como ejemplo de las sorpresas reservadas para los exploradores de esta ecología, consideremos un trastorno que ahora se ha conectado con mucha fuerza a los microbios: la obesidad.

El gastado modelo "calorías entran, calorías salen" coloca la responsabilidad de la obesidad en los hábitos alimenticios de la persona. Si comes demasiado, por el motivo que sea, tu cuerpo almacena el exceso de calorías en forma de grasa. De hecho, estudios muestran que quienes comen de más subestiman la cantidad de calorías que consumen. Pero si comer de más fuera la única causa de la obesidad, no se explica por qué sólo 2 por ciento de quienes hacen dieta eliminan con éxito al menos 2.5 kilos y se mantienen así durante dos años. ¿Qué lo provoca? Una posibilidad es la persistencia de malos hábitos, lo que provoca que los viejos patrones alimenticios se cuelen de nuevo en la vida de quienes hacen dieta. Pero la ganancia de peso ha sido asociada con una variedad de influencias. La siguiente lista no tiene como finalidad alarmarte o deprimirte, sólo busca ilustrar lo compleja que se ha vuelto la actividad natural que es comer.

Por qué las personas suben de peso

Comen de más.

Provienen de una familia de gente que come de más, y hay una posible conexión genética.

Sus amigos comen de más.

Su alimentación contiene demasiada azúcar refinada, carbohidratos simples y grasa.

Consumen muy pocas frutas frescas y vegetales y otras fuentes de fibra soluble.

Comen comida procesada, chatarra y rápida que contiene aditivos e ingredientes artificiales, así como sal y azúcar en exceso.

Desarrollan una gama de malos hábitos alimenticios: ven televisión al comer, comen demasiado rápido, toman refrigerios entre comidas, etcétera.

Sus vidas son estresantes.

Están sufriendo una crisis personal, como ser despedidos de su trabajo o afrontar un divorcio.

Existe un desequilibrio entre las dos hormonas (leptina y ghrelina) responsables de hacer sentir a alguien hambriento y satisfecho.

Sus cerebros presentan inflamación o daño al hipotálamo, el centro que regula el apetito.

Sus cuerpos exhiben signos de inflamación crónica.

Se han dado por vencidos en cuanto a perder peso después de años de hacer dietas.

Han dejado de fumar hace poco y comen de más para compensar.

Con tantos factores que intervienen, por lo regular en concierto, se vuelve sumamente claro por qué la obesidad sigue siendo difícil de tratar. Un trastorno traslapa los distintos campos de la nutrición, la endocrinología, la genética, la gastroenterología, la psiquiatría y la sociología, cada uno con su propia perspectiva. La nube de causas se cierne ominosa. Pero a pesar de todas estas influencias complejas, es posible sacar un hilo: el microbioma, que en esencia digiere alimentos pero también ejerce un gran efecto en las hormonas, la inmunidad, la respuesta al estrés y la inflamación crónica. No existe ningún otro factor que abarque tantas funciones corporales.

El rastro de pistas va desde el alimento a los intestinos y de ahí a todo el cuerpo. El doctor Paresh Dandona, especialista en diabetes de la Universidad Estatal de Nueva York en la Escuela de Medicina de Buffalo, ha seguido este rastro. Dandona recibió una pista importantísima cuando la curiosidad lo llevó a examinar la comida de McDonald's. Nueve voluntarios que tenían un peso normal consumieron un menú de desayuno típico de McDonald's: un sándwich de huevo con jamón y queso, un sándwich de salchicha y dos croquetas de papa, que sumaban un total de 910 calorías. Además de la cantidad de calorías, existen motivos bien conocidos por los cuales un desayuno así, alto en grasas y sal y casi sin fibra, no es saludable. Dandona añadió algo inesperado. Como se dio a conocer en la revista *Mother Jones* en abril de 2013:

> Los niveles de proteína C-reactiva, un indicador de inflamación sistémica, se dispararon "literalmente en cuestión de minutos... Yo estaba impactado", recuerda [Dandona], de que "un simple menú de McDonald's que parece bastante inofensivo" —el tipo de menú alto en grasas y carbohidratos que uno de cada cuatro estadounidenses come de forma regular— tuviera un efecto tan dramático. Y duró [cinco] horas.

Usar una frase como "bastante inofensivo" refleja la actitud de no interferencia que adoptan muchos estadounidenses hacia la comida rápida.

(Además de provocar un aumento significativo en la inflamación, el consumo de una Big Mac rápido inyecta grasas al torrente sanguíneo que se observan al nublarse visiblemente el suero [el líquido claro] después de que los glóbulos rojos son centrifugados hacia fuera.) La investigación de Dandona dio un giro enorme, e incluso realizó más descubrimientos inquietantes.

A lo largo de la década siguiente Dandona examinó diversos alimentos para ver cómo afectaban al sistema inmunitario, el cual se sabe tiene el riesgo de sufrir una inflamación crónica de bajo nivel. El reportero Moises Velasquez-Manoff escribe: "Un desayuno de comida rápida inflamaba, descubrió [Dandona], pero no así un desayuno alto en fibra con mucha fruta. En 2007 hubo un avance cuando descubrió que mientras el agua azucarada, un sustituto del refresco, causaba inflamación, el jugo de naranja no la provocaba, aunque contiene muchísima azúcar". De alguna manera, el jugo de naranja fresco y no procesado contrarrestaba incluso el desayuno rebosante de 910 calorías de McDonald's.

Velasquez-Manoff continúa. "El jugo de naranja es rico en antioxidantes como la vitamina C, flavonoides benéficos y pequeñas cantidades de fibra, todo lo cual puede ser directamente antiinflamatorio. Pero lo que atrapó la atención de Dandona fue otra sustancia." Se trataba de una molécula llamada endotoxina (que literalmente significa "veneno interno") que apareció después de la ingesta del desayuno de McDonald's en la sangre de los sujetos que bebían agua y agua azucarada, pero no entre los que tomaban jugo de naranja. La endotoxina es producida por la membrana exterior de las bacterias, su presencia en el torrente sanguíneo le señala al sistema inmunitario que debe entrar en acción, y el resultado es la inflamación. Dandona sospechó que la fuente de endotoxina era el microbioma. La endotoxina entró al torrente sanguíneo al ser llevada a través de la pared intestinal por la comida de McDonald's. El jugo de naranja de alguna forma mantuvo la endotoxina dentro del intestino, donde se encuentra de forma natural. (Una mayor investigación sobre el "síndrome del intestino permeable" está profundizando en la conexión que éste tiene con la dieta.)

El jugo de naranja no es una panacea ni es único en el efecto que produce; podría haber una amplia variedad de alimentos que contrarrestan la inflamación crónica. Frente a una ecología microbiana siempre cambiante, algunas influencias constantes pueden ser suficientes para cambiar el curso del bienestar de una persona. Pero se necesita algo más que una despensa llena de alimentos benéficos, aunque también es importante. (Véanse las páginas 151-152, donde recomendamos la mejor dieta de microbioma, hasta donde recomiendan las investigaciones actuales.)

De las pistas a las cascadas

Los descubrimientos de Dandona, entre otros, hacen más que reforzar la recomendación estándar de que una dieta equilibrada debe contener fibra soluble proveniente de frutas y vegetales junto con granos enteros. La posibilidad de revertir la inflamación dañina genera entusiasmo. Los avances surgen de lugares inesperados. Se ha observado que la molécula inflamatoria endotoxina disminuye en el torrente sanguíneo después de que alguien tiene una cirugía de *bypass* gástrico. Ésta es un procedimiento que reduce el estómago a una bolsa pequeña del tamaño de un huevo. El intestino delgado está conectado directamente a esta bolsa, y como resultado de tener un estómago severamente reducido, los pacientes comen menos y por lo tanto pueden bajar enormes cantidades de peso.

Esa era la explicación aceptada, excepto que la disminución de la inflamación apunta al microbioma. En una serie de pruebas con ratas y ratones, un equipo del Hospital General de Massachusetts consiguió un resultado notable. Realizaron la cirugía de *bypass* gástrico en los roedores, y después de eso su microbioma se restauró a sí mismo por entero. El aumento de microbios benéficos no sólo redujo la inflamación sino que causó de forma directa la pérdida de peso. Esta secuencia de causa y efecto se mostró al tomar los microbios de los animales con *bypass* gástrico e insertarlos en los intestinos de ratones libres de gérmenes. Los ratones inyectados perdieron peso aunque siguieron con su dieta previa, alta en calorías. De hecho, perdieron peso aunque consumían más calorías que un grupo de control de ratones que no perdió peso alguno. Este resultado ayuda a derribar la creencia mucho tiempo aceptada de que ganar o perder peso tiene que ver por completo con las calorías. También señala otra posibilidad intrigante. Como parte de la restauración microbiana, los ratones con *bypass* gástrico y los inyectados pudieron metabolizar la glucosa, o azúcar en la sangre, de una forma normal y saludable, lo cual no sucedió con los ratones que perdieron peso al comer menos. Considerando cómo los humanos que hacen dieta casi siempre recuperan el peso que bajaron, quizá el problema no sea volver a la dieta "equivocada", la falta de voluntad o consumir en secreto demasiadas calorías. Podría ser, como con estos ratones, que se necesita una restauración de los procesos metabólicos controlados por el microbioma.

Trataremos este tema a profundidad en la segunda parte, la cual cubre los cambios en el estilo de vida, pero vale la pena resumir las posibilidades aquí.

¿Qué podría restaurar tu microbioma?

Comer menos grasa, azúcar y carbohidratos refinados
Añadir suficientes prebióticos de los cuales se alimentan las bacterias: fibra de frutas, vegetales y granos enteros
Evitar alimentos procesados químicamente
Eliminar el consumo de alcohol
Tomar un suplemento probiótico (véase la página 155)
Comer alimentos probióticos como yogur, chucrut y pepinillos
Reducir los alimentos con efectos inflamatorios
Enfocarte en alimentos con efectos antiinflamatorios, como jugo de naranja recién exprimido
Cuidadoso manejo del estrés
Atender las emociones "inflamadas" como el enojo y la hostilidad

Queremos enfatizar que todas estas son *posibilidades* y no certezas. El microbioma alcanza más allá de la digestión a todas las partes del cuerpo. Por lo tanto, sus efectos son complicados en extremo y es necesario ampliar constantemente la investigación al respecto. Pero lo que sabemos hasta ahora es muy promisorio.

Por ejemplo, muchas enfermedades parecen ser resultado de una cascada de procesos corporales, es decir, una cadena de eventos que siguen uno al otro, creando así más problemas conforme progresa la cascada. Por ejemplo, los ratones criados sin su complemento normal de microbios pueden atiborrarse de comida sin ganar peso, debido a una digestión inadecuada. Pero si los colocan con otros ratones y adquieren una colonia normal de microbios, los ratones comelones se meten en problemas. Ahora digieren el exceso de calorías y éstas tienen que ser almacenadas en forma de grasa. Sus hígados se hacen resistentes a la insulina y los animales se vuelven obesos aunque ingieran menos calorías.

La misma cascada puede ser producida por medio de la endotoxina. Investigadores belgas, liderados por la profesora Patrice Cani, les dieron a los ratones pequeñas dosis de endotoxina que provocaron que sus hígados se volvieran resistentes a la insulina; apareció la obesidad seguida por la diabetes. Esta secuencia señaló la posibilidad de que las fugas del microbioma podrían ser un factor importante en la obesidad humana, exacerbada por comer de más y comer los alimentos equivocados. "Luego vino la gran sorpresa", escribe Velasquez-Manoff. "La mera adición de fibras solubles de plantas llamadas oligosacáridos, que se encuentran en alimentos como plátano, ajo y espárrago, evitaron la cascada completa: ni endotoxina ni inflamación ni diabetes." Cani había encontrado una manera de prevenir el daño por medio de algo equivalente al jugo de naranja de Dandona: la fibra. Cuando ciertas fibras solubles están intactas al llegar al colon, donde vive la mayor parte de los microbios digestivos, las bacterias descomponen la fibra en alimento. De esta forma un prebiótico, un precursor necesario para un microbioma saludable, detuvo la cascada de enfermedades de inmediato. La fibra no contiene calorías, pero conforme los microbios la descomponen se liberan sustancias benéficas, incluido el ácido acético, el ácido butírico y la vitamina K. (También vale la pena recordar las pruebas en ratones llevadas a cabo en la Universidad Washington, que al trasplantar microbios de ratones obesos hicieron que ratones normales se volvieran obesos sin comer de más.) A continuación presentamos un listado de las implicaciones de esta investigación en la conexión entre los intestinos y la inflamación.

La conexión entre los intestinos y la inflamación

- Los alimentos grasos y altos en carbohidratos fomentan la entrada de sustancias inflamatorias al torrente sanguíneo.
- La endotoxina y otras moléculas dañinas liberadas por cierto tipo de bacterias pueden filtrarse a través de la pared intestinal.
- Si esta filtración sucede, se detona una respuesta inmunológica y el resultado es la inflamación.
- La inflamación perturba, entre otras cosas, los niveles de azúcar en la sangre y la respuesta de insulina del hígado.
- Cuando eso sucede, la obesidad puede ocurrir incluso con una dieta que contenga una cantidad normal de calorías.
- El jugo de naranja y la fibra soluble cambian el equilibrio hacia un microbioma benéfico y contrarrestan la cascada que se deriva de un "intestino permeable".

Muchos investigadores creen que la conexión entre los intestinos y la inflamación ha descubierto una gran fuente de enfermedades crónicas, no sólo la obesidad. Actualmente se buscan con intensidad los vínculos con la diabetes, la hipertensión, las cardiopatías y el cáncer. "Si cuidamos nuestro microbiota intestinal, este cuidará de nuestra salud", dice Cani. "Quisiera terminar mis conferencias con una frase: 'En los intestinos confiamos'."[3]

Cuando exploras los crecientes estudios sobre el microbioma, la conexión entre intestinos e inflamación se vuelve incluso más importante. Liping Zhao, un microbiólogo chino, contó su propia historia a la revista *Science* en junio de 2012 como parte de una edición especial dedicada al microbioma. En "My Microbiome and Me" ("Mi microbioma

[3] En el original: "In gut we trust", que hace referencia a la frase: "In God we trust", que significa: "En Dios confiamos". (N. de la t.)

y yo"), Zhao se presentaba como un conejillo de indias que revirtió su propia obesidad, un alto nivel de colesterol "malo" y presión sanguínea elevada, al cambiar a una dieta con muchos granos enteros y dos alimentos que en la medicina china se consideran benéficos: melón amargo y camote chino. Perder 20 kilos en dos años es impresionante, pero en 2004 Zhao había sospechado la existencia de una conexión entre la obesidad y la inflamación. Parece muy significativo que en su propio caso un microbio, *Faecalibacterium prausnitzii* —una bacteria que tiene propiedades antiinflamatorias— prosperó en sus intestinos, y aumentó de un porcentaje indetectable hasta convertirse en 14.5 por ciento del total de bacterias en los intestinos de Zhao.

Los cambios lo persuadieron de enfocarse en el rol del microbioma en su transformación. A esto siguieron pruebas en ratones y luego en humanos. Un paciente que tenía obesidad mórbida y pesaba 175 kilos a la edad de 26 años, experimentó muchos de los beneficios que tuvo Zhao y perdió más de 50 kilos en un año. De nuevo, una bacteria específica estuvo involucrada. Una sola bacteria, *Enterobacter cloacae*, conocida por provocar inflamación, conformaba más de un tercio del microbioma del paciente. En éste, con la dieta de Zhao, dicha bacteria disminuyó a cantidades mínimas mientras que aumentaron los microbios antiinflamatorios.

Para revertir la obesidad quizá no sea necesario atacar procesos específicos de enfermedad y microbios "malos". En un estudio se observó a cuatro pares de gemelos idénticos en los que un gemelo era delgado y el otro gordo. Los ratones recibieron microbios intestinales de un gemelo o del otro, y los que recibieron los microbios del gemelo gordo se volvieron obesos, con una capa de grasa más gruesa. Abordaremos las implicaciones de este descubrimiento clave para tu propia dieta en la segunda parte, sobre el estilo de vida.

Este libro es acerca de los genes, no del microbioma, pero ahora es imposible hablar de los genes sin él. Tu microbioma es, en esencia, tu segundo genoma. Pero a diferencia de tu propio genoma, tu microbioma es contagioso porque puedes esparcir tus bacterias a los demás. Y aunque esto suene un tanto asqueroso, el intercambio de bacterias entre las personas por medio del contacto íntimo puede beneficiar a la población. Algunos evolucionistas han ido tan lejos como para proponer que el comportamiento social humano evolucionó básicamente para fomentar el compartir microbios. La creciente resistencia a infecciones y a toxinas alimenticias podría ser un factor dominante. En las especies animales vegetarianas, el microbioma sirve sobre todo para digerir una dieta a base de plantas, pero la carne cruda de la caza de un león, por ejemplo, seguro estará llena de parásitos, organismos patógenos y toxinas, así que el microbioma de los carnívoros los protege de ellos. La evolución humana continuó a partir de ahí para maximizar nuestra resistencia a las enfermedades hasta llegar a su nivel actual.

El eje intestino-cerebro

Con la riqueza de genomas intestinales que superan tanto al nuestro, el microbioma ejerce una influencia poderosa más allá de la digestión y el metabolismo. Quizá lo más fascinante es el "cerebro intestinal". La doctora Christine Tara Peterson, que ha examinado esta área a profundidad (asociada también con el Chopra Center, donde realiza investigación avanzada sobre el microbioma), señala que los intestinos albergan cien millones de neuronas, más que la médula espinal, y producen 95 por ciento de la serotonina del cuerpo, uno de los neurotransmisores más cruciales, cuyos niveles están conectados a la depresión, según se ha creído por mucho tiempo.

La línea básica de comunicación del cerebro hacia cada región del cuerpo es por medio de doce nervios craneales. Uno es el nervio vago, nombrado así por la palabra latina *vagus*, que significa "vagar". Sus vagabundeos son extensos: comienzan en la médula oblongada en el cerebro inferior, pasa por el cuello hacia abajo, sigue al corazón y entra al tracto digestivo. Alrededor de 80 por ciento de toda la información sensorial que llega al cerebro es transmitida por medio del nervio vago conforme éste se expande. Lo que es intrigante para nuestros propósitos es que 90 por ciento del tráfico, dice Peterson, va del intestino al cerebro. "El microbioma", señala, "puede estar impactando los estados mentales como la ansiedad o el autismo."

Sin embargo, es difícil seguir las pistas porque pocos laboratorios están preparados para seguir el rastro de mensajes moleculares desde el intestino hasta el cerebro. Pero es un hecho aceptado que el acceso entre el intestino y el cerebro es una calle de dos sentidos. Las bacterias en tu tracto intestinal afectan los mecanismos de tu cerebro y tienen el potencial de alterar las emociones, e incluso conllevan el riesgo de provocar enfermedades neurológicas y psiquiátricas. A cambio, tu estado de ánimo y nivel de estrés afectan a las bacterias que vivirán en tu microbioma. Lo que ha rendido frutos es una idea propuesta en los inicios por el eminente psicólogo William James al trabajar con el fisiólogo Carl Lange en la década de 1800. Ambos afirmaban que las emociones surgen porque el cerebro interpreta las señales o reacciones del cuerpo. De una forma actualizada, esto se ha convertido en un circuito de retroalimentación entre el cerebro y el cuerpo que emplea mensajes químicos.

Los estudios de monos bebés, iniciados en 1974, han demostrado que la separación de sus madres al nacer no sólo les causa angustia psicológica: también cambia su microflora intestinal. En un estudio parecido en el que ratones bebés fueron separados de sus madres, éstos se volvieron más ansiosos comparados con los que permanecieron con sus progenitoras. Pero cuando los tractos intestinales de los ratones separados de su madre fueron recolonizados con bacterias de los ratones que permanecieron con su madre, la ansiedad de los ratones separados se disipó. Al parecer estos resultados también se extienden a los humanos. Si las bacterias intestinales de pacientes humanos con síndrome del intestino irritable son colocadas en el intestino de ratones, los ratones se vuelven ineptos socialmente y ansiosos. La angustia emocional ha sido asociada con el síndrome del intestino irritable por mucho tiempo, y ahora parece que esta conexión tiene una base material, no sólo psicológica.

En otro estudio, un equipo holandés ha mostrado que si las madres primerizas están estresadas, su estrés cambia el microbioma de sus bebés. Entonces parece muy plausible que el estrés social crónico podría estar cambiando tus bacterias intestinales, creando un destructivo circuito de retroalimentación entre los intestinos y el cerebro que provoca inflamación a lo largo de todo el sistema, incluido el cerebro. Se puede decir que aunque la medicina moderna se ha enfocado por más de un siglo en matar a las bacterias, ahora estamos aprendiendo a tener vidas más saludables *con* ellas.

Ya sea que toda esta charla sobre bacterias intestinales te parezca desagradable o no, se puede perdonar a cualquiera sentirse humillado por ella. Los humanos estamos acostumbrados a vernos a nosotros mismos por encima de otras criaturas, y ciertamente por encima de los microorganismos, las formas de vida más primitivas sobre la Tierra. Estos microbios han dejado de ser parásitos para ser nuestros compañeros. El biólogo teórico Stuart Kauffman ha dicho de forma atinada: "Toda evolución es coevolución", mientras que el físico cuántico pionero Erwin Schrödinger dijo alguna vez: "Ningún ser está solo... el 'yo' está encadenado a sus antepasados por muchos factores".

Pero al descubrir que nuestra evolución está vinculada a los microbios podemos redefinirla para que no sea humillante de ninguna manera. Dentro de nuestros cuerpos, a lo largo de nuestro propio genoma y el genoma de los microbios, está contenida la historia completa de la vida sobre la Tierra. Cada persona es una enciclopedia biológica; cada generación escribe una nueva página o capítulo. Ya que el cuerpo que ves en el espejo es *la vida misma*, la necesidad de preservar la ecología se vuelve mucho mayor, porque la ecología ya no se encuentra "allá afuera".

Lo que comes en el almuerzo hoy tiene el mismo nivel de importancia que salvar el bosque tropical o reducir los gases de invernadero, una forma de autopreservación que no puede ser postergada como si fuera el problema de alguien más. Bajo esa luz, la segunda parte describirá cómo una redefinición radical del cuerpo conduce a un nuevo estilo de vida y al fruto de dicho estilo de vida, el bienestar radical.

SEGUNDA PARTE

DECISIONES SOBRE EL ESTILO DE VIDA PARA EL BIENESTAR RADICAL

Lo que hace que la nueva genética sea algo asombroso es que ha ocasionado que nos demos cuenta de algo que es fácil olvidar: no hay nada más extraordinario que el cuerpo humano. Cambia de forma dinámica con cada experiencia, y responde con precisión perfecta a los retos de la vida, si tan sólo se lo permitimos. Más allá de la salud y la vitalidad normales, tu cuerpo es la plataforma para el bienestar radical. Cada célula está preparada para esta transformación, alimentada por el supergenoma, pero nuestra mente no lo está. Ahora tienes el conocimiento entre las manos, y esperamos que hayas aceptado una visión mucho más expandida acerca de las posibilidades.

Necesitas despertar esas posibilidades. Cuando se pensaba que el estilo de la vida de la gente no tenía consecuencias genéticas, la prevención estándar era el único enfoque probado para obtener un mayor bienestar. Ahora, con dos grandes descubrimientos —la epigenética y el microbioma—, nuestros genes pueden decir sí a una amplia gama de cambios positivos. Cualquier gen tiene el potencial de convertirse en un supergen cuando coopera con nuestras intenciones y deseos. La evolución personal necesita esta cooperación, o de lo contrario no podemos avanzar.

Todo bienestar, ya sea radical o no, contiene dos pasos simples: Primero, descubre lo que es bueno y lo que es malo para ti.

Segundo, haz lo que es bueno para ti y evita lo que es malo.

En lo referente al primer paso, la falta de conocimiento —y albergar creencias equivocadas disfrazadas de conocimiento— tenía que ser superada en la nueva genética. Si tú, como nosotros ahora, sabes que sólo 5 por ciento o menos de las mutaciones genéticas vinculadas a enfermedades son totalmente penetrantes (deterministas), eso deja 95 por ciento abierto a un cambio en sus actividades.

El segundo paso tiene que ver con implementar tu conocimiento, y es aquí donde radican los mayores desafíos. La prevención estándar, con sus bien conocidos factores de riesgo y recomendaciones comunes, ha transmitido el mismo mensaje de salud por más de cuarenta años. ¿Por qué entonces no estamos más saludables que nunca? Los índices de muertes por cáncer sólo han disminuido de forma marginal desde la década de 1930, a pesar de algunos éxitos dramáticos gracias a la detección temprana. Fumar sigue siendo un problema para 25 por ciento de la población, y los índices de obesidad continúan en aumento. Resulta que el diablo no está en los detalles; está en la negación.

Hace poco Deepak asistió a una conferencia sobre los beneficios de la meditación, y las noticias eran sumamente prometedoras. El orador, un investigador en genética famoso en todo el mundo, se enfocó en la manera en que la meditación produce actividad genética benéfica por medio del epigenoma (más adelante abordaremos la relación entre la meditación y tu genoma). Cuando llegó la sesión de preguntas, alguien entre el público inquirió: "Y con todos estos descubrimientos fantásticos, ¿usted medita?".

"No", respondió el investigador.

Quien hizo la preguntaba estaba impactado. "¿Por qué no?"

"Porque", dijo el orador, "estoy tratando de desarrollar una píldora que ofrezca los mismos resultados."

La gente rio, pero hacer de tu incongruencia algo gracioso conduce al mismo resultado que otras formas de negación. Motivar a las personas a hacer lo que es bueno para ellas y evitar lo dañino debe ser lo primero en la orden del día. Todos lidiamos con la voz en nuestra cabeza que dice:

Lo haré más tarde.
Es demasiado complicado.
De todas formas lo más probable es que yo esté bien.
¿De verdad sería tanta la diferencia?

"Eso" puede ser cualquier cosa que sabes que debe mejorarse: una mejor alimentación, ejercicio regular, disminución del estrés, etcétera. A veces la negación no necesita de ninguna voz que plantee excusas. Una especie de amnesia conveniente aparece cuando somos tentados por un pedazo de pastel de chocolate aunque ni siquiera tengamos antojo de él, o por un programa favorito de televisión que nos hace olvidar salir a caminar después de cenar.

Hagamos una revisión rápida de dónde te ubicas en tu situación actual. A continuación presentamos un examen en dos partes: la primera es acerca de hacer lo que es bueno para tu genoma, y la segunda sobre evitar lo que es dañino. Queremos que te evalúes de la forma más honesta posible. Tus respuestas servirán como una buena preparación para las decisiones en el estilo de vida que delineamos en esta sección del libro.

Comenzamos con los hábitos en tu estilo de vida que envían mensajes positivos a tu genoma.

EXAMEN (PARTE 1) LA VIDA QUE QUIEREN TUS GENES

Marca cada frase que casi siempre es verdad con respecto a ti (90 por ciento de las veces):

____ Dejo que mi vida se desarrolle de forma natural, sin horarios frenéticos ni exigencias constantes.
____ Duermo lo suficiente cada noche (al menos 8 horas) y me despierto sintiéndome revitalizado.
____ Sigo a diario una rutina regular pero no rígida.
____ Procuro estar en equilibrio con mi dieta, y como de todos los grupos de alimentos saludables.
____ Evito el aire, el agua y los alimentos tóxicos, incluida la comida repleta de ingredientes artificiales.
____ No me salto comidas.
____ No como entre comidas.
____ Hago cosas para minimizar mi estrés y manejar las tensiones que son inevitables.
____ Me doy a mí mismo un rato cada día para dejar que mi cuerpo se restaure a sí mismo.
____ Medito.
____ Practico yoga.
____ Como de forma moderada y mantengo un peso saludable.
____ Evito estar sentado por largos periodos, y muevo mi cuerpo al menos una vez cada hora.
____ No fumo.
____ Bebo alcohol muy de cuando en cuando o nunca.
____ Evito la carne roja, y si la como es muy esporádicamente.
____ Hago todo lo posible para comer sólo alimentos orgánicos.

_____ Realizo actividad física.

_____ Comprendo el peligro de la inflamación crónica y tomo acciones para impedirla.

_____ Mi bienestar tiene mucho valor para mí y me cuido todos los días.

Total: ___________ (0 a 20)

Ahora evalúa el lado negativo, los hábitos en el estilo de vida que envían mensajes equivocados a tu genoma.

EXAMEN (PARTE 2) LA VIDA QUE NO QUIEREN TUS GENES

Marca cada frase que a menudo es verdad sobre ti (50 por ciento de las veces).

_____ Mi día es una ronda interminable de cosas que debo terminar.

_____ Al final del día me siento exhausta.

_____ Bebo de manera habitual para relajarme.

_____ Estoy motivado a tener éxito, aunque tenga un costo personal.

_____ Duermo poco y de forma errática. Al despertar todavía me siento cansado.

_____ Me voy a dormir con la mente llena de pensamientos, a menudo angustiantes.

_____ Fumo.

_____ Dejo que mi cuerpo se desequilibre bastante antes de ocuparme de él.

____ No me molesto en leer las etiquetas y los ingredientes de los alimentos.
____ Me quejo por tener estrés pero hago muy poco para manejarlo.
____ Constantemente estoy ocupado y con prisa, y no dejo tiempo para estar en silencio y en calma.
____ Mi alimentación es descuidada.
____ Como a deshoras, sobre todo muy tarde por la noche.
____ No peso lo que debería.
____ No presto atención a si la comida es orgánica o no.
____ Prefiero la carne roja al pollo o pescado.
____ Permanezco sentado por largos periodos de tiempo (dos horas o más) sin moverme, ya sea en el trabajo, frente a la computadora o viendo televisión.
____ Soy bastante menos activo de lo que era hace diez años.
____ Me preocupa envejecer pero no sigo ningún régimen antienvejecimiento.
____ No pienso mucho en cuidarme.

Total: ____________ (0 a 20)

A partir de tus dos totales, he aquí una evaluación aproximada:

Parte 1: En el lado positivo, si marcaste alrededor de diez respuestas, estás viviendo como el estadounidense promedio. La prevención te llama la atención, pero los resultados son azarosos. Una puntuación menor a diez implica que afrontas un riesgo considerable de tener problemas en el futuro. Una puntuación mayor a 15 es algo muy bueno: el supergenoma ya está diciéndole "sí" a tu estilo de vida.

Parte 2: La puntuación aquí tiene que ver con el envío de mensajes negativos a tu genoma más de la mitad de las veces. Si obtuviste un 10, que es quizá cercano al promedio en que vive el estadounidense actual, tal vez tienes buena salud pero estás en riesgo de sufrir problemas en el futuro. Incluso un solo mal hábito tiene el potencial de modificar uno o más genes en formas no deseables. Una puntuación menor a diez significa que estás en buena forma para avanzar. Una puntuación de 12 o más implica que tienes que considerar mejorar tu bienestar con urgencia.

La historia de Renée

Nos encantaría que todos obtuvieran 20 en el primer examen y cero en el segundo. Pero siendo realistas, siempre hay oportunidad de mejorar. Aunque los hábitos de estilo de vida que hemos enlistado son bien conocidos en la prevención estándar, lo que es nuevo es la atención precisa y constante que presta el supergenoma. Nada escapa a su atención. Eso es maravilloso una vez que decides hacer cambios positivos, pero no tan bueno si permaneces en el mismo canal. Podemos ilustrar la situación creada por la nueva genética con la historia de una mujer.

Renée, que tiene poco más de 50 años, ha hecho con resolución firme lo que es bueno para ella. Su dieta consiste en alimentos enteros de todos los grupos (frutas, vegetales, legumbres, granos). Nunca come comida rápida o chatarra y no ha tomado una gota de alcohol en años. Durante el verano nada todos los días; cuando hace frío da una caminata vigorosa después de la cena. Tiene un buen matrimonio, y disfruta mucho su trabajo como terapeuta alternativa. Entonces, ¿por qué pesa más de cien kilos, habiendo luchado con el peso desde el inicio de su adolescencia?

La negación de Renée tiene que ver con su manejo de los momentos. Cuando tiene la comida frente a ella, no controla sus impulsos y come como si no tuviera problemas de peso. Pero cuando termina, sufre en las horas entre comidas porque se da cuenta de que su problema es real y no está mejorando.

Hank parece estar en una situación mucho mejor. Tiene 65 años y no tiene problemas físicos más allá de diez kilos extra que adjudica a estar envejeciendo. Como no tiene dolores o molestias y rara vez se enferma incluso de un resfriado, se considera afortunado en comparación con muchos de sus amigos que ya enfrentan operaciones de cadera o rodilla. "Todavía puedo comer de todo", dice Hank, quien sostiene que no tiene problemas digestivos, lo que se ajusta a su afirmación de que nunca ha tenido dolor de cabeza, de espalda o de estómago.

Su negación es de un tipo más sutil que la de Renée. Hank niega que con el tiempo tendrá problemas. Como se siente bien ahora, ignora casi todos los consejos para la prevención de enfermedades. No hace ejercicio y por largas horas al día permanece sentado frente a la computadora, prácticamente sin moverse. Ingiere una amplia gama de comida rápida y chatarra, con tentempiés frecuentes. No tiene idea de cuál es su presión arterial, y se ha mantenido alejado de los médicos por décadas. ¿Acaso será una excepción a todos los riesgos que corre?

En el espectro de la negación, la mayoría de la gente cae en algún punto entre estos dos extremos. Unas veces encuentran la motivación para hacer lo que es bueno para ellos y otras no. Tal vez cuidan lo que comen casi todos los días, y encuentran tiempo para realizar actividad física un par de horas a la semana; los problemas de sueño, si existen, son generalmente esporádicos. Pero desde nuestra perspectiva, esta situación, que es normal para millones de personas, les niega la posibilidad del bienestar radical. Veamos cómo puede cambiar esto.

Lecciones acerca de la toma de decisiones

Imagina que estás sentada en tu restaurante favorito, sintiéndote relajada y contenta. Has comido lo suficiente, pero el mesero llega con la típica tentación: "¿Desea algún postre?". No aceptas de inmediato, pero le pides ver el menú de postres. "¿Quiere café, algún digestivo?", pregunta.

"Vamos a ver", dices, cediendo un poco más. Conforme revisas la lista de postres haces una pausa, que puede durar tan sólo unos segundos, y entonces entras en acción. Nada es más importante que este paso. Es donde recurres a cierto aspecto de ti mismo, la parte que toma las decisiones. ¿Cedes o no a la tentación? A no ser que caigas en el extremo de la autodisciplina total o en el extremo de la falta completa de control de tus impulsos, no hay forma de predecir lo que decidirás.

Tomar decisiones es difícil, incluso cuando se trata de pequeñas decisiones cotidianas, y entonces en vez de volvernos mejores en ello, viéndolo como una habilidad, nos comportamos de forma caprichosa. Entre saber lo que es bueno para ti y hacerlo hay un gran trecho. En este trecho es donde se aprende la habilidad de tomar decisiones. Si comes un postre delicioso, el remordimiento que te da después por haber comido chocolate llega demasiado tarde.

Pero si pudieras hacer aunque sea un cambio significativo cada semana, tu progreso hacia el bienestar radical se aceleraría de manera importante. Después de un mes sentirías algunos beneficios reales; después de un año la transformación sería completa. Si se reduce a una serie continua de decisiones fáciles, el problema de la incongruencia desaparece. Incluso puedes permitirte estar en negación sin sentirte culpable, siempre y cuando alteres una cosa cada semana, ya sea en tu dieta, tu rutina diaria o tu actividad física. Sólo con decidir ponerte de pie y moverte cada hora, lo cual parece una decisión trivial, mandas mensajes positivos al supergenoma, lo suficiente para marcar una diferencia en la actividad genética.

Sin embargo, la meta de hacer un cambio positivo a la semana no será alcanzable sin una estrategia factible. Si intentas cambiar por medio de propósitos, fracasarás. Millones de personas hacen propósitos de Año Nuevo, que constituyen sólo un cambio en el año que comienza, y aun así la gran mayoría, más de 80 por ciento según las encuestas, sólo los llevan a cabo por un corto tiempo. Hacerte promesas, experimentar culpabilidad por tus recaídas y sentirte solo y con lástima de ti mismo es contraproducente. Alguien adicto al alcohol o a las drogas despierta cada mañana con estos sentimientos. Su pasado está lleno de promesas rotas para consigo mismo.

En el maremágnum de recomendaciones que repiten lo mismo una y otra vez —"Toma buenas decisiones"—, muy pocas te dicen *cómo* hacerlo. Consideremos tres principios básicos con los que debemos lidiar para tomar buenas decisiones:

1. Existen decisiones fáciles y decisiones difíciles.

Los dos tipos se presentan cada día, pero normalmente no tomamos distancia y ponemos atención en cuál es cuál. Seguimos como siempre, impulsados por el hábito, condicionamientos antiguos y la falta de conciencia. Entonces, las decisiones difíciles son aquellas que tratan de mover la maquinaria psicológica en una dirección distinta. En la superficie, una decisión puede parecer muy pequeña, pero lo grande o pequeño no es el tema. El tema es qué tan difícil es tomar esa decisión. Para alguien con una fobia severa a los insectos, tomar una hormiga o una cucaracha muerta constituye una decisión difícil, y a veces imposible. Por otra parte, los soldados en batalla arriesgan su vida de forma rutinaria, y corren entre los disparos para rescatar a sus compañeros caídos. Los hechos objetivos acerca de una decisión —ya sea que arriesgues poco o mucho, que la decisión sea fácil para otras personas o no, ya sea que te brinde placer o dolor— son algo secundario y a veces no tiene nada que ver. Lo que es esencial es si la decisión te resulta fácil o difícil.

2. Las malas decisiones a veces se sienten bien.

En esto no hay misterio. Si deseas gratificación instantánea, puedes obtener una dosis de jugo de placer con un poco de helado a medianoche o "acabarte el plato". Los placeres culposos aportan un doble estímulo al ofrecer gratificación mientras hacen que la culpa desaparezca por un tiempo. El lado negativo, lo que no es novedad, es que el resultado de sentirte bien comienza a ser menos efectivo, y después de un tiempo la culpa es tan grande que ya nada se siente bien.

3. La gratificación de las buenas decisiones normalmente viene después.

Esto se ha convertido en una máxima psicológica clásica gracias a las famosas pruebas de los años sesenta y setenta del siglo pasado conocidas como la Prueba del Malvavisco de Stanford. En una versión, sentaban a niños pequeños con un malvavisco frente a ellos. "Puedes tener el malvavisco ahora", les decían, "pero si esperas diez minutos tendrás dos malvaviscos." El investigador salía de la habitación y se observaba a los niños a través de un espejo polarizado. Algunos niños de inmediato se comían el malvavisco o lo hacían después de una breve lucha interna. Otros niños esperaban la gratificación postergada, aunque mostraban signos de lucha interna.

Algunos psicólogos creen que partir de esta simple prueba se puede decir mucho sobre qué tipo de adultos serán estos niños. Los que buscaron la gratificación instantánea tenderán a tomar decisiones impulsivas sin importar las consecuencias. Quizá tomen más riesgos o los ignoren en una situación dada. Su capacidad para planear el futuro estará disminuida. Nada de esto es muy sorprendente si recuerdas la fábula de Esopo sobre la hormiga y la cigarra. El problema real es si pueden ser cambiados los malos hábitos de las cigarras de vivir el momento.

Cualquiera debería poder ver cómo funcionan estos aspectos en su propia vida. Si relees las historias de las tres personas que dimos como ejemplo de negación, apenas importa que Ruth Ann, Saskia y Renée sean muy diferentes como individuos. Los principios básicos de la toma de decisiones se aplican a todos nosotros. La pregunta es cómo usar estos principios básicos de la toma de decisiones en nuestra ventaja. A continuación presentamos las respuestas que creemos funcionan mejor.

1. Existen decisiones fáciles y decisiones difíciles.

La respuesta para convertir este principio en algo ventajoso para ti es comenzar tu transformación tomando buenas decisiones que sean pequeñas y fáciles. Conforme estas decisiones se acumulen día con día, estarás enviando nuevos mensajes a tu epigenoma y microbioma, los dos grandes centros de cambio en cada célula. Al mismo tiempo, cada cambio diario, sin importar lo pequeño que sea, está reentrenando tu cerebro. En cambio, las decisiones difíciles te hacen topar contra una pared porque el cerebro no puede enfrentar una nueva normalidad drástica. Simplemente es demasiado fuerte la inercia del pasado.

Por eso dejar de tajo el cigarro es una estrategia inefectiva en términos de resultados duraderos. Varios estudios han mostrado que la gente que tiene éxito al dejar de fumar abandona el hábito muchas veces. Al restringirse un poco, mucho o por completo, acumulan la experiencia del éxito. En la mayoría de los casos éste sólo dura un corto tiempo debido a la adicción física al tabaco. Pero por medio de la repetición el cuerpo se adapta.

Cualquier cambio significativo implica repetición. Desarrollar nuevas rutas en el cerebro es como excavar el nuevo curso de un río. El agua seguirá corriendo por el lecho antiguo mientras éste sea más profundo que el nuevo. Al repetir el cambio que deseas alcanzar, al principio estarás "excavando" un canal poco profundo, pero la repetición lo profundiza. No obstante, una metáfora física sólo puede llegar hasta ahí. Los sucesos mentales a veces son más fuertes que cualquier historia física dentro del cerebro.

Los adictos al alcohol o al tabaco a veces dejan el hábito de la noche a la mañana y de una vez por todas. El porcentaje de este tipo de personas puede ser minúsculo (y con este libro no buscamos el éxito repentino), pero nos recuerdan que cuando se trata de tomar decisiones, la mente viene primero y el cuerpo después.

Este sería un punto a discutir para muchos biólogos, que creen con firmeza que los procesos físicos cuentan toda la historia. Pero no hay necesidad de una discusión, gracias a la íntima conexión entre mente y cuerpo. Cada mensaje que mandas a tu cuerpo obtiene una respuesta, y la respuesta influirá en tu siguiente mensaje. Este diálogo circular, o circuito de retroalimentación, es crucial. La decisión de enviar nuevos mensajes afecta a todo el sistema de retroalimentación.

2. *Las malas decisiones a veces se sienten bien.*

La respuesta para usar este principio a tu favor es dar la bienvenida a la gratificación en vez de juzgarla de forma negativa. ¿Te sorprende leer esto? Para citar una frase del famoso programa televisivo de ciencia ficción *Star Trek: The Next Generation*: "Es inútil resistirse". Los impulsos y antojos tienen poder sobre nosotros porque atacan en el momento. El cerebro le abre una vía rápida a la sensación deseada, y se pospone el poder de la mente racional para ignorar el impulso. Sin embargo, estudios han mostrado que a menudo una pequeña pausa basta para remediar este desequilibrio entre la razón y la sensación. Si un grupo de personas espera cinco minutos antes de actuar ante un antojo, la mayoría no cederá. Encuentran razones para no ceder, y las razones son suficientes porque ha pasado el momento de gratificación instantánea. (Incluso existen empaques de comida que vienen con un mecanismo de retraso. Digamos que tienes antojo de papas fritas. Cuando te llega el antojo comes una papa y guardas el resto de la bolsa en el empaque. Esto mantiene las papas fuera de tu alcance por un tiempo definido, normalmente entre cinco y diez minutos, después de los cuales la cerradura se abre. La idea suena inteligente, pero uno se pregunta cuántas personas son capaces de comerse sólo una papa frita cuando surge el antojo, o quiénes tienen otras botanas saladas listas y esperando en la despensa.)

En vez de tratar de manipular tus antojos, renuncia a la lucha. Busca gratificación instantánea de mejores fuentes. El consejo de los nutriólogos de comer una zanahoria en vez de medio litro de helado de chocolate no es realista, pero tal vez dos galletas Oreo sí funcionen, o medio *cupcake*. Hay algunas estrategias que detienen los antojos pero ninguna que los elimine de forma permanente ni directa. El mejor enfoque es restaurar tu microbioma al instituir cambios fáciles en tu estilo de vida y luego confiar en que tu cuerpo volverá a un estado en que no tendrá antojos.

También hay un gran componente emocional en los antojos y la necesidad de gratificación instantánea. Para lidiar con este componente de manera exitosa es necesaria una conciencia expandida. Cuando descubres qué es de lo que tienes hambre en realidad, la respuesta será algo más profundo que mantequilla de cacahuate y mermelada o pizza de pepperoni. Como discutiremos más adelante en la sección de las emociones, la plenitud es un estado interno que puedes alcanzar si sabes cómo hacerlo. Una vez que llegas a este estado, la fascinación por los detonantes externos disminuirá en mucho y luego desaparecerá. El antojo de cualquier cosa "allá afuera" se responde mejor desde "aquí dentro".

3. *La gratificación de las buenas decisiones normalmente viene después.*

La respuesta para trabajar con este principio es que tu microbioma puede acortar el retraso en la gratificación que sigue por lo regular tras tomar buenas decisiones. El microbioma está cambiando todo el tiempo, y responde rápido a la dieta, el ejercicio, la meditación y la disminución del estrés. Conforme sigas tomando decisiones buenas y fáciles que también te hagan sentir bien de inmediato, el efecto positivo de estas decisiones comienza a arraigarse. Muy pronto, en vez de buscar sentirte mejor, estarás tratando de no perder el bienestar que ya tienes. En cambio, alguien adicto a la gratificación instantánea al tomar malas decisiones, recibe impactos breves de placer que disminuyen con el tiempo, y sólo al alimentar el antojo obtiene algún tipo de placer. Distraerse del dolor se convierte en el objetivo.

Al mostrarte cómo trabajar con los tres principios detrás de la toma de decisiones, te hemos colocado en la posición de crear tu propio camino hacia el éxito. Dado que eres único, no debes esperar seguir un régimen impuesto, ya sea la nueva dieta milagrosa, una rutina para quemar grasa en el gimnasio o un suplemento energético. Todos estos métodos se basan en la expectativa de que te rendirás después de un tiempo y pasarás a la siguiente moda rentable. Lo que funciona no es vagabundear sin descanso de una solución de corto plazo a otra. En cambio, necesitas construir una pirámide de decisiones fáciles que aporten resultados de largo plazo. Los cimientos de la pirámide están conformados por las decisiones que consideras más fáciles de tomar. Entonces construyes la pirámide hacia arriba, nivel por nivel, con decisiones más difíciles que se vuelven fáciles gracias a los cimientos. El toque final es el bienestar radical, que parece muy arriba y lejano cuando estás parado en el suelo, pero casi no toma esfuerzo alcanzarlo si sabes lo que estás construyendo y cómo hacerlo.

Cómo hacerlo realidad

Demos un ejemplo de construcción de la pirámide que proviene de alguien muy cercano a uno de los autores. Diremos que es el primo mayor de Rudy y lo llamaremos Vincent, aunque esa no es su identidad verdadera. Vincent ha sido médico desde inicios de la década de 1980 y se ha ganado una buena reputación en el ámbito de la medicina interna. Como sucede a menudo con los médicos, Vincent no practica lo que predica. Su rutina diaria implica largas horas sin actividad física y con gran exposición al estrés al escuchar la reacción angustiada de sus pacientes frente a la enfermedad. Él se jacta de manejar esto muy bien. Es quien es hoy en día gracias a tantos años de dedicación y ambición, pero Vincent ha pagado el precio.

De haber acudido a sí mismo como paciente, se habría alarmado. Vincent tiene veinte kilos de sobrepeso. Bebe alcohol todos los días, a veces en exceso. Se queja de insomnio y de sentirse fatigado. Hace poco ya no pudo seguir ignorando la situación porque desarrolló dolor en las articulaciones, sobre todo en sus rodillas. Se sometió a un reemplazo quirúrgico que sólo alivió de forma parcial su dolor. Uno pensaría que la acumulación de estos efectos negativos pondría a Vincent, dado todo su conocimiento profesional, en el camino hacia el cambio, pero la naturaleza humana no funciona así. Al haber elegido la negación como su táctica principal para lidiar con sus problemas, Vincent no tuvo más opción que duplicar su negación cuando las cosas empeoraron.

Entonces descubrió algo que captó toda su atención: el microbioma. Alentado por la información, Vincent encontró una forma de librarse de su negación y al mismo tiempo alterar su visión de toda la vida de que sólo los medicamentos y la cirugía son la medicina "verdadera". Todos los cambios que hizo en su rutina diaria le fueron fáciles:

- Comer alimentos con fibra soluble como pan de grano entero, arroz integral, plátanos, avena y jugo de naranja. Con esto se encargó de sus prebióticos, la comida de la que se alimentan las bacterias intestinales.
- Añadir alimentos probióticos, que contienen bacterias benéficas que colonizarían sus intestinos, sobre todo el colon. Yogur activo, chucrut y pepinillos pertenecen al campo probiótico.
- Tomar una aspirina al día por su efecto antiinflamatorio.
- Reducir el alcohol en exceso, aunque no dejó de tomar su coctel de las cinco de la tarde.

Vincent se sintió bien con estos cambios fáciles, y de inmediato notó resultados como un mejor sueño, disminución del dolor y una sensación general de sentirse más ligero.

Se convenció, como lo hacen cada vez más médicos, de que la clave es combatir la inflamación. Ahora que comenzó a sentirse mejor, volvió a tener su optimismo y esperanza de antes. Por primera vez en años, le pareció posible librarse de sus problemas. La siguiente etapa de cambios fue más fácil debido a su nueva actitud.

- Dejó de beber alcohol por completo. Esa no fue una decisión difícil porque se estaba sintiendo tan bien que no necesitaba el alcohol

—y sus efectos inflamatorios— como automedicación. Al mismo tiempo renunció al ocasional puro que solía disfrutar con sus colegas. La toxicidad del tabaco se volvió muy obvia para su paladar y nariz una vez que recuperó la sensibilidad. Dejar de fumar sucedió de forma natural como un resultado de su dieta mejorada.

- Cambió por completo hacia los alimentos enteros y orgánicos. Ya no sentía atracción alguna hacia la comida con aditivos y conservadores, que también eran posible causa de inflamación.
- Redujo su consumo de sal, un antojo que propician en mucho las botanas y la comida chatarra. Esto le resultó fácil porque su dieta de alimentos enteros había retirado el deseo de comer botanas.
- Después de investigar los posibles beneficios de tomar un suplemento probiótico, eligió uno con la intención de mejorar el tipo de bacterias que poblaban su microbioma.

En vez de sufrir una cascada de síntomas, muchos de ellos vinculados a la inflamación y la filtración de toxinas por la pared intestinal, Vincent estaba experimentando una cascada de recuperación. Cada sencillo paso condujo a otros que habría considerado decisiones difíciles si hubieran estado en una lista de cosas buenas por hacer. En lugar de ello, su estilo de vida evolucionó día con día, y cada cambio conducía de forma natural al siguiente.

Hoy Vincent se encuentra listo para hacer cambios que incluso hace dos meses eran prácticamente inconcebibles. Nunca antes creyó en la conexión mente-cuerpo, y ahora está dispuesto a practicar la meditación. Por décadas se han realizado estudios sobre los beneficios de la meditación, pero apenas ahora se conecta de forma personal con ellos; ha comenzado a pensar en términos de la epigenética y el microbioma, y ambos son afectados de forma positiva por la meditación.

Después de años de depender de analgésicos y medicamentos para su presión arterial alta, Vincent ha decidido desintoxicarse de ambos. Las primeras que dejó fueron las medicinas para la hipertensión, porque la dieta de alimentos enteros restauró su microbioma y eso fue suficiente para regularizar su presión arterial. Es obvio que el asunto de contrarrestar la inflamación, que fue lo que lo inspiró originalmente, ha rendido frutos y puede estar conduciendo a beneficios de largo plazo que aún no son visibles.

Tu historia personal —y tu camino hacia el bienestar— no será la misma de Vincent. No debería serlo. No existe una solución que se ajuste a todos, no cuando se trata de tomar decisiones a las cuales puedas apegarte. Lo que hará que tu camino sea similar al de Vincent es ocuparte de los tres aspectos de la toma de decisiones. Él aplicó las mismas respuestas que te hemos ofrecido.

Para superar el problema de las decisiones difíciles, Vincent sólo tomó decisiones fáciles a cada paso del camino. Algunas de éstas habrían parecido demasiado duras al principio, pero no lo fueron una vez que fincó los cimientos apropiados.

Para superar el problema de la gratificación instantánea, dejó de resistirse a sus impulsos, lo que hizo mucho para terminar con su culpa y la crítica hacia sí mismo. Le dio una oportunidad a la gratificación alternativa con alimentos que disfrutaba, y confió en que el alcohol y el tabaco desaparecerían de forma natural, lo cual sucedió una vez que su dolor crónico disminuyó.

Para superar el problema de los resultados postergados, tomó decisiones con las que los resultados llegaban rápido, en principio cambiando a una dieta de alimentos enteros. Apegarse al programa no requirió de paciencia y promesas. Debes ser paciente si tus decisiones no alteran la situación de tu cuerpo hasta años después, como ocurre con cualquier persona que tome medicamentos para bajar el colesterol, por ejemplo: el ataque cardiaco que están tratando de prevenir se encuentra a muchos años en el futuro (sin mencionar que estos medicamentos pueden disminuir los índices de ataques cardiacos para una muestra bastante grande de personas, pero no son garantía de prevenir un ataque cardiaco específico, es decir el tuyo).

Quizá has detectado algunas áreas que Vincent no abarcó en sus nuevas decisiones. La más obvia es el ejercicio. Adora jugar golf los fines de semana, lo que por ahora satisface lo que desea del ejercicio. Pero también sabe que el golf no es una actividad cardiovascular, la clase de ejercicio que eleva tu ritmo cardiaco y mejora el consumo de oxígeno, con beneficios auxiliares para la función cardiovascular y la presión arterial. El exceso de peso y el dolor en las articulaciones habían evitado por mucho tiempo que realizara este tipo de ejercicio, así que para Vincent el ejercicio cardiovascular todavía está en la categoría de las decisiones difíciles; una categoría que siempre puede ser revisada si te enfocas en ella con la actitud de construir una pirámide por medio de una decisión fácil a la vez.

Ahora estás preparado para construir tu propia pirámide, y cada piedra será *una nueva decisión por semana* que sea fácil de hacer. Hay seis categorías de cambio que tendrán un efecto significativo en tu epigenoma, microbioma y cerebro:

Dieta
Estrés
Ejercicio
Meditación
Sueño
Emociones

Para cada una te ofrecemos un menú de decisiones. Cada menú será lo bastante largo para presentar decisiones que cualquiera puede adoptar con facilidad. Una vez que encierres tus preferencias en las seis categorías, estarás listo para implementarlas sin esfuerzo alguno y con toda la expectativa de tener resultados positivos. La construcción de la pirámide es la clave para el cambio exitoso que es duradero y acumulativo.

Hacer un cambio a la vez de los seleccionados en seis áreas distintas de tu vida, incrementa su efecto en todo el sistema cuerpo-mente. Recomendamos que lleves un registro de los efectos de los cambios en tu estilo de vida por medio de la siguiente lista:

QUÉ RESULTADOS BUSCAR

Marca cada resultado que comiences a notar después de adoptar un nuevo cambio en tu estilo de vida.

_____ Tu digestión ha mejorado.
_____ Han disminuido las molestias y/o la acidez estomacal.
_____ El estreñimiento o la diarrea ya no son un problema.
_____ Tu cuerpo se siente más ligero.
_____ Tienes una sensación creciente de paz interior y calma.
_____ Tu pensamiento es más agudo y alerta.
_____ Estás perdiendo peso sin estar a dieta.
_____ Han disminuido los signos de envejecimiento.
_____ Hay una reversión de los signos de envejecimiento; te sientes más joven.
_____ La vida es menos estresante y puedes manejar mejor el estrés.
_____ Tu humor está equilibrado, ya no hay subidas y bajadas de ánimo.

_____ Tienes una sensación de bienestar placentero.
_____ Los dolores y molestias menores se han reducido o desaparecido.
_____ Las punzadas de hambre son menos o han desaparecido.
_____ Ha regresado un ciclo natural de hambre y saciedad.
_____ Los dolores de cabeza han disminuido o desaparecido.
_____ El mal aliento es menos intenso o ha desaparecido.
_____ El sueño ahora es regular e ininterrumpido.
_____ Las alergias han mejorado.
_____ Ya no es tentador comer entre comidas.
_____ Ya no hay tentación por consumir azúcar en exceso.
_____ El antojo de sabores adictivos (dulce, agrio, salado) ha disminuido.
_____ Disminuye el consumo de alcohol.
_____ Disminuye el consumo de tabaco.

Para verificación de tu médico:

_____ Menor presión arterial
_____ Niveles normales de azúcar en la sangre
_____ Ritmo cardiaco normal
_____ Mejoría en la ansiedad o depresión, si estaban presentes
_____ Aumento de los niveles de HDL (lipoproteínas de alta densidad, o colesterol bueno)
_____ Reducción de los niveles de LDL (lipoproteínas de baja densidad, o colesterol malo)
_____ Mejoría en los triglicéridos (menor riesgo de cardiopatías e ictus)
_____ Función normal de los riñones
_____ Mejores revisiones dentales (menos placa, caries e inflamación de las encías)

ALIMENTACIÓN

ELIMINAR LA INFLAMACIÓN

A estas alturas no será una sorpresa que el enemigo más grande en la dieta de la gente es la inflamación. Investigadores médicos han rastreado sus huellas por todo el mapa, desde las enfermedades crónicas y la obesidad hasta el síndrome del intestino permeable y enfermedades mentales. Es muy probable que la dieta estadounidense típica incremente la inflamación, y por ello es necesario un cambio. El cambio será drástico para cualquier persona que subsista a partir de comida rápida y chatarra. Aunque la sobrecarga de azúcar presente en casi cada dieta también es una sospechosa principal, si no la vigilas. La evolución no nos preparó para consumir más de cincuenta kilos de azúcar refinada al año; no está claro que hayamos evolucionado para consumirla siquiera, junto con el jarabe de maíz, más barato, y que contienen cada vez más alimentos procesados.

La inflamación es necesaria para el proceso de sanación cuando el sistema inmunitario suelta una ráfaga de químicos conocidos como radicales libres para inundar el área enferma o herida. Casi todos los síntomas de la influenza, como la fiebre y las molestias y dolores, no provienen del virus que la causa sino de los esfuerzos de recuperación de tu cuerpo y la inflamación que viene junto con ellos. En este sentido, la inflamación es nuestra amiga. Pero nuestra amiga puede voltearse contra nosotros sin que seamos conscientes de ello.

Puedes tener un estado de inflamación crónica sin saberlo, porque a diferencia de las áreas rojas e hinchadas que aparecen en tu piel cuando está inflamada, los signos internos de inflamación a menudo pasan desapercibidos. Por lo regular no se siente nada cuando el sistema inmunitario está medianamente comprometido, y algunos signos de inflamación, como dolor en las articulaciones, podrían tener otras causas. Nuestro enfoque es tomar decisiones fáciles que tengan un efecto antiinflamatorio. Una dieta antiinflamatoria hará que la mayoría de la gente advierta beneficios de inmediato.

Leer el menú: El menú de decisiones está dividido en tres partes según su nivel de dificultad y su efectividad demostrada.

Parte 1: Decisiones fáciles

Primero están las decisiones que cualquiera puede implementar. Si comienzas a adoptarlas estarás estableciendo los cimientos para tu pirámide. Aunque sea tentador adoptar más de una decisión fácil a la vez, resiste las ganas. A lo largo de un año, realizarás cambios en tu estilo de vida durante 52 semanas. No hay necesidad de sobrecargarte.

Parte 2: Decisiones difíciles

Adoptar estas decisiones te produce resistencia, o sabes que es demasiado difícil mantenerlas sin recaer. Eso está bien. Las decisiones más difíciles pueden esperar hasta que sientas que ya has hecho todas las decisiones fáciles posibles. Para algunas personas las decisiones más difíciles en realidad serán fáciles, porque cada quien tiene un punto de partida diferente. Para la mayoría de la gente, sin embargo, las decisiones difíciles son para más arriba en la pirámide. Deben sentirse fáciles antes de que las enfrentes, de lo contrario te arriesgas a comenzar un cambio que no podrás continuar.

Parte 3: Decisiones experimentales

Estas decisiones son pasos que tienen gran sustento e intrigantes investigaciones detrás, pero en definitiva constituyen una posición minoritaria por ahora. Las modas alimenticias vienen y van. La investigación de hoy, mañana es modificada o desechada. Antes de adoptar una decisión experimental, lee nuestras advertencias, realiza tu propia investigación y toma una decisión informada. En cualquier caso, ninguna de estas decisiones experimentales debería sustituir las decisiones de las partes 1 y 2.

Recuerda que la intención es que las decisiones que tomes sean permanentes. Ya que realizarás sólo un cambio a la semana, tienes siete días para ver cómo te funciona. Si todo fluye, estás listo para seleccionar un segundo cambio en la semana siguiente. No te apresures; no te presiones. El secreto de esta estrategia es asegurarse de progresar sin esfuerzo.

Creemos que es prudente hacer primero cambios en la alimentación, porque la comida tiene el efecto más directo en el microbioma. Aconsejamos que el primer mes lo dediques por completo a cambios alimenticios, pero será tu decisión hacerlo. Antes de realizar cualquier cambio, asegúrate de haber leído por completo las seis secciones del programa.

Alimentación: El menú de decisiones

Circula de dos a cinco cambios que podrías hacer con facilidad en tu dieta actual. Las decisiones más difíciles deberán ir después de que hayas adoptado las decisiones fáciles, una por semana.

Parte 1: Decisiones fáciles

- Añade prebióticos con fibra soluble a tu desayuno (por ejemplo, avena, jugo de naranja con pulpa, cereal de salvado, plátanos, un licuado de frutas con cáscara).
- Come una ensalada como acompañamiento en la comida o la cena (de preferencia en ambas).
- Añade alimentos antiinflamatorios a tu dieta (ve la página 158).
- Consume alimentos probióticos una vez al día (por ejemplo, yogur activo, kéfir, pepinillos, chucrut, kimchi).
- Cambia a pan y cereales de grano entero.
- Come pescados grasos al menos dos veces por semana (por ejemplo, salmón fresco, macarela, atún y sardinas enlatadas o frescas).
- Reduce la ingesta de alcohol a una cerveza o copa de vino al día, con una comida.
- Toma a diario un suplemento probiótico y un multivitamínico. Toma también la mitad de una aspirina para adultos o una para bebés (ve la página 156).
- Reduce las botanas al comer sólo una porción medida en un tazón; no comas de la bolsa.
- Comparte el postre en un restaurante.

Parte 2: Decisiones difíciles

- Cambia a alimentos orgánicos, incluidos pollo y carne de animales criados sin hormonas.
- Limita o elimina la carne roja de tu dieta; al menos cambia a alternativas orgánicas, incluidos el pollo y la carne de animales criados sin hormonas.
- Cambia a huevos "de campo", altos en ácidos grasos omega-3 (ve la página 177).
- Vuélvete vegetariano.

- Deja de ingerir azúcar refinada.
- Reduce de forma drástica tu consumo de alimentos empacados.
- Elimina el consumo de alcohol.
- Deja de comer comida rápida.
- Deja de comprar alimentos procesados.
- Deja de comer cuando ya no sientas hambre.

Parte 3: Decisiones experimentales

- Adopta una dieta libre de gluten.
- Vuélvete vegano.
- Elimina el trigo por completo.
- Sólo toma fruta y/o queso en lugar de postre.
- Adopta una dieta mediterránea (ve la página 161).

Explicación de las decisiones

No es necesario que expliquemos cada decisión individual de la lista, porque existe una meta compartida detrás de todo: combatir la inflamación. En la categoría fácil, tu meta es encontrar formas de combatir la inflamación sin esfuerzo. Lo principal es restaurar tu microbioma, donde el proceso digestivo comienza el camino que conduce a la inflamación. Como mencionamos antes, las toxinas producidas por los microbios de tu intestino son seguras mientras permanezcan en el tracto digestivo. Pero el síndrome del intestino permeable, que parece ser mucho más común de lo que se creía, envía toxinas al torrente sanguíneo, y a partir de ahí el cuerpo las combate usando la inflamación: una respuesta saludable pero peligrosa. Restaurar tu microbioma es la mejor defensa y el primer paso para mantener estas toxinas donde pertenecen naturalmente.

La vida moderna nos expone a muchas influencias que o bien dañan el microbioma o se sospecha que lo hacen, incluidas el extendido uso de antibióticos, una dieta alta en azúcares y grasa, falta de fibra, contaminación ambiental, estrés excesivo, mal sueño y diversos aditivos y hormonas en la comida que compramos. Los microbios que colonizan el intestino son una causa directa de la inflamación, pero también una protección contra ésta cuando el microbioma está sano.

Tu objetivo no es un microbioma "perfecto" porque nadie puede definir tal cosa, al menos no por ahora. Con más de mil especies de bacterias a tener en cuenta, y con el microbioma en flujo constante, quizá la perfección sea inalcanzable, o incluso un objetivo equivocado. Es más fácil y más sensato cambiar tu dieta para evitar la inflamación. Si lo haces no hay ningún daño, y promete muchos beneficios.

Los *prebióticos* van primero. Estos son alimentos para el microbioma, en esencia de fibra que nuestros propios cuerpos no pueden digerir. La evolución ha derivado en una sociedad feliz en la que las bacterias consumen el combustible que necesitan sin robárselo a nuestros cuerpos, y viceversa. Los alimentos prebióticos también protegen al cuerpo de la inflamación al reducir la endotoxina, un veneno creado por ciertas bacterias que es inofensivo en el tracto gastrointestinal, pero sumamente inflamatorio si se filtra en el torrente sanguíneo y activa el sistema inmunitario. (Ve la página 114 acerca de la investigación que muestra que un vaso de jugo de naranja recién exprimido contrarresta por completo el efecto inflamatorio de un desayuno de McDonald's, alto en grasas.)

Los alimentos prebióticos no son difíciles de conseguir. Recomendamos un desayuno rico en ellos, desde plátanos y jugo de naranja con pulpa, hasta avena, cereal de desayuno de grano entero, y licuados de fruta con manzana sin pelar, varios tipos de moras y otras frutas. Encontrarás incontables recetas en internet, y si lo prefieres el licuado puede ser de vegetales en vez de frutas. Sólo sé consciente de que los vegetales verdes, el ingrediente principal de los licuados de verduras, son mucho más bajos en calorías que la fruta. No querrás un desayuno menor a 350-500 calorías si deseas tener la suficiente energía para llegar hasta la hora de la comida sin punzadas de hambre y energía suficiente. Una ensalada con la comida o la cena también sirve como una reserva de prebióticos.

Los *probióticos* son alimentos que contienen bacterias activas. El yogur activo es el más común en el supermercado, pero también están los pepinillos, el chucrut, el kimchi (un platillo coreano tradicional con col fermentada) y el kéfir (una bebida de leche fermentada que sabe parecido al yogur). Incluir uno de estos alimentos en las comidas ayuda a restaurar tu microbioma ya que introduce bacterias benéficas que colonizarán las paredes del intestino y con suerte reducirán o expulsarán a las bacterias dañinas. Debido a la complejidad del microbioma y las enormes diferencias entre una persona y otra, no existe una predicción del todo confiable de los efectos de los probióticos. Lo mejor que se puede hacer es probarlos —son por completo inofensivos— y luego ver los resultados.

Los *suplementos probióticos* son un negocio floreciente que se espera aumente de forma radical en el futuro. Las tiendas de alimentos saludables ofrecen una enorme variedad de estos suplementos, algunos en píldoras para tomarse con los alimentos, y otros de forma perecedera que deben ser refrigerados. No existe ningún consejo médico experto sobre los mejores suplementos probióticos por la misma razón que surge una y otra vez: el microbioma es demasiado complejo y está en cambio constante. También es importante saber que un suplemento confiable que contiene mil millones de bacterias entrará a una ecología intestinal de cien billones de microbios. Superado en proporción de cien mil a uno, el suplemento podría tener un impacto insignificante.

Nosotros preferimos ser optimistas. Cualquier oportunidad de restaurar el microbioma a un estado de equilibrio natural vale la pena. Un suplemento no puede sustituir para nada los probióticos que obtienes de los alimentos, pero tomarlo es una decisión fácil. También, para aumentar el beneficio, añade a tu rutina un multivitamínico y una aspirina para bebé, o media aspirina para adultos. Está demostrado que tomar aspirina reduce el riesgo de ataque cardiaco y algunos tipos de cáncer. (Asegúrate de consultar a tu médico antes de combinar aspirina con otros medicamentos, en especial aquellos que tienen propiedades antiinflamatorias o anticoagulantes.) El multivitamínico no es necesario si tu alimentación es balanceada, pero conforme envejecemos, el tracto intestinal se vuelve menos eficiente para procesar las vitaminas y los minerales. Estudios han mostrado que un tercio de los casos de demencia están vinculados a deficiencias de minerales o a una mala dieta.

Demencia es un término genérico que cubre una variedad de enfermedades, incluido el Alzheimer, el cual estudia Rudy, y no hay un régimen alimenticio aceptado que garantice su prevención. Pero la investigación enfocada en cómo afecta la comida a las células cerebrales ha planteado unas cuantas reglas generales que son fáciles de seguir; la mayoría se alinea de forma directa con la dieta antiinflamatoria. Las medidas preventivas son:

Ácidos grasos omega-3, que se encuentran en pescados grasos (Para aquellos que se alarman por los metales pesados presentes en el aceite de pescado, una fuente alternativa es el aceite de linaza orgánico y un puñado de nueces de Castilla al día. Si eliges el aceite de pescado, utiliza aceite triplemente destilado para evitar los contaminantes de metales pesados.)

Micronutrientes antioxidantes (mora azul, chocolate oscuro, té verde) para combatir el daño de los radicales libres en el cerebro

Vitaminas B (no más de la ingesta diaria recomendada)

Seguir una dieta mediterránea (ve la página 161)

Ten en mente que estas son sugerencias provisionales. Incluso un suplemento como la vitamina E, que ha sido promovido por décadas por sus efectos antioxidantes, ha tenido investigaciones en contra. La neurociencia básica gira en torno al hecho de que el tejido cerebral es bastante vulnerable al daño de los radicales libres, ya que el cerebro usa 20 por ciento del total de oxígeno que consume el cuerpo. Los radicales libres son moléculas con un átomo extra de oxígeno que encuentra con rapidez otra molécula a la cual unirse. Aunque los radicales libres son necesarios para sanar heridas como parte de la respuesta inflamatoria, en exceso pueden dañar células sanas por medio de reacciones químicas no deseables; en los casos de demencia, las células del cerebro parecen ser su objetivo principal.

El vínculo común entre casi todas las medidas preventivas enlistadas arriba es reducir el daño potencial por la oxigenación activa en exceso, pero no existe ninguna prueba del todo validada al respecto. Nuestra postura es que llevar una dieta equilibrada es la mejor forma de protegerte, pero tomar un suplemento puede ser útil, sobre todo si tienes más de 65 años. Un efecto común del envejecimiento es la disminución de la función renal, la cual a menudo se debe a una inflamación de los riñones de bajo nivel o a nefritis. La función reducida de los riñones disminuye la retención del cuerpo de vitaminas B y C solubles en agua. Entonces, tomar un suplemento multivitamínico tiene sentido si eres mayor. El principal motivo por el que la gente no lo hace es que, por lo general, las vitaminas no tienen ningún efecto discernible que puedas sentir, y el daño ligado a la inflamación, incluido el exceso de radicales libres, debería ser tratado de forma directa por medio de un régimen alimenticio antiinflamatorio.

Los *alimentos antiinflamatorios* han sido favorecidos con un creciente interés público e investigaciones. Si estás interesado en ver una lista de alimentos antiinflamatorios específicos, puedes encontrar una de lo comúnmente aceptado en <www.health.com>. Pero es mucho más efectivo comprender todo el asunto de la inflamación porque un enfoque holístico ataca el problema desde diversos ángulos en vez de uno solo. Enlistamos los siguientes alimentos sobre todo para reforzar tu conocimiento, no para decirte que sólo estos alimentos "correctos" deberían estar en tu dieta:

Alimentos que combaten la inflamación

Pescados grasos (pero ve la advertencia sobre metales pesados en la página 156).
Moras
Nueces
Semillas
Granos enteros
Verduras de hoja verde oscuro
Soya (leche de soya y tofu incluidos)
Tempeh
Micoproteína (de champiñones y otros hongos)
Productos lácteos bajos en grasa
Pimientos (por ejemplo, pimiento morrón y varios tipos de chile: el sabor picante no es un indicador de efectos inflamatorios en el cuerpo)
Tomate
Betabel
Cerezas
Jengibre y cúrcuma

Ajo
Aceite de oliva

En sus publicaciones sobre salud en internet, la Escuela de Medicina de Harvard añade algunas cosas a la lista:

Cacao y chocolate oscuro
Albahaca y muchas otras hierbas
Pimienta negra
Alcohol en moderación (pero ve también la página 165)

Otras listas añaden lo siguiente:

Vegetales crucíferos (col, bok choy [col china], brócoli, coliflor)
Aguacate
Salsa picante
Curry en polvo
Zanahoria
Pechuga de pavo orgánica (sustituto de la carne roja)
Nabo
Calabacita
Pepino

No es necesario decir que todos estos son alimentos enteros saludables, y volverlos parte cotidiana de tu dieta sólo puede beneficiarte. Pero la ciencia todavía no conoce si todos estos alimentos tienen un efecto antiinflamatorio en el cuerpo, y qué efecto, si es que lo hay, tiene en el genoma, el epigenoma y el microbioma. De todas formas, el hecho de que tu supergenoma responda a cada experiencia sugiere fuertemente que lo que comes tiene consecuencias a nivel genético.

El hecho de que tantas enfermedades estén ligadas a la mala alimentación demuestra que existe una conexión genética, así que nuestro mejor consejo es que una buena dieta es la única forma de fomentar una mejor actividad genética.

En el lado opuesto, también hay alimentos que aumentan la inflamación, como está enlistado en el mismo boletín de la Escuela de Medicina de Harvard.

Alimentos que limitar o evitar

Carne roja.

Grasas saturadas y trans (por ejemplo, grasas animales y el aceite vegetal hidrogenado que contienen muchos alimentos procesados).

Pan blanco.

Arroz blanco.

Papas fritas.

Refrescos.

A esto, otras fuentes confiables añaden lo siguiente:

Azúcar blanca y jarabe de maíz (a menudo oculto en los alimentos procesados que no son dulces).

Ácidos grasos omega-6 (ve la página 174).

Glutamato monosódico (GMS).

Gluten (ve la página 166).

Sentimos que una dieta antiinflamatoria debe ser mejor que una inflamatoria, debido a que los alimentos que son riesgos demostrados —comida chatarra, comida rápida, alimentos con grasa y azúcar— también causan inflamación. La conexión entre la inflamación y las enfermedades crónicas es demasiado fuerte como para ser ignorada, y prestarle atención trae muchos beneficios.

La *dieta mediterránea* tiene una buena reputación por ser saludable. Un estudio realizado en 2014 en España fue famoso por demostrar con exactitud estadística que los individuos que seguían una dieta mediterránea reducían de forma considerable su riesgo de un ataque cardiaco. De hecho, los resultados fueron tan positivos que el estudio fue cancelado ya que no era ético permitir que otros individuos continuaran con su dieta no mediterránea. No se han realizado estudios similares de una dieta antiinflamatoria (el estudio español fue el primero en su tipo realizado con tal rigor científico), pero la coincidencia es significativa. La dieta mediterránea reemplaza la carne roja con pescado, y la mantequilla con aceite de oliva. Como alternativa para los vegetarianos como Rudy, la proteína antiinflamatoria puede obtenerse de otras fuentes como tempeh, tofu y micoproteína (por ejemplo, productos Quorn y Gardein). También se recomiendan las frutas y vegetales enteros, las nueces bajas en grasas (como las almendras y las nueces de Castilla) y las semillas (como chía, cáñamo, girasol, calabaza y linaza). Al sumar todo esto, verás que algunos de los alimentos antiinflamatorios más importantes están incluidos en la dieta mediterránea.

¿Por qué entonces situamos a la dieta mediterránea en el rubro de decisiones experimentales? Hay muchas razones. La primera es la permanencia de un cambio así. Es más fácil apegarte a la dieta si provienes de esa región y la has seguido desde la infancia, pero la dieta mediterránea no es tan fácil como una decisión de estilo de vida si estás acostumbrada a la típica dieta occidental. Además, a no ser que vivas solo, debes pedir a tu familia que hagan el cambio contigo. Pero igual de importante es la ciencia. El tipo de estudio que se realizó en España se trata de los riesgos en grupos grandes. Se trata de estadísticas. Llevar la dieta mediterránea no garantiza que cualquier individuo estará protegido, mientras que nuestro objetivo, combatir la inflamación, tiene que ver por completo con el individuo. Pero la dieta mediterránea está muy cerca de ser una dieta antiinflamatoria, así que vale mucho la pena probarla, aunque sólo después de que hayas tomado otras decisiones más fáciles para ver si has alcanzado tu meta.

Cambiar al aceite de oliva pone sobre la mesa el tema interrelacionado de *las grasas en la dieta*. Nuestra recomendación principal es evitar las grasas trans, en especial los aceites hidrogenados que se encuentran en los alimentos empacados y los productos de algunas cadenas de comida rápida, pero no todas. Se sabe que estas grasas tienen efectos inflamatorios. Parece prudente limitar las grasas saturadas en la mantequilla y la crema, y evitar la carne roja.

Debes tener un equilibrio saludable de lípidos sanguíneos (grasas), incluidos el colesterol y los triglicéridos. Ambos son necesarios para la construcción y reparación de las células. Los lípidos sanguíneos son procesados por tu hígado después de que ingieres grasa en tu dieta. Este proceso es bastante complejo y depende de la alimentación, los genes, el peso, la edad, las enfermedades y otros factores. Los problemas pueden surgir en cualquier persona obesa, cuyo hígado esté predispuesto genéticamente a producir demasiado colesterol, quien sufra de un desequilibrio hormonal, o cuyo sistema inmunitario haya sido activado por la inflamación, entre otros factores. No es tan simple como "ingiere más colesterol, y tus niveles de colesterol aumentarán". Para nublar todavía más el tema, de acuerdo con estudios que datan desde 2010, los principales medicamentos para reducir los niveles de colesterol, conocidos como estatinas, no parecen reducir el riesgo de ataques cardiacos. Esto indica lo que se sabe desde hace mucho, que los ataques cardiacos no sólo dependen del colesterol.

Creemos que la inflamación, fuertemente asociada a las cardiopatías, es el primer culpable que debemos perseguir. El daño que causa puede rastrearse hasta la conexión entre los intestinos y la inflamación. Con tantos factores de riesgo vinculados a la inflamación, parece mejor y más fácil trabajar en ella como un todo en vez de hablar de grasas "buenas" y "malas". De ninguna manera respaldamos las grasas saturadas. El aceite de cocina poliinsaturado, en especial el aceite de oliva, sigue siendo la mejor opción.

Otro tema es cuánta grasa deberías comer. A la gente se le dificulta bastante disminuir su consumo de grasa de un día para otro, aunque desde hace mucho la restricción extrema de grasa ha sido parte del programa de salud cardiaca ideado por el doctor Dean Ornish en la Universidad de California en San Francisco. El enfoque de Ornish, que vincula el estilo de vida a las cardiopatías, ha dado resultados extraordinarios. Su programa de dieta, ejercicio, meditación y reducción del estrés sigue siendo la única forma probada para revertir la placa que recubre las arterias coronarias de personas con alto riesgo de ataques al corazón. Ornish también incursionó en estudios que mostraron que su programa crea cambios benéficos en el genoma por medio del encendido epigenético de cientos, ahora miles, de genes, un proceso conocido como suprarregulación.

Para remover la placa de las arterias coronarias, como lo ha logrado Ornish, se requiere una severa reducción en la ingesta de grasa, a tan poco como una cucharada agregada al día. La recomendación estándar de la American Heart Association permite que la grasa sea 30 por ciento de la ingesta calórica diaria de una persona: una gran diferencia. (Incluso llegar a 30 por ciento es difícil si se considera que la dieta estadounidense promedio, con alrededor de 34 por ciento de grasa, lo que no parece lejos de la marca, en realidad ha añadido 340 calorías extra al día a lo largo de las últimas dos décadas. Esto implica un aumento de peso potencial de más de 14 kilos al año.)

Nosotros apoyamos y reconocemos al doctor Ornish por su invaluable trabajo, pero la severa restricción de grasa conduce a que esto no se cumpla. Reducir a sólo unas cucharadas todas las grasas y aceites al día, o tan poco como una cucharada si se es riguroso, es una gran carga para la persona promedio. Las dietas bajas en grasas para perder peso fallan quizá 98 por ciento de las veces, en tanto que ese es el índice de fracaso para todas las dietas estrictas. Nuestro enfoque de construir una pirámide de decisiones fáciles no incluye la restricción severa de grasas.

Además del incumplimiento, creemos tener otra buena razón para no poner un fuerte énfasis en las grasas o en recortar las calorías como parte del camino hacia la *pérdida de peso*. Estudios en animales sugieren con fuerza que el microbioma puede ser la verdadera clave. Como hemos mencionado antes, simplemente insertar microbios de ratones obesos en otros ratones con el mismo genoma deriva en un aumento de peso en los ratones normales. Evidencia anecdótica de autoexperimentadores como el doctor Zhao en China conduce a la misma conclusión, al igual que el pequeño estudio con gemelos idénticos en el que un gemelo es obeso y el otro delgado.

Restaurar el microbioma por medio de una dieta antiinflamatoria es un esquema de victoria segura. Derivará de forma directa en la pérdida de peso o te pondrá en un estado de equilibrio en el que un recorte moderado de calorías se vuelve factible sin que recaigas. En la siguiente lista hemos resumido nuestra estrategia para la pérdida de peso.

Pasos básicos para la pérdida de peso

- No sigas una dieta de restricción de calorías. Deja el recorte de calorías para el final de tu régimen de pérdida de peso, no al principio.

- Primero enfócate en los pasos fáciles para reducir la inflamación.
- Pon atención a los alimentos prebióticos y probióticos.
- Al mismo tiempo, toma decisiones fáciles con respecto a incrementar tu actividad física. El paso más importante es dejar de ser sedentario y moverte a lo largo del día.
- Duerme bien, ya que al dormir mal desechas las hormonas clave para el hambre y la saciedad.
- Toma decisiones fáciles con respecto a las emociones, ya que comer por causas emocionales por lo regular es un componente del aumento de peso.
- Después de seguir los pasos mencionados arriba por al menos tres o cuatro meses, evalúa si estás perdiendo peso. Una pérdida de 250 gramos a la semana sería considerada un punto alto de referencia. Una pérdida de un kilo al mes sigue siendo un éxito. Si has perdido eso, sigue haciendo lo que haces sin recortar calorías.
- Si ves que no pierdes peso, considera recortar 200 calorías de tu ingesta diaria siempre y cuando sea fácil para *ti*. Considera esta una decisión permanente, como las otras decisiones fáciles del programa.
- Si no te resulta fácil recortar calorías, continúa haciendo otros cambios y revisa tu peso en dos meses. Entonces reevalúa la posibilidad de recortar calorías.

El *alcohol* ha tenido sus partidarios médicos por mucho tiempo, y el público tiende a aceptar que los franceses disfrutan de un reducido índice de infartos debido al hábito nacional de beber vino. En la lista de alimentos antiinflamatorios, el sitio de internet de la Escuela de Medicina de Harvard incluye una bebida alcohólica al día (aunque no está definido, presumiblemente significa una cerveza o una copa de vino) debido a un solo efecto benéfico: al parecer reduce los niveles de proteína C-reactiva (PCR), que es una poderosa señal de inflamación. Pero ingerir más de una copa (la fuente de alcohol no parece importar) incrementa la PCR. En general, el alcohol ha sido clasificado como inflamatorio. Se metaboliza muy rápido, como el azúcar refinada, y lo consideramos de la misma clase que el azúcar refinada en lo referente al daño potencial a lo largo de todo el sistema.

Pero también somos realistas y sabemos que la costumbre de beber socialmente está muy arraigada en Occidente y aumenta cada vez más en Asia. A la gente no le gusta abandonar algo que disfruta. Por ello, te ofrecemos la decisión fácil de limitarte a una copa al día, de preferencia como parte de una comida completa para que el empujón metabólico del alcohol sea apaciguado por otros alimentos. Nuestra esperanza es que al adoptar estos cambios fáciles que restauran tu microbioma y envían mensajes positivos a tu epigenoma y tu cerebro, ya no desearás beber. Te sentirás bastante bien sin alcohol, y tu sensación de bienestar será mayor si no consumes nada.

Reducir el *gluten* en tu dieta también cae en la categoría experimental. Es mínimo el número de personas que la medicina convencional considera que sufren de alergia al gluten (el diagnóstico más común es entre aquellos con enfermedad celíaca, que daña severamente los intestinos), pero existe una creencia extendida, que casi se está convirtiendo en una cruzada, de que muchísimas más personas están sintiendo los efectos nocivos del gluten. Al intentar eliminar el gluten de la dieta, cualquiera descubre pronto que se encuentra en muchos alimentos procesados, no sólo en la fuente usual que viene a la mente: el trigo y los productos de trigo.

Los síntomas de la sensibilidad al gluten, a menudo generalizados como "panza de trigo", incluyen hinchazón, diarrea o estreñimiento, abdomen distendido y dolor abdominal. Esta lista, que se centra en la digestión, ha sido extendida por algunos hacia otros síntomas en cualquier parte del cuerpo, como dolor de cabeza, dolor generalizado y fatiga. El autodiagnóstico es la vía más común, ya que los médicos buscan respuestas alérgicas específicas reconocidas como enfermedad celíaca o la alternativa más típica, sensibilidad no celíaca al gluten. El entrenamiento médico también señala varios trastornos, como el síndrome del intestino irritable, que presentan buena parte del mismo rango de síntomas; o la alergia al trigo, que a veces está presente sin sensibilidad a otras fuentes del gluten.

Ya que te pedimos que tomes decisiones fáciles primero y sobre todo, llevar una dieta totalmente libre de gluten no es una de ellas. La lista de alimentos a los que deberías renunciar es larga (proporcionada por <www.healthline.com>):

Pan, pasta y productos horneados a base de trigo (o trigo integral, germen de trigo o fécula de trigo)
Cuscús
Durum
Farina
Farro
Fu (común en platillos asiáticos)
Gliadina
Harina de salvado
Kamut
Matzá
Semolina de trigo
Trigo quebrado

El trigo no es el único grano que contiene gluten, así que también deberás eliminar el consumo de lo siguiente:

Bulgur

Cebada

Centeno

Hamburguesas de vegetales (si no se especifica que son libres de gluten)

Hojuelas de avena (las hojuelas de avena por sí mismas no contienen gluten, pero a menudo son procesadas en plantas que producen granos con gluten y por lo tanto pueden estar contaminadas)

Seitan

Triticale y mir (híbridos del trigo y el centeno)

El gluten también puede aparecer en ingredientes como malta de cebada, caldo de pollo, vinagre de malta, algunos aderezos de ensalada y salsa de soya, así como en muchos condimentos y mezclas de especias. Una dieta libre de gluten requiere una dedicación total. Buscando completar la información, esta es la lista de los granos permitidos en una dieta sin gluten:

Amaranto

Arroz

Arrurruz

Mijo

Quínoa

Sorgo

Soya

Tapioca

Trigo sarraceno

Yuca

Por supuesto, puedes tomar la decisión de limitar los alimentos con gluten en vez de eliminarlos por completo. Nosotros dos hemos estado lo bastante intrigados como para intentar eliminar el gluten de nuestras propias dietas, y nos entusiasman mucho los resultados como aumento de la energía, un apetito equilibrado y cierta pérdida de peso. Pero debe tenerse en cuenta que está por verse la validación científica de la "panza de trigo" como una enfermedad generalizada y la sensibilidad al trigo como un problema que afecta a millones de personas.

Si todavía tienes curiosidad, haz la prueba y experimenta por una semana. La dieta de miles de millones de asiáticos está basada en el arroz en vez del trigo. También tendrías que eliminar el consumo de pasta y de la gran mayoría de productos horneados. Pero esto no es difícil ahora que hay postres libres de gluten en el mercado, y no necesitarás recurrir a ellos si tienes postres no procesados como el flan o si horneas con harina libre de gluten. Los resultados de nuestro experimento pueden ser bastante buenos, ya que la dieta asiática sin pasta, pan, pasteles, tartas y galletas es muy saludable, sin mencionar el controvertido tema de la sensibilidad al gluten.

Desde hace mucho las *dietas vegetarianas* han sido consideradas una alternativa saludable. Hemos tomado una decisión personal de cambiar nuestra dieta a una basada en plantas. Rudy ha sido vegetariano desde la universidad, pero cuando está muy ocupado consume algunos lácteos para obtener proteínas de forma rápida. En India, la casta de brahmanes, o sacerdotes, subsisten con una dieta libre de carne, y para muchas personas excluir la carne es una medida humanitaria vinculada a la matanza de los animales. Pero para la mayoría de la gente, sin embargo, el vegetarianismo representa una decisión difícil. Como naturalmente es alta en fibra, es muy posible que una dieta vegetariana sea antiinflamatoria y benéfica para el microbioma también.

¿Entonces por qué los vegetarianos de toda la vida no están libres de enfermedades crónicas?

De hecho, muchos de ellos sí lo están. La información actual muestra que los vegetarianos tienen menos riesgo de:

Ataque cardiaco
Cáncer colorrectal, de ovario y de seno
Diabetes
Obesidad
Hipertensión

Estos descubrimientos no descartan el factor antiinflamatorio, así que no hay forma de conocer la situación de los vegetarianos que también evitan el azúcar refinada, el alcohol, el estrés elevado y un estilo de vida sedentario. Hasta que exista un estudio sobre personas que hayan adoptado un estilo de vida holístico con el objetivo de reducir la inflamación, ser vegetariano es una muy buena decisión si es que te resulta fácil, pero no es una panacea.

En una escala comparativa, es mucho más fácil seguir una dieta vegetariana que una *dieta vegana*. Al igual que la dieta vegetariana, una dieta vegana está basada en las plantas y excluye la carne, pero también excluye todos los lácteos (leche, crema, yogur, mantequilla, queso) junto con huevos y todos los productos que contengan estos ingredientes. Por lo tanto, una dieta vegana estricta implica un régimen meticuloso para obtener las proteínas adecuadas. La soya (en el tofu o el tempeh) es una proteína completa y como tal generalmente es una fuente importante de proteína para muchos veganos, y también para vegetarianos.

Tu cuerpo necesita nueve aminoácidos, los elementos básicos de las proteínas, que no puede producir por sí mismo. No es necesario ingerirlos todos en cada comida, y para los vegetarianos es suficiente una mezcla variada de vegetales, frutas, semillas y nueces. Sin embargo, además de la soya existen algunos alimentos para vegetarianos que contienen los nueve aminoácidos esenciales como la quínoa, el trigo sarraceno, semillas de cáñamo y chía y la combinación de arroz y frijoles.

Rudy limita su ingesta de soya a una comida a la semana para no sobrecargar los fitoestrógenos, que son componentes naturales en la soya similares a los estrógenos humanos. Aunque la investigación actual tiende a mostrar que los varones no tienen riesgo de disminuir su testosterona debido a los fitoestrógenos, Rudy tomó su decisión personal en lo referente a su ingesta de hormonas.

Además de estas fuentes de proteínas, para asegurarte de que estás obteniendo la proteína adecuada como vegano tendrías que recurrir a una combinación de alimentos que contienen varios aminoácidos, los elementos básicos de las proteínas, para obtener un complemento total: es decir, una proteína completa. (Lo normal en este caso es combinar legumbres, granos, papas e incluso micoproteína; en los productos Quorn, por ejemplo, vienen en diferentes combinaciones.) Hemos puesto al vegetarianismo bajo las opciones difíciles y la dieta vegana bajo las decisiones experimentales debido a las razones mencionadas. Rudy, que es vegetariano desde la universidad, junto con toda su familia, disfruta plenamente esta decisión sobre su estilo de vida.

La ciencia detrás de los cambios

Tanto el epigenoma como el microbioma juegan roles cruciales en la forma en que afectan los alimentos a tu cuerpo, a un nivel mucho más profundo de lo que jamás se sospechó. Cuando el nutricionista Victor Lindlahr tituló en 1942 su libro *Tú eres lo que comes*, hizo más que acuñar una frase popular; anticipó por décadas la investigación que apoyaría la conexión entre los genes y la dieta. Ahora existen numerosos estudios, sobre todo con ratones, que muestran que la dieta de hecho es el principal factor que influye en la composición del genoma microbiano que albergamos en nuestro intestino. Por ejemplo, cambiar de pronto de una dieta vegana a una dieta basada en proteína animal cambia el microbioma en unos cuantos días. En un estudio realizado en la Universidad de California en San Francisco, alimentaron a ratones ya fuera con una dieta alta en grasas animales y azúcar (comida chatarra) o una dieta baja en grasas y basada en plantas (vegana). Cuando los animales cambiaron de dieta vegana a chatarra, la variedad de microbios intestinales (como se comprobó en sus heces) cambió en el lapso de tres días sin importar la genética de los ratones. La alimentación fue mucho más importante que los genes. Este descubrimiento ayuda a explicar por qué gemelos idénticos con genomas idénticos pueden tener tantas diferencias en sus microbiomas como dos hermanos que no son gemelos y por lo tanto tienen genomas similares pero no idénticos.

La alimentación también afecta de forma dramática a la epigenética, como vimos antes en el ejemplo de la hambruna holandesa durante la Segunda Guerra Mundial. En la Gambia rural, por ejemplo, hay una temporada lluviosa (de hambre), en la cual la nutrición es baja en proteína y energía, y una temporada seca (de cosecha), con la que la dieta es rica en vegetales y alimentos de alto aporte energético. Los niños de 84 madres que fueron concebidos durante la temporada de hambre tenían menor peso al nacer y mayores niveles de modificaciones epigenéticas (metilación) en su genoma que aquellos concebidos por 83 madres durante la temporada de cosecha. (También había diferencias importantes en los niveles de vitamina B y ácido fólico en las muestras de sangre materna de las dos temporadas, lo cual era correlativo con los cambios epigenéticos.)

Los niños nacidos de madres que experimentaron una dieta poco saludable durante la concepción también eran más propensos a desarrollar resistencia a la insulina y diabetes tipo 2. Naturalmente, estos hechos enfatizan la necesidad de que todas las embarazadas mantengan una dieta saludable, pero el sentido más amplio de esto fue expresado hace casi dos siglos cuando el reconocido gastrónomo francés Jean Anthelme Brilliat-Savarin escribió: *"Dis-moi ce que tu manges, je te dirai ce que tu es"*; "Dime lo que comes y te diré lo que eres".

La ciencia en funcionamiento

Cuando la gente ve información sobre dietas, tres fuerzas los atraen. Se supone que las tres están basadas en la ciencia, aunque se contradicen entre sí.

Primero está la recomendación nutricional estándar de llevar una dieta balanceada. Esta recomendación cambia despacio. Está bien establecida en los estudios nutricionales. El problema es que la gente no la cumple. Frente a la ciencia sólida, la dieta estadounidense continúa moviéndose en la dirección incorrecta (es decir, es alta en grasas, alta en azúcares, con sobrecarga de calorías y dependencia de la comida rápida y chatarra).

Lo segundo es la investigación de punta. Estos estudios pueden ser muy intrigantes, y los estudios sobre la inflamación y la dieta representan un gran avance. El problema es la falta de pruebas en humanos en grupos amplios, junto con descubrimientos que se contradicen unos a otros.

Lo tercero es la última dieta de moda para perder peso. Por lo regular estas dietas hacen afirmaciones exageradas y parecen cambiar todos los días, recurriendo a investigaciones "avanzadas" que pueden ser poco sólidas o muy sesgadas. A veces ni siquiera existe ciencia real que apoye la dieta más novedosa. Pero el público se apresura a seguir la última moda hasta que algo nuevo se menciona de boca en boca.

Hemos tomado una postura frente a algunas investigaciones de avanzada a pesar de que no existen pruebas a gran escala en humanos. Nos parece científicamente sólido que contrarrestan la inflamación, como la dieta mediterránea. De todas formas, una dieta antiinflamatoria coincide con la nutrición estándar en casi todas las áreas y por ende aporta una segunda fuente de validación científica. Sin embargo, en la dieta antiinflamatoria existen áreas confusas que deben ser enfrentadas con honestidad.

Los ácidos grasos son un excelente ejemplo de un área de confusión. Hay cada vez más conciencia de que los ácidos grasos omega-3 que se encuentran en los pescados grasos son buenos para uno, y la nutrición estándar aconseja que todos comamos ese tipo de pescados una o dos veces por semana. Pero hay otro grupo de ácidos grasos, los omega-6, que complican la historia. Tu cuerpo necesita tanto los omega-3 como los omega-6, y como no puede generarlos deben provenir de la dieta. Lo que hace especiales a estas sustancias es que a diferencia de otras grasas, el grupo omega no es usado principalmente para la energía sino para procesos biológicos, incluida la producción de glóbulos rojos.

Según varios estudios, parece que es crucial mantener bajos los niveles de omega-6 ya que los altos niveles están muy vinculados a la inflamación. Se ha mostrado que las cardiopatías y la artritis reumatoide mejoran cuando se restaura el balance entre los omega-3 y los omega-6 a un rango saludable. Todas las dietas occidentales son demasiado altas en omega-6 debido al uso copioso de los aceites de cocina poliinsaturados. Sin embargo, estos aceites, hechos de fuentes vegetales —maíz, soya, girasol y demás—, fueron una vez considerados los más saludables, con los factores de riesgo para ataques cardiacos como el apoyo básico de esta afirmación.

Hoy en día la evidencia se ha movido claramente en otra dirección. Estudios en pueblos indígenas (que usan pocos aceites vegetales procesados y no consumen alimentos procesados y empacados) indican que la proporción entre omega-6 y omega-3 en su dieta es más o menos de 4 a 1. En contraste, las dietas occidentales son de 15 a 40 veces más altas en alimentos con omega-6, con una proporción promedio entre omega-6 y omega-3 de 16 a 1. Con niveles tan altos, los ácidos grasos omega-6 bloquean los beneficios de los omega-3. No es fácil que los estudios genéticos se acerquen a esta área, pero se especula que evolucionamos en sociedades de cazadores-recolectores para consumir una dieta incluso más baja en omega-6, con una proporción entre omega-6 y omega-3 cercana a 2 a 1. De acuerdo con algunos expertos, la proporción ideal para el cuerpo es de 1 a 1.

Entre los alimentos ricos en omega-6, los aceites de cocina van a la delantera, pero aquí presentamos otros:

Fuentes principales de ácidos grasos omega-6

Aceites vegetales procesados: los más altos son el de girasol, maíz, soya y semilla de algodón
Alimentos procesados que usan aceite de soya
Res alimentada con granos
Pollo y puerco "de fábrica"
Huevos que no sean de granja
Cortes grasosos o carne de animales criados de forma convencional

Como puedes ver, resulta que los aceites poliinsaturados, que son una parte principal en la prevención estándar de enfermedades, tienen un serio inconveniente en términos de inflamación. El único aceite vegetal que es bajo en omega-6 y alto en omega-3 es el aceite de linaza. Los aceites de cártamo, canola y oliva no son particularmente altos en omega-3 pero son los más bajos en omega-6 entre los aceites vegetales que se venden de forma popular, y el de oliva es el mejor de estos.

Para sumar a la confusión, las grasas saturadas "malas" como manteca, mantequilla, aceite de palma y de coco son bajas en omega-6. Esta es una de las razones por las que la nutrición estándar ha comenzado a recomendar un equilibrio entre las grasas saturadas y las poliinsaturadas. Pero parece que el culpable real no son tanto los alimentos que comemos en su estado natural sino los alimentos procesados. El aceite de soya es barato y se encuentra en todas partes, por lo que se usa en cientos de alimentos empacados. La carne de las reses criadas en unidades de engorde, alimentadas con granos para que alcancen su volumen máximo en el periodo más corto posible, es mucho más alta en omega-6 que la carne de reses alimentadas con pasturas (sin mencionar el extendido uso de antibióticos y hormonas en la industria de la carne de res y los lácteos). También son altos en omega-6 el puerco y el pollo criados en el sistema de "fábrica" que los alimenta convencionalmente con granos, junto con los huevos de fábrica.

Este es el motivo por el cual una de las decisiones más difíciles que presentamos es cambiar a carne de res alimentada con pasturas, junto con pollos alimentados de forma natural (también se le llama pastura) y sus huevos. Afirmar que es "de granja" no siempre es confiable, ya que quizá alimenten a esas aves de forma convencional. Lo que dificulta esta opción es que es cara, y la mayoría de las fuentes no son los supermercados.

No abordamos el tema del desequilibrio de los omega-6 para alarmarte, sino para ilustrar la complejidad de la interacción entre los alimentos y el cuerpo. Reequilibrar los ácidos grasos en tu dieta se resume en algunos pasos fáciles con un énfasis general, como mencionamos antes, de moverte hacia una dieta basada en plantas, como han elegido hacer los autores, aunque no sea de modo estrictamente vegetariano:

Restaurar el equilibrio de los ácidos grasos

- Cocina con aceite de cártamo y oliva; el aceite de canola no es tan bueno pero es aceptable.
- Come nueces sin sal o bajas en sal, incluidas nueces de Castilla, almendras, pecanas y nueces de Brasil. Limita la cantidad de nueces grasas como las de la India y de macadamia, así como los cacahuates.
- Come semillas sin sal, incluidas de chía, girasol, calabaza, cáñamo y linaza.
- Come pescados grasos: no más de 170 gramos a la semana. Si eres vegetariano, come más nueces bajas en grasas, como nueces de Castilla y almendras, así como semillas.
- Evita los alimentos empacados con aceite de soya en cantidades importantes frente a otros ingredientes.
- No cocines con aceite de soya, de girasol o de maíz.
- Reduce o elimina el consumo de carne de res, puerco y pollo criados de forma convencional.
- En el caso de carne de res o aves, compra cortes sin grasa, y a los demás cortes quítales la grasa.

Se indica que nuestras dietas no sólo deberían ser bajas en omega-6 sino mucho más altas en omega-3. Por lo tanto, es un gran desafío transformar la dieta estadounidense. (Los vegetarianos que dependen mucho de los productos de soya como el tofu y la soya entera tendrían un reto aún mayor.) ¿Deberías esforzarte más en consumir ácidos grasos omega-3? Algunos expertos creen que deberían superar a los omega-6 en la dieta, pero nosotros pensamos que el jurado todavía está deliberando al respecto. Entre los pueblos nativos, los inuit, con su dieta marina tradicional y su alto consumo de pescado, son los únicos que han revertido la proporción, con los omega-3 superando a los omega-6 por 4 a 1. En el entusiasmo inicial acerca de los omega-3 se puso a los inuit como ejemplo de gente con un muy bajo riesgo de cardiopatías. Pero más tarde, estudios descubrieron que la evidencia para esta afirmación era frágil, y además las propiedades anticoagulantes de los ácidos grasos omega-3 pueden ser la razón por la que los inuit tienen una mortalidad por derrames cerebrales más alta de lo normal. El punto es que entusiasmarse por alimentos o nutrientes "milagrosos" y preocuparse por aquellos prohibidos es una receta para la confusión. La gran fortaleza de la digestión humana es la adaptabilidad. Somos los mejores omnívoros. Pero también somos las únicas criaturas que modifican su alimentación de acuerdo con ideas en nuestra cabeza y las tradiciones en las que nacemos.

Respetamos las ideas innovadoras y las tradiciones, pero éstas también pueden ser pretextos para seguir modas y resistirse a la ciencia verdadera. Parece mejor seguir el camino de las decisiones fáciles. La historia no termina con la alimentación, por supuesto. Hay cinco áreas más del estilo de vida que complementan la capacidad de la comida de cambiar tu microbioma, epigenoma y actividad cerebral. A veces operan por medio de la antiinflamación, pero existen otros mecanismos que también aportan grandes beneficios. Las decisiones fáciles con resultados que transforman la vida pueden provenir de diversas direcciones.

ESTRÉS

UN ENEMIGO OCULTO

Cuando nos dicen que debemos reducir el estrés en nuestras vidas, las palabras casi siempre caen en oídos sordos. La vida moderna *es* estrés. No hay escapatoria de las presiones externas (conocidas técnicamente como estresores) que hacen la existencia de todos demasiado rápida, agotadora y demandante. Pedirle a la gente que tenga menos estrés es como pedir a los peces que tengan menos agua. Podemos intentar no hacerle caso al estrés y verlo como algo normal ya que está muy generalizado, pero el cuerpo no puede hacer eso. Incluso una experiencia que parece por completo positiva, como ganar la lotería o irse de vacaciones, puede detonar las mismas hormonas de estrés que un evento negativo.

La mayoría de la gente acepta que el estrés es dañino, excepto personas muy competitivas que afirman prosperar en medio del estrés. Un adicto a la adrenalina escala sin cuerdas una roca, planea en el aire o lucha con un cocodrilo con apoyo de una cobertura mediática que alaba la intensidad de una vida en busca de emociones fuertes. Pero la ciencia médica no está de acuerdo. El aumento de las hormonas del estrés —en especial adrenalina y cortisol, que transporta la respuesta al estrés— puede ser interpretado como excitación. Pero la realidad fisiológica no se ve a simple vista. Estas hormonas desencadenan una cascada de reacciones, incluido un aumento en el ritmo cardiaco y la presión arterial que tu cuerpo debe soportar sólo por un breve periodo bajo condiciones agudas. Cuando esto se prolonga y se repite, la respuesta al estrés comienza a dañar tejidos y órganos a lo largo del cuerpo.

El peligro oculto es el estrés crónico, tan constante e inadvertido que nos engañamos a nosotros mismos y creemos que nos hemos adaptado a él. El cuerpo cuenta una historia diferente. Imagina lo siguiente:

Un soldado con fatiga de combate ha sido traído a casa desde el frente. Parece aturdido y paralizado. Está exhausto pero no puede dormir. Los ruidos agudos y repentinos crean un estado de alarma en él. Cuando no se encuentra agitado, está mentalmente apagado y muy a menudo deprimido.

Esta es la imagen clásica del estrés agudo cuando ha sido prolongado más allá de la capacidad del cuerpo para recuperarse de forma apropiada. Antes se pensaba que la fatiga de combate era un signo de debilidad o cobardía, pero ahora sabemos que su base es fisiológica. A pesar del hecho de que nuestra tolerancia al estrés, al igual que la tolerancia al dolor, varía mucho de persona a persona, todos los soldados sucumbirán a la fatiga de combate si son sometidos a un estrés agudo hora tras hora, como sucedió con las tropas en combate en las trincheras bajo bombardeo constante durante la Primera Guerra Mundial.

Ahora imagina que estás sentada viendo televisión por la noche cuando de pronto el perro de la casa de junto comienza a ladrar. Intentas no hacer caso del ruido, pero el perro no se detiene. Esto no cuenta como estrés agudo. No vas a saltar a una respuesta clásica de pelear o huir. Aun así, estás siendo sometida a los mismos tres factores que agravan cualquier estrés.

Repetición: El perro continúa ladrando y no se detiene.

Imprevisibilidad: El ladrido salió de la nada y no sabes cuándo terminará.

Falta de control: No tienes forma directa de hacer que el perro deje de ladrar.

Generalmente son estos tres factores los que están detrás del problema del estrés crónico. Por supuesto, afectan de forma mucho más severa a un soldado en el frente. Ser bombardeado sin cesar, en momentos impredecibles y sin ser capaz de detener la artillería enemiga, multiplica el peligro mucho más en comparación con aquel que viene del perro del vecino, que ladra. Sin embargo, la respuesta al estrés existe para protegerte del peligro, y a pesar de la capacidad del cerebro superior para saber la diferencia entre un perro que ladra y una guerra en las trincheras, el cerebro inferior está atorado millones de años atrás en el tiempo evolutivo. Ordena al sistema endocrino que secrete hormonas del estrés, no de forma masiva sino gradualmente controladas, por así decirlo. El goteo lento de una respuesta al estrés de bajo nivel es tan destructivo como la tortura china de la gota de agua, y por la misma razón. Con suficientes tensiones mínimas e inofensivas se abre la puerta al colapso total.

La meta de todos nosotros debería ser prevenir los factores que agravan el estrés. Consideramos que este es el verdadero manejo del estrés. En el menú de decisiones que presentamos más adelante verás que muchos estresores no pueden eliminarse del todo; la vida moderna simplemente no lo permite. Pero existen formas importantes para perfeccionar las reacciones de tu cuerpo al insertar mejores mensajes en el circuito de retroalimentación. Después de discutir las decisiones y lo que significan, repasaremos la ciencia aplicable al manejo del estrés.

Leer el menú: Al igual que en cada sección del estilo de vida, el menú de decisiones está dividido en tres partes según su nivel de dificultad y su efectividad demostrada.

Parte 1: Decisiones fáciles
Parte 2: Decisiones difíciles
Parte 3: Decisiones experimentales

Por favor consulta las páginas 150-151 en la sección de alimentación si necesitas recordar de qué se tratan los tres niveles de decisiones. Recuerda también que la intención es que las decisiones que tomes sean permanentes.

De inmediato surge la pregunta: ¿deberías duplicar las decisiones, una para la dieta y otra para el estrés? Sabemos que algunas personas sienten la urgencia de hacer cambios en más de un área, y si ves decisiones fáciles en dos áreas —no sólo alimentación y estrés, sino en cualquiera de las seis áreas de estilo de vida que abordamos—, es tu decisión adoptarlas al mismo tiempo. Pero creemos que no es la mejor estrategia. Si sobrepones dos decisiones es más probable que falles. El cambio permanente depende de hacer que las cosas sean fáciles y absorber cualquier cambio nuevo en tu estilo de vida existente. Una a la vez parece suficiente. Recuerda que si cambias sólo una cosa a la semana tendrás 52 cambios al año, lo que representa un cambio enorme.

De inmediato notarás que la meditación es la primera decisión enlistada en el área del estrés. Hay una sección completa acerca de la meditación en la página 209, que es donde abordamos el tema a fondo. Para nosotros, la meditación es la estrategia más importante para reducir la respuesta al estrés y reequilibrar el sistema mente-cuerpo. Ten esto en cuenta, aunque también presentamos muchas otras decisiones fáciles. En la lista de decisiones difíciles, aconsejamos lidiar con las emociones negativas. Puedes encontrar ese tema en la sección de las emociones que comienza en la página 245, pero consideramos que es igualmente una fuente principal de protección contra el estrés.

Estrés: El menú de decisiones

Circula de dos a cinco cambios que podrías hacer con facilidad en tu manejo actual del estrés. Deberás elegir las decisiones más difíciles después de haber adoptado las decisiones fáciles, una por semana.

Parte 1: Decisiones fáciles

- Medita todos los días (ve la página 209).
- Reduce el ruido a tu alrededor y las distracciones en el trabajo.
- Evita hacer muchas cosas al mismo tiempo. Haz una a la vez.
- Deja de ser la causa del estrés de otra persona (ve la página 186).
- Varía tu actividad diaria, incluidos los tiempos de descanso y de relajación en el trabajo (ve la página 187).
- Sal de trabajar a tu hora al menos tres veces por semana.
- Deja de descargar tu estrés en familiares y amigos.
- Evita a la gente que es fuente de presión y conflicto.
- Contacta a personas que son significativas para ti.
- Reduce el trabajo aburrido y repetitivo.
- Reduce tu consumo de alcohol a una cerveza o copa de vino al día, con una comida.
- Emprende un pasatiempo.
- Retírate rápido de situaciones estresantes.
- Encuentra una salida física para liberarte del estrés cotidiano.

Parte 2: Decisiones difíciles

- Busca el trabajo más significativo que puedas encontrar.
- Sé un gerente y no un trabajador.
- Busca la seguridad laboral por encima del dinero.
- Ahorra para el futuro. Procura estar totalmente asegurado.
- Vuélvete más tolerante.
- Deja de resistirte tanto como puedas.

- Deja de asumir demasiada responsabilidad.
- Deja de llevarte trabajo a casa. Deja la oficina en la oficina.
- Tómate más días libres.
- Elimina el trabajo aburrido y repetitivo.
- Disfruta la naturaleza todos los días.
- Encuentra a un confidente cercano.
- Encuentra a un mentor.
- Adopta una visión del futuro.
- Conviértete en un sanador de estrés (ve la página 193).
- Maneja tus emociones negativas, como enojo, miedo, ansiedad, autocrítica y depresión (ve la página 245).

Parte 3: Decisiones experimentales

- Conviértete en tu propio jefe.
- Trabaja para tener un sentido seguro de ti mismo y mayor autoestima.
- Conviértete en el confidente cercano de alguien.
- Conviértete en un mentor.
- Toma un curso de manejo de crisis.
- Maneja los problemas psicológicos antiguos por medio de terapia.

Explicación de las decisiones

Ya hemos mencionado que aprender a meditar, una estrategia primordial para el manejo del estrés, se abordará en una sección aparte. Por lo demás, verás que nos hemos enfocado en el trabajo y el lugar de trabajo. Lo hemos hecho así por dos motivos. Primero, casi todo mundo tiene que trabajar con otras personas en una atmósfera en la que inevitablemente surge el estrés; segundo, la otra fuente principal de estrés, las relaciones, necesitaría un libro completo debido a lo diferentes que son todas las familias. Hacer cambios en el trabajo te enseñará cómo aplican los principios generales, y si logras disminuir un poco el estrés, sin duda tendrás beneficios en casa.

Apegándonos al lugar de trabajo por ahora, las presiones cotidianas caen en tres categorías: presión de tiempo, presión de los compañeros y presión por el desempeño. Es raro que alguien no tenga estas presiones mientras su trabajo implique fechas límite, compañeros de trabajo y metas de desempeño. Así que, ¿cómo puedes adaptarte a estas constantes? La mayoría de la gente es reactiva. Prestan poca atención a sus patrones repetitivos de comportamiento; por tanto, son muy poco efectivos en su manejo del estrés.

Malas maneras de sobrellevar el estrés
¿Cuántas de las siguientes formas inefectivas usas para lidiar con las presiones cotidianas en el trabajo?

Reacciono emocionalmente y a veces exploto.
Me quejo de la presión a la que estoy sujeto, sobre todo con personas que no son causantes de ello.
Paso el estrés a alguien más, y lo descargo sobre esa persona.
Doy la espalda a quienes me causan más estrés, y los bloqueo lo más que puedo.
Soporto el estrés hasta que tengo oportunidad de sacarlo (por ejemplo, ir al gimnasio o a tomar unos tragos).
Me presiono más a mí mismo y a otros, debido a la teoría de que eso me vuelve más fuerte y competitivo.

Por lo regular estos comportamientos son inconscientes, porque cuando son examinados de forma racional no logran lo que pretenden:

disminuir los efectos dañinos del estrés. El estrés es un circuito de retroalimentación. La entrada es el estresor (por ejemplo, una fecha próxima de entrega, un jefe odioso, una meta de ventas inalcanzable); la salida es tu respuesta. Tú tienes la opción de intervenir en cualquier parte del circuito y cambiar la entrada o la salida. Entre más consciente sea tu intervención, mayores serán tus posibilidades de reducir los efectos negativos del estrés.

En nuestro menú de decisiones fáciles, algunas están dirigidas a las entradas y otras a las salidas. Por ejemplo, puedes dejar de hacer muchas cosas a la vez, lo que en estudios del cerebro se ha mostrado que disminuye el desempeño e incrementa el descuido. Quizá puedes reducir el ruido externo y las distracciones a tu alrededor en el trabajo. Estos dos cambios apuntan a las entradas. En el lado de las salidas, puedes mejorar tu respuesta al estrés: dejar de descargar tu estrés en otras personas, por ejemplo, y alejarte de las situaciones estresantes lo antes posible.

Pero quizá el cambio fácil más importante es *dejar de ser la causa del estrés de otros*. Ello implica una mayor conciencia de ti mismo que las otras decisiones fáciles, y volverte más consciente de ti mismo es lo más cercano a lo que puede llamarse una panacea, o remedio universal. Ya hemos mencionado algunas de las formas incorrectas de manejar el estrés. Básicamente, implican pasar el estrés a otros cuando tú deberías manejarlo por ti mismo. Sin darnos cuenta, muchos hacemos esto al contenerlo, y así cerramos los canales de comunicación que podrían solucionar el problema. Ir al gimnasio para librarte del estrés puede ser bueno para ti, pero no afecta en nada el ambiente en el trabajo. Un jefe muy tenso genera empleados estresados.

Tú eres una fuente de estrés cuando tienes el hábito de quejarte y criticar. A los quejumbrosos también se les dificulta elogiar y valorar a los demás. Estás creando estrés cuando te vuelves perfeccionista y no estás satisfecho hasta resolver el mínimo detalle. Incluso el comportamiento normal de oficina, como formar grupos y chismear a espaldas de la gente, es, si enfrentamos la realidad, una fuente de estrés que puede resultar devastador emocionalmente. A veces llega a ser algo más que *bullying*, una fuente de estrés que sucede sin que se diga nada. Mira tu comportamiento en el espejo y luego lee la página 193 para que mejor descubras cómo puedes convertirte en un sanador de estrés. Conforme empieces a ver los resultados de ser más consciente de ti mismo, puedes enfocarte en las decisiones más difíciles del menú, que principalmente lidian con hábitos más profundos que no son fáciles de romper.

La administración del tiempo también puede reducir el estrés de formas a las que la mayoría de la gente no les presta atención. Variar tu actividad a lo largo del día abre muchas posibilidades. El trabajo de oficina es sedentario, y el cuerpo humano está hecho para moverse. Levantarte de tu silla al menos una vez cada hora es suficiente para revertir algunos efectos adversos de un trabajo no físico. Hace décadas un fisiólogo de Yale tomó a estudiantes atletas y les pidió que permanecieran en una cama sin levantarse por un largo periodo: quedarse en cama era el protocolo tradicional para la recuperación de pacientes de cirugía en los hospitales, así como para las madres después del parto. Luego de dos semanas en cama, los atletas perdieron el equivalente a dos años de entrenamiento ya que sus músculos desaparecieron. Sorprendentemente, no fue sólo permanecer en cama lo que causó el daño: la gravedad también hizo su parte. Si los sujetos se levantaban durante el día, incluso para una actividad mínima, no había tanta pérdida de músculo, lo que es un motivo para que el cuidado posoperatorio y de maternidad ahora haga énfasis en levantarse y caminar lo antes posible.

Además de pararte y caminar un poco al menos una vez cada hora, debes hacer espacio durante la jornada de trabajo para un tiempo de relajación, y un tiempo interno, a fin de meditar o sentarte en silencio con los ojos cerrados. Estas actividades permiten que todo el sistema se reinicie a sí mismo. Además, te sentirás más centrado psicológicamente. Dar estos sencillos pasos contrarresta la tendencia del trabajo repetitivo a nublar la mente. Es el tipo de estrés de bajo nivel que a menudo pasa desapercibido.

Las decisiones difíciles no requieren explicación, excepto una: volverte un gerente en vez de un trabajador. Hay un chiste en el que el jefe dice: "A mí no me dan ataques cardiacos. Yo soy el que los doy". Hay una verdad psicológica en eso. Entre más independiente seas, menos te verás siguiendo órdenes de arriba, y tu nivel de estrés será menor. Este descubrimiento no tiene que ver con cuántas horas trabajes. Entre más alto subas en la escalera corporativa será más probable que ames tu trabajo, pero también es más probable que te lo lleves a casa. Las personas que aman sus trabajos reportan con frecuencia que trabajan 80 horas a la semana entre la oficina y la casa.

Sólo el presidente de una compañía no le reporta a nadie arriba (le quita el sueño pensar en las exigencias de los accionistas), lo cual saca a relucir una de nuestras decisiones experimentales. Estas decisiones se enfocan en obtener más independencia al comenzar tu propio negocio, lo cual para la mayoría de nosotros sería ideal. Pero la independencia significa más que ser tu propio jefe. Desarrollar una visión de largo alcance para tu vida ofrece un tipo de independencia mucho más significativo. Trabajar en tus problemas psicológicos profundos abre la posibilidad de la libertad psicológica, y te independiza de tu pasado y de las cicatrices que cargas. Estas decisiones significativas van más allá de la definición limitada del manejo de estrés, pero este tipo de cambio transforma la vida.

La ciencia detrás de los cambios

El estrés fue la primera área en que se pudo demostrar la conexión mente-cuerpo, lo que abrió la puerta a la multitud de investigaciones y validación que existe en la actualidad. Quizá el principal motivo para enfocarse en el estrés fue la simplicidad. Extraer del tejido cerebral un neurotransmisor como la serotonina o la dopamina es un trabajo muy difícil y riguroso. Debes trabajar con muestras de tejido muerto y no en tiempo real, y claro que los sujetos rara vez son humanos. Pero las hormonas del estrés como el cortisol y la adrenalina irrumpen en el torrente sanguíneo en tiempo real y de inmediato pueden medirse con tomar una muestra de sangre. Además, los efectos físicos de la conducta de luchar o huir son fáciles de observar en nosotros mismos.

Ciertos descubrimientos significativos han precisado lo que sucedía, de modo que los investigadores del estrés fueron capaces de comprobar que la imprevisibilidad, la repetición y la falta de control son los factores agravantes del estrés. En un experimento clásico, colocaron ratones en jaulas conectadas a un administrador de choques eléctricos leves. En sí mismo, cada choque era inofensivo. Pero en el experimento se administraron los choques de forma repetida en intervalos aleatorios, y los ratones no tenían dónde escapar. Después de sólo unos días, los animales se volvieron torpes y apáticos. Su respuesta inmunológica estaba limitada en extremo y algunos de ellos murieron por los choques "inofensivos". Este experimento permitió comprender cómo el estrés crónico de bajo nivel daña el cuerpo. También despejó el mito de que sucumbir ante un estrés incesante era un signo de debilidad u otra falla de carácter: la fisiología simplemente no puede evitarlo.

En la era de la epigenética estos descubrimientos han penetrado al nivel más profundo de nuestra fisiología, y cada vez hay más esperanza en que las personas puedan modificar y mejorar su respuesta al estrés. No sólo los alimentos que comes pueden causar modificaciones epigenéticas y alterar la actividad genética; también tu nivel de estrés puede hacerlo. En un estudio sobre los efectos del Holocausto en la actividad genética, los investigadores de la Icahn School of Medicine at Mount Sinai, en la ciudad de Nueva York, eligieron a 80 niños con al menos un progenitor sobreviviente del Holocausto y los compararon con 15 niños "demográficamente similares" cuyos padres no experimentaron el Holocausto. Los resultados los describe un conmovedor reporte en primera persona hecho por la hija de un sobreviviente, Josie Glausiusz, en la edición de junio de 2014 de la revista *Nature*.

Durante dos semanas en la primavera de 1945, el padre de Glausiusz, "la madre de él y tres hermanos sobrevivientes fueron subidos a un tren junto con otros 2500 prisioneros de Bergen-Belsen, el campo de concentración en Alemania donde mi padre había estado encarcelado desde el 6 de diciembre de 1944", escribe. "Durante 14 días, mientras la familia sobrevivía con minúsculas raciones de cáscaras de papa cruda y maíz recogidos del suelo, el 'Tren Perdido' serpenteaba de forma caprichosa a través de Alemania del Este, bloqueada por los avances de los ejércitos ruso y estadounidense, y después se detuvo en un bosque junto al pequeño pueblo alemán de Tröbitz".

Sin que los pasajeros atrapados en los vagones lo supieran, sus captores alemanes habían separado la locomotora y escaparon durante la noche. De pronto dos soldados rusos aparecieron montados sobre caballos blancos y rompieron los candados que mantenían encerrados a los prisioneros.

Al haber crecido con esta historia desgarradora, Glausiusz se ofreció como voluntaria para el estudio de Mount Sinai en 2012. Fue dirigido por Rachel Yehuda, neurocientífica y directora de la división escolar de estrés traumático. El objetivo del estudio era "determinar si el riesgo de enfermedad mental debido al trauma se transmite biológicamente de una generación a otra. En especial, los investigadores deseaban ver si ese riesgo podía ser heredado a través de marcas epigenéticas".

Al reportar lo que implicó su participación, Glausiusz escribe: "Durante el estudio completé un cuestionario en línea para evaluar mi salud emocional como hija de sobrevivientes del Holocausto y si mis papás tenían trastorno de estrés postraumático (TEPT). Un psicólogo me entrevistó acerca de las experiencias de mis padres durante la guerra y sobre mi propia historia de depresión y ansiedad. Me sometí a análisis de sangre y orina para medir la hormona cortisol, la cual permite al cuerpo responder al estrés, así como la metilación de GR-1F, un promotor de un gen que codifica un receptor glucocorticoide, que se une al cortisol y ayuda a apagar la respuesta al estrés".

Los experimentos resultaron un tanto contradictorios, según qué padre sufriera de TEPT como sobreviviente del Holocausto. Para simplificar, la clave era determinar si las marcas genéticas causaban que hubiera más o menos cortisol circulando en el torrente sanguíneo de sus hijos. Se observó que los hijos cuyos dos progenitores tenían TEPT presentaban más actividad genética que conducía a la producción del receptor glucocorticoide que ayuda a apagar la respuesta al estrés al unirse al cortisol (esto es, lo vuelve inefectivo). Apagar el gen apaga el estrés.

Los resultados fueron mixtos cuando se trataba de un solo padre con TEPT. Al parecer "los hijos de hombres con TEPT son 'quizá más proclives a la depresión o a respuestas de estrés crónico', dice Yehuda. [Pero] lo opuesto parece ocurrir en los hijos de madres con TEPT". Estos hijos mostraron menores niveles de cortisol. ¿Por qué?

Una explicación posible es la siguiente: "Las madres que sobrevivieron al Holocausto, dice [Yehuda], a menudo temían ser separadas de sus hijos. 'Cuando has sido expuesto a muchas pérdidas, y te preocupa mucho seguir perdiendo a tus seres queridos, te aferras muy fuerte a ellos, literalmente.' Ella dice que los hijos del Holocausto a menudo se quejan de que sus madres estaban demasiado apegadas a ellos.

"Aunque ella no identifica el mecanismo detrás de estos cambios, Yehuda piensa que las modificaciones epigenéticas pueden ocurrir antes de la concepción en los padres, pero que en las madres los cambios ocurren ya sea antes de la concepción o durante la gestación."

Nos resistíamos a mencionar experiencias tan horribles, pero este estudio del Holocausto marcó un avance. Según Yehuda, hasta donde sabían ella y su equipo: "Esta es la primera evidencia en humanos... de una marca epigenética en los hijos, a partir de la exposición de un progenitor antes de la concepción". (Un experimento anterior en ratones, que ya hemos mencionado, mostró que el cuidado materno bueno o malo conducía a marcas epigenéticas en el ratón bebé que afectaban la respuesta al estrés; el comportamiento de cuidado de las buenas madres reducía el comportamiento ansioso en sus hijos junto con los niveles de cortisol.) También es importante mencionar que el estudio es controversial, en gran medida porque la bioquímica de las diferencias de género es compleja, y las diferencias que descubrió Yehuda eran pequeñas, o como ella lo dice, "matizadas". También se debe mencionar que aun sin ser capaz de señalar los aspectos epigenéticos involucrados, la psiquiatría ha sabido desde hace mucho, por medio de varios estudios, que los efectos del TEPT pueden ser transmitidos a los hijos de los sobrevivientes del Holocausto.

La ciencia en funcionamiento

Hay un chiste que dice: "Las canas se heredan. Te las dan tus hijos". La ciencia muestra que esto va en ambas direcciones. Tal vez nos preocupe mucho más cómo se transmitirá el estrés a nuestras familias que en el trabajo. Pero el mejor enfoque en los dos ámbitos es el mismo: conviértete en un sanador de estrés. Es muy probable que tu comportamiento de hoy tenga consecuencias en el futuro lejano.

Cuando eres consciente de que no sólo eres la víctima del estrés sino una fuente potencial, tu comportamiento se transforma. He aquí algunas opciones positivas para aliviar el estrés a tu alrededor en el trabajo, y pueden ser aplicadas también a las relaciones y a la familia.

Cómo ser un sanador de estrés

¿Cuáles de los siguientes comportamientos positivos practicas?

Preguntar a los demás cómo se sienten y escuchar su respuesta.
No insistir en hacer las cosas a tu manera.
Siempre mostrar respeto por todos. Nunca denigrar ni culpar a nadie.
Nunca criticar a alguien en público.
Aceptar las aportaciones de toda la gente posible.
Elogiar y apreciar el trabajo de los demás.
Ser leal para ganar lealtad.
No hacer chismes ni hablar a espaldas de los demás.
Esperar a estar calmado antes de enfrentar una situación que te enoja.
Dar a los compañeros de trabajo y empleados el espacio suficiente para que tomen sus propias decisiones.
Estar abierto a nuevas ideas, sin importar de quién provengan.
No favorecer un pequeño círculo que excluya a todos los demás.
Enfrentar la tensión cuando surja en vez de negarla o esperar a que se resuelva por sí misma.
No ser un perfeccionista imposible de satisfacer.
Tratar a ambos sexos de forma igualitaria.

Si ya has adoptado la mayoría de estos comportamientos o todos, felicidades: ya eres un sanador de estrés. Pero casi todos nosotros debemos hacer un esfuerzo consciente para cambiar nuestras formas de actuar, ya sea en mayor o menor medida. Ninguno de nosotros estamos sujetos a experimentos de laboratorio sobre el estrés, aunque en una forma muy real nuestras vidas son el laboratorio donde enfrentamos una gran variedad de tensiones. Depende de nosotros volvernos conscientes para comprender el rol que jugamos en un mundo abrumado por exigencias, presión y crisis. El individuo es la fuente de la sanación, una verdad que nunca pierde validez al recordarla.

EJERCICIO

CONVERTIR LAS BUENAS INTENCIONES EN ACCIÓN

El secreto para hacer ejercicio puede ser resumido en una frase: continúa, no te detengas. Es mejor estar activo toda la vida a cualquier nivel, incluida la actividad suave, a practicar deportes en la preparatoria y la universidad, y no hacer nada después con el paso de los años. La consistencia es la meta principal, no ponerse a sudar. Pero esto requiere una decisión consciente, una a la que estés dispuesto a apegarte. La buena noticia es que entre más mantengas tu cuerpo en movimiento, querrás hacerlo más. La actividad física se convierte en un hábito al cual uno se adapta bastante rápido, sin mencionar que ayuda a crear nuevas rutas en el cerebro.

La vida moderna ha convertido al ejercicio en una bendición y una maldición. La bendición es que ya no somos esclavos de la labor física extenuante; la maldición es que la bendición ha ido demasiado lejos. Para la mayoría de la gente la vida moderna es demasiado blanda en lo físico, y a pesar del precio que pagan nuestros cuerpos, parece que preferimos que así sea. Si pudieran escoger, casi todos elegirían lo siguiente:

Estar sentados en vez de mantenerse activos
Tener distracciones placenteras (televisión, video juegos, internet) en vez de practicar deportes
Trabajo mental en vez de trabajo físico

Dejar que las máquinas, y no los músculos, lleven a cabo las tareas físicas

Dejar que sus hijos pasen más tiempo en la computadora y menos tiempo jugando afuera

Todas estas son decisiones modernas, y la tendencia no ha dejado de moverse en esa dirección. Mientras así sea, los inconvenientes de una vida sedentaria, como el aumento en la obesidad y la diabetes tipo 2, acosarán a la sociedad, mientras que los beneficios del ejercicio —en términos de salud cardiovascular, evitar ciertos tipos de cáncer y un mejor estado mental— serán oportunidades perdidas. En 2013, sólo 20 por ciento de los adultos estadounidenses realizaron la cantidad recomendada de ejercicio regular, que es de 2.5 horas de ejercicio aeróbico moderado por semana o la mitad de ese tiempo de ejercicio aeróbico vigoroso. Es dos veces más probable que la gente entre 18 y 24 años haga ejercicio en comparación con una persona de más de 65 —31 por ciento contra 16 por ciento—, aunque es evidente que los dos grupos que se benefician más de la actividad física son los más jóvenes y los más viejos.

Para nuestros ancestros el descanso era un lujo; para la mayoría de nosotros, el lujo es encontrar el tiempo para ir al gimnasio. A lo largo del siglo XX, alrededor de 80 por ciento de las calorías gastadas en operar una granja todavía provenían del uso de los músculos del granjero. Esto era así a pesar de la invención de maquinaria para granja y el uso extendido de caballos para jalar arados, segadoras y carretas. Este tipo de vida, en la cual la actividad física era dura y constante, fue nuestra manera de evolucionar. Nuestros cuerpos están bastante adaptados a mucha más actividad de la que suponemos. Existe evidencia de que la esperanza de vida de los cazadores-recolectores primitivos era de unos 70 años. Lo que acortaba sus vidas eran las condiciones externas

—enfermedades, mortalidad infantil, exposición a los elementos naturales— y no la fragilidad inherente del cuerpo.

Debido a que la mayoría de nosotros no tiene que cazar, recolectar, arar la tierra, apilar la paja en el granero o hacer su propio pan —la lista es infinita—, ya casi no queda trabajo esencialmente físico. Por tanto, no importan los constantes llamados a mejorar la dieta y hacer ejercicio, las buenas intenciones pesan más que la acción. Y como no lo hacemos, hemos puesto el manejo del estrés por delante del ejercicio en nuestra lista de estilo de vida. Es más probable que las personas reduzcan la presión en su vida diaria, a que se levanten de sus sillas y se muevan.

Somos realistas, y sabemos que las reprimendas nunca motivarán a la gente a cambiar sus hábitos. La culpa sólo deriva en membresías de gimnasio que nunca se usan. Y tampoco sirve como motivación el equilibrio entre placer y dolor. Es muy probable que cualquiera que disfrute del ejercicio, desde la infancia haya corrido, levantado pesas o practicado deportes. Sus cuerpos están condicionados a ello, y el circuito de retroalimentación que provoca el "subidón del corredor" o el cansancio satisfecho después de una sesión de ejercicio es una fuente de placer. Pero a quien no tiene el hábito de hacer ejercicio le sucede lo contrario. El ejercicio afecta al cuerpo igual que el trabajo físico, y ocasiona (al principio) fatiga y dolor muscular. El cuerpo de alguien que no hace ejercicio está habituado a estar sentado, y los efectos adversos son sobre todo de largo plazo. Pueden pasar años antes de que comience a mostrarse la realidad de las cardiopatías, la diabetes tipo 2 y el sobrepeso.

Entonces, nuestra meta es ofrecerte decisiones fáciles que puedan cambiar el circuito de retroalimentación, es decir, que un poco de actividad hace que quieras más. Además, los cambios recomendados deben mantenerse de por vida. No te hace bien activarte de forma repentina e intensa y que después pasen largos periodos de inactividad. La adaptación viene de forma natural cuando esto es algo regular y estable. Es mejor subir un tramo de escaleras todos los días que quitar la nieve de la entrada de la casa seis veces cada invierno.

Leer el menú: Como en todas las secciones del estilo de vida, el menú de decisiones está dividido en tres partes según su nivel de dificultad y su efectividad demostrada.

Parte 1: Decisiones fáciles
Parte 2: Decisiones difíciles
Parte 3: Decisiones experimentales

Por favor consulta las páginas 150-151 en la sección de alimentación si necesitas recordar de qué se tratan los tres niveles de decisiones. Deberás realizar un cambio por semana en total, no uno de cada sección del estilo de vida. Recuerda también que la intención es que las decisiones que tomes sean permanentes.

Ejercicio: El menú de decisiones

Circula de dos a cinco cambios que podrías hacer con facilidad en tu nivel actual de actividad física. Las decisiones más difíciles deberán ir después de que hayas adoptado las decisiones fáciles, una por semana.

Parte 1: Decisiones fáciles

- Ponte de pie y muévete una vez cada hora.
- Cuando vayas a subir a un elevador, ve por las escaleras hasta el segundo piso antes de llamarlo.
- Realiza el quehacer de tu casa en vez de contratar a una persona que lo haga.
- Da una caminata enérgica después de cenar.

- Elige la esquina más alejada de los estacionamientos (si es que es seguro y está bien iluminado).
- Si ya sacas a pasear a tu perro todos los días, camina por más tiempo y con más intensidad.
- Si vas a un lugar que esté a menos de un kilómetro, camina en vez de manejar.
- Compra un escalón de ejercicio y úsalo 15 minutos al día mientras ves la televisión o escuchas música.
- Sal a la calle tres veces al día, por cinco o diez minutos.
- Dedícate a la jardinería, al golf o alguna actividad similar que disfrutes.
- Realiza calistenia de cinco a diez minutos al día.
- Encárgate cuando menos de la mitad de los arreglos de tu casa.
- Ejercítate con pesas ligeras cuando ves la televisión.

Parte 2: Decisiones difíciles

- Entabla amistad con gente más activa y únete a sus actividades.
- Dedica la mitad de tu hora de comida a hacer ejercicio.
- Si llevas a los niños al parque, juega con ellos en vez de sólo observarlos.
- Cuando vayas a subir a un elevador, sube por las escaleras hasta el tercero o cuarto piso antes de llamarlo.
- Planea una actividad física compartida con tu pareja o cónyuge dos veces a la semana.
- Compra un escalón para hacer ejercicio y úsalo al menos 30 minutos al día mientras ves la televisión o escuchas música.
- Retoma el deporte que te encantaba practicar.
- Realiza calistenia de cinco a diez minutos dos veces al día.
- Camina un total de tres horas por semana.
- Limpia tu patio por ti mismo.

- Ofrécete a ayudar a gente de escasos recursos limpiando su casa, pintando y realizando reparaciones.
- Realiza senderismo cada fin de semana con buen clima.
- Apóyate en un entrenador del gimnasio.

Parte 3: Decisiones experimentales

- Entra a una clase de ejercicio.
- Comienza a practicar yoga (ve la página 202).
- Dirige un grupo de senderismo.
- Entrena para un deporte competitivo y persevera en él.
- Encuentra un compañero de ejercicio habitual.
- Comienza a practicar tenis.

Explicación de las decisiones

Las decisiones fáciles del menú son bastante sencillas. Tendrían que sumar bastante para llegar a la recomendación oficial de 2.5 horas de actividad aeróbica moderada a la semana, combinada con un tiempo extra de entrenamiento con pesas. Pero si llevas una vida inactiva es como si esas recomendaciones provinieran de otro planeta. La buena noticia es que levantarte de la silla te aporta grandes beneficios. Alejarte de una vida del todo sedentaria es el paso más grande para prevenir los efectos adversos de no hacer ejercicio. Si no te mantienes activo, el riesgo se enfermedad se eleva de forma pronunciada conforme envejeces. La inactividad drástica eventualmente deriva en un índice de mortalidad 30 por ciento mayor en hombres y el doble en mujeres. La “nueva vejez”, en la cual la gente mayor permanece activa y vital mucho más allá de los 65 años, revirtió una de las tendencias más dañinas de la vida social.

Entre más actividad realices, mejor responderá tu cuerpo. Si vas de trotar kilómetro y medio a correr kilómetro y medio, aumentarán los efectos positivos. Lo que más necesitan tu corazón, cerebro, sistema circulatorio, lípidos y azúcar en la sangre es *algo* de actividad, y después de eso puedes añadir un poco más.

En la mediana edad, realizar actividad física disminuye el riesgo de padecer enfermedades crónicas. Las estadísticas lo han demostrado una y otra vez. Pero a diferencia de otros factores de riesgo, hacer ejercicio es más que lo estadístico. Mejora cada vida individual, a todos los niveles de actividad. En las personas muy ancianas, de 80 años para arriba, entrenar con pesas por unos minutos con un esfuerzo mínimo (usando sólo una pesa de 2.5 kilos, por ejemplo) puede duplicar o triplicar el tono muscular.

Nuestro enfoque no está en cuánto peso levantes o qué tan rápido corras. Queremos nivelar la curva de manera que la actividad física no sea sobre todo para los jóvenes, con una caída drástica en la edad adulta y en la vejez. Nivelar la curva es mucho más importante que ser bastante activo en tu juventud y sedentario en la vejez. Tu cuerpo se adapta a lo que haces *todo el tiempo*, no a lo que haces de cuando en cuando. Este es también el secreto para que el ejercicio sea placentero: el circuito de retroalimentación entre los músculos y el cerebro se aviva entre más lo uses. Al igual que los bíceps o los músculos abdominales se atrofian cuando no se usan, los circuitos de retroalimentación del cuerpo necesitan ser utilizados, y entre más mensajes transmitan más vivos estarán.

Por supuesto, esperamos que accedas a las decisiones difíciles del menú. Dales tiempo. Si pasas dos meses subiendo las escaleras hasta el segundo piso antes de tomar el elevador, el siguiente paso —caminar al tercero o cuarto piso— no te representará ningún esfuerzo. Pero si mañana decides subir hasta el cuarto piso, lo más probable es que te sientas exhausta, y tu cuerpo tendrá el mensaje de "Esto es trabajo". No es el mensaje correcto, no si quieres que subir las escaleras sea una decisión placentera.

Si tuviéramos que elegir la mejor actividad para la mente y el cuerpo juntos, ésta sería el *yoga*. El término correcto es *Hatha Yoga*, el cual es sólo una rama de la ancestral tradición del yoga, que tiene ocho en total. Las otras tienen que ver con la mente y el comportamiento, pero en la búsqueda de una conciencia superior el cuerpo no puede ser excluido. En sánscrito, *yoga* significa "unión" y se relaciona con la palabra inglesa *yoke*.[4] Aunque el concepto de iluminación pueda parecer misterioso, el yoga tiene sentido en su meta de armonizar la mente, el cuerpo y el espíritu. Cada posición (postura o *asana*) que se enseña en yoga busca enfocar la mente para dirigir el flujo de la energía física en el cuerpo.

No es que los dos estén separados. Cuando se mueve la conciencia, también lo hace la energía. Las enseñanzas del Hatha Yoga pueden ser bastante sutiles e incluso esotéricas. El flujo de energía vital (*Prana*) regulado por la respiración puede ser entrenado de formas exquisitamente precisas. El flujo de energía vital conectado de manera directa por la mente (*Shakti*) es todavía más preciso y exacto. Por ejemplo, se enseña que una sola sílaba de un mantra tiene influencias que se extienden de la mente y el cuerpo hacia todo el entorno.

El tema es tan fascinante que dedicaremos una sección a la conciencia como el pivote entre el bienestar cotidiano y el bienestar radical. El Hatha Yoga es un paso en esa dirección. Mejora la conciencia corporal, te devuelve a lo físico, agudiza tu concentración y tonifica tus músculos al mismo tiempo. Irónicamente, en India lo practican sobre todo los hombres, y en Estados Unidos las mujeres. En India, la búsqueda de una conciencia superior en teoría está abierta a todos,

---

[4] En inglés *yoke* significa ligar o vincular dos cosas. (*N. de la t.*)

pero en la práctica las mujeres han sido excluidas. En Estados Unidos, es común que los hombres desdeñen el yoga porque no se trata de entrenamiento con pesas o ejercicio aeróbico. Ambas actitudes están sesgadas y deben cambiar.

La ciencia detrás de los cambios

En la actualidad, la epigenética del ejercicio es tan nueva que existen pocos estudios al respecto, pero esto no ha evitado que la genética brinde su mayor contribución. Sabemos que ser holístico no es sólo la preferencia personal de alguien: es necesario para todos. Debido a que cientos y a veces miles de actividades genéticas son transformadas por medio de decisiones en el estilo de vida, el ejercicio no puede aislarse de la dieta o la dieta del estrés. Este cambio tiene implicaciones enormes.

Por ejemplo, los proveedores de cuidados de salud solían minimizar los riesgos de llevar una vida sedentaria. Hace 30 años, si le preguntabas a un médico qué tenía de malo no realizar actividad física, casi la única respuesta que hubiera mencionado sería la atrofia por falta de uso: el desperdicio del tejido muscular cuando no se usa un músculo. Ahora sabemos que una amplia gama de problemas de la mente y el cuerpo surgen a partir de un estilo de vida sedentario, como cardiopatías, ansiedad y depresión, hipertensión y diabetes. La tierna imagen de la abuelita regordeta sentada en una mecedora se ha convertido en una imagen de mala salud y bienestar disminuido.

Estos efectos adversos se pueden deducir con ver las estadísticas de la población general, pero la epigenética algún día será capaz de afinar el riesgo personal de un individuo. En ocasiones, lo que vale para un gran número de gente no aplica para ti en lo individual. Para la población general es un hecho que la inactividad conduce a la obesidad, por medio de la simple fórmula de que quemar menos calorías de las que consumes desarrollará grasa corporal. Pero, como ya hemos visto, la vieja creencia "calorías que entran, calorías que salen" ha sido actualizada.

Para obtener un posible vínculo genético entre la actividad física y la grasa corporal, un estudio llevado a cabo en la Universidad de Lund, en Suecia, investigó los efectos de la actividad física en las modificaciones epigenéticas de los genes en las células adiposas. Los investigadores descubrieron que el ejercicio derivaba en cambios epigenéticos en la actividad genética (por medio de marcas de metilo) que afectaban el almacenamiento de grasa en el cuerpo. Alrededor de dos veces por semana observaron los genomas de las células adiposas en 23 hombres sanos de 35 años, antes y después de asistir a clases de aeróbics por seis meses. Encontraron que en siete mil genes el ejercicio conducía a cambios epigenéticos, muchos de los cuales derivaron en cambios por todo el genoma en la metilación del ADN de las células adiposas, cambiando la actividad para mejorar el metabolismo de las células adiposas.

La metilación puede remover grupos metilo si son expuestos de forma adecuada por las histonas, las cuales trabajan mano a mano con el ADN en la modificación epigenética al exponerlo a las marcas epigenéticas o enterrándolo: en esencia, se hace posible la interrupción o no. Con el ejercicio cambian los patrones de metilación: algunos genes son silenciados por las marcas de metilo y otros son encendidos por la demetilación. Estos son cambios complejos, pero en esencia los interruptores son apagados (infrarregulados) para genes proinflamatorios mientras que los genes antiinflamatorios son encendidos (sobrerregulados). Sin duda la creciente evidencia sobre los cambios en el estilo de vida expandirá la historia antiinflamatoria a lo largo de todo el sistema mente-cuerpo.

Cuando la gente comienza a hacer ejercicio, la *pérdida de peso* es una meta común, pero el ejercicio conduce a resultados mixtos. El número de calorías que se consumen por medio de la actividad física no es tan grande como la gente cree. Una caminata ligeramente enérgica quema 280 calorías por hora. El senderismo, la jardinería, el baile y el entrenamiento con pesas queman unas 350 calorías por hora. Hacer bicicleta a una velocidad menor a 16 kilómetros por hora quema 290 calorías en una hora, apenas un poco más de energía que al caminar. Si tu actividad física es vigorosa —correr, nadar o aeróbics— el consumo de energía aumenta a entre 475 y 550 calorías por hora. Pero incluso jugar un intenso partido de beisbol quema sólo 440 calorías por hora. Si consideramos que un panqué mediano de mora azul contiene 425 calorías, existe una buena razón por la que el ejercicio en sí mismo no es la solución para perder peso.

Sin embargo, desde una perspectiva holística, cambian tantas otras cosas cuando te vuelves activo físicamente que se reduce la importancia de las calorías. En un estudio dividieron a gente con sobrepeso en tres grupos. El primero corrió un kilómetro y medio; el segundo lo recorrió trotando y el tercero caminando. Al final del periodo de prueba, el grupo que perdió más peso fue el que caminó. Uno de los motivos es metabólico. Una vez que comienzas a sudar, tu cuerpo pasa del metabolismo aeróbico, que quema calorías, al metabolismo anaeróbico, que no lo hace. Así que hay instancias en las que el menor esfuerzo implica mayor beneficio. La clave parece ser que el ejercicio sea ligero pero constante. Aunque esto se contrarresta por el hecho de que el ejercicio, al ser trabajo físico, puede darte más hambre. Además, el ejercicio más fuerte forma masa muscular, que es más pesada que la grasa corporal. Hemos considerado estas variables y seguimos volviendo al principio básico de que deberías hacer cambios fáciles y continuar, sin parar.

Se ha descubierto muy poco sobre el efecto epigenético de tratar de perder peso. Por una parte, parece que la obesidad adulta se remonta a la infancia y las experiencias en la adolescencia que se extienden a los años posteriores. La metilación puede imprimir en la actividad genética de una persona malos hábitos y comer en exceso. También está la pregunta de cuánta influencia epigenética se transmite de padres obesos a sus hijos. Hemos estado citando la información de la hambruna holandesa durante la Segunda Guerra Mundial, pero esa evidencia proviene de una inanición extrema, que causó modificaciones genéticas que al parecer elevaron el riesgo de obesidad en niños, dependiendo de si sus madres estaban embarazadas en la época de hambruna o en época de abundancia. Otra cosa muy distinta es descubrir marcas epigenéticas según la causa que esté operando, ya que los padres obesos pueden transmitir con facilidad el comportamiento de comer mal así como marcas epigenéticas de su propia experiencia antes y durante el embarazo.

Igual de significativo puede ser un estudio español que tomó a 204 adolescentes obesos o con sobrepeso y los sometió a un régimen de diez semanas para perder peso. Se sabe muy bien que ser obeso en la adolescencia conlleva un mayor riesgo para una variedad de enfermedades en la vida adulta, y no sólo el riesgo de ser un adulto obeso. En este estudio el programa fue multifacético. Les asignaron a los adolescentes dietas y programas de ejercicio personalizados. Asistieron a reuniones semanales que les brindaban más información nutricional y sobre ejercicio junto con apoyo psicológico.

Al final de las diez semanas, los investigadores seleccionaron a los sujetos considerados de respuesta alta o baja al programa, conforme al IMC (índice de masa corporal, que analiza el porcentaje de grasa en el cuerpo) y la cantidad de peso perdido. Al observar sus epigenomas se descubrieron importantes correlaciones. Los de respuesta alta y baja mostraron diferencias en la metilación en 97 sitios distintos a lo largo de su ADN. Como se reportó en línea en el sitio sobre epigenética EpiBeat, había un vínculo con la inflamación. "Los genes involucrados pertenecen a redes relacionadas con el cáncer, la respuesta inflamatoria, el ciclo celular, el tráfico de células inmunológicas, y el desarrollo y función del sistema hematológico."

En cinco sitios los cambios eran tan diferentes que con tan sólo examinar las marcas de metilo era posible predecir quién tendría una respuesta alta o baja a un programa de pérdida de peso. A mayor aumento en las diferencias, mejor respondía alguien al programa. Estos resultados ofrecen dos posibilidades. Primero, el perfil epigenético puede permitirnos saber de antemano a quién se le facilitará o dificultará perder peso. Segundo, podríamos ser capaces de precisar las actividades genéticas que fomenta el ejercicio físico.

Hacer que la conexión genética sea más precisa resuelve sólo parte del problema. Originalmente se pensaba que la metilación ocurría en el vientre materno y duraba toda la vida. Ahora sabemos que los cambios epigenéticos son dinámicos, constantes y a menudo muy rápidos, ya que pueden llegar a suceder en 24 horas. Los químicos conocidos como demetilasas pueden remover las marcas de metilo, y se han conectado a un gen específico (para la transcripción de la proteína "*fat mass and obesity related*", FTO). Las variantes de este gen están más asociadas al riesgo de obesidad que cualquier otro gen. Como reportaron investigadores epigenéticos en la Universidad de Alabama en Birmingham, se cree que las instrucciones codificadas en el FTO crean una proteína que actúa como una demetilasa. Esta proteína puede actuar para apagar o encender los genes que crean la obesidad, aunque el mecanismo exacto no se conoce ni se sabe por qué el FTO está relacionado con la obesidad. Pero el descubrimiento clave es que el ejercicio regular "borra en gran medida el aumento en el riesgo de obesidad asociado con las versiones del gen FTO. Nadie entonces está condenado por sus genes", dijo Molly Bray, la líder del equipo.

Cuando se trata del microbioma, se han realizado muy pocos estudios que lo conecten de forma directa con el ejercicio. Pero un descubrimiento fascinante proviene de Irlanda, donde un equipo de la Universiy College Cork comparó a 40 jugadores profesionales de rugby con un grupo de control de hombres adultos saludables. Los atletas estaban en un campamento de entrenamiento previo a la temporada, lo que es un ambiente controlado: comían y jugaban juntos. Los investigadores buscaron marcadores de inflamación en la sangre que también estaban vinculados a la inmunidad y al metabolismo.

Resulta que los atletas tenían un microbioma mucho más diverso. También fueron mejores que el grupo de control en lo referente a marcadores de inflamación, respuesta inmunológica y metabolismo. A pesar de que algunas de las mejorías podrían haberse dado por medio de la dieta, esto parece ser un descubrimiento significativo, aunque muy general, sobre cómo la flora intestinal responde al ejercicio.

Debido al estado actual de la ciencia creemos que el mejor camino práctico es confiar en la demetilación por medio de decisiones positivas en el estilo de vida: en otras palabras, haz lo que puedas hoy para regular los genes que son benéficos, enfocándote en disminuir los marcadores de inflamación. A la fecha no existe una forma de enfocarse sólo en los cambios relacionados con el peso corporal, pero eso no es algo esencial para la mayoría de la gente, que no tiene un sobrepeso importante. Un programa general como el que recomendamos es la mejor medicina que se haya concebido con respaldo de la ciencia.

MEDITACIÓN

¿EL CENTRO DE TU BIENESTAR?

El título de esta sección plantea una pregunta. ¿Deberías adoptar la meditación como la decisión primaria para aumentar tu bienestar? Sus beneficios son acumulativos. Entre más lo haces, mejores son los resultados. ¿Pero cuántas personas comienzan a meditar y dejan de hacerlo después de un tiempo? En nuestra experiencia, esto se ha vuelto un mayor problema que convencer a alguien de empezar. Las mismas presiones agotadoras que motivan a la gente a buscar el tranquilo oasis de la meditación son las que hacen que la abandonen. A menudo la excusa es que no tienen tiempo o que tan sólo olvidan meditar. Muchos ven la meditación como una "curita" que les mejora un día particularmente malo. "Hoy me siento bien, no necesito meditar" va con la noción de la meditación como un estímulo rápido, como un licuado de proteínas.

En esta sección nuestro enfoque será en por qué la meditación debe ser una práctica para toda la vida. Sabemos que este es un cambio grande en el estilo de vida. Representa un tipo único de compromiso, y sus inconvenientes pueden ser considerables. Detenerse a meditar rompe con la activa rutina del día; te aísla del contacto con otras personas; en gran medida sus beneficios son invisibles. Por todo lo anterior, la dedicación a la meditación también brinda beneficios únicos.

Considerar los resultados físicos de la meditación es un giro moderno, pero gracias a estudios sobre la presión arterial, el ritmo cardiaco y los síntomas asociados al estrés fue que se aceptó la meditación en Occidente. El hecho de que el médico recomendara la meditación no daba lugar a la pregunta de si deberías "creer en ella". Esto marcó una gran separación con respecto a Oriente, donde tradicionalmente la meditación ha sido un camino para la iluminación, un concepto que Occidente miró con sospecha como un misterio insondable y quizá inalcanzable excepto por los swamis, yoguis, gurús y místicos.

Todavía permanece esa encrucijada. Como una decisión sobre el estilo de vida, la meditación atrae a la gente que desea ver mejorías en su salud. Como una decisión espiritual, la meditación atrae a quienes desean alcanzar un estado de conciencia más elevado. Tenemos fuertes sospechas de que este segundo grupo continúa meditando de forma regular por años y quizás toda la vida. Tal vez su objetivo es invisible, pero es claro y crea una motivación de largo plazo. Por otra parte, si comienzas a meditar para sentirte mejor, ésta no es una razón poderosa para hacerlo los días en que te sientes bien.

Meditación y éxito

Nuestra forma de superar este problema es simple: convierte a la meditación en el centro de tu bienestar total. Adóptala no porque estés motivado a meditar, sino porque la usarás como medio para conseguir algo que deseas muchísimo. Sólo la necesidad que se vincula al deseo puede ser colmada. El deseo es el motivador más poderoso, pero en la mayoría de las vidas de las personas no hay necesidad de meditar como sí la hay de alimento, refugio, compañía, dinero y sexo. Pero hay un fuerte deseo que es lo suficientemente general y lo bastante duradero como para entrar en esta categoría: el éxito. Si puede vincularse la meditación al éxito, creemos que muchas más personas se apegarán a ella.

Pero hacer esta conexión requiere un cambio importante. Los dos grupos de la meditación —los que quieren una mejoría en su salud y aquellos que desean una conciencia más elevada— se enfocan en una meta muy diferente del éxito mundano. Si enlistaras los rasgos más prominentes de millonarios, emprendedores y presidentes de las principales corporaciones, su éxito no sería atribuible a la meditación. Pero el estereotipo de los arribistas ambiciosos, competitivos y despiadados no se ajusta a la realidad.

El punto es que éxito es una palabra más potente —y un motivador más fuerte— que *prevención*, *equilibrio* y *bienestar*. Los atributos de las personas altamente exitosas pueden ser vinculados a los beneficios de la meditación.

Elementos del éxito

La capacidad de tomar buenas decisiones
Un fuerte sentido de uno mismo
Ser capaz de enfocarse y concentrarse
No ser distraído con facilidad
Ser inmune a la aprobación o desaprobación de los demás
Energía suficiente para largos días de trabajo
No ser desmotivado con facilidad
Resiliencia emocional, recuperarse después del fracaso y los contratiempos
Intuición y percepción, ser capaz de leer una situación antes que los demás
Un torrente de nuevas ideas y soluciones

Una cabeza fría en medio de una crisis
Fuertes habilidades para salir adelante frente a un alto estrés

Si estos no son considerados todavía los rasgos clave asociados al éxito, deberían serlo. Cada rasgo se fortalece por medio de la meditación. ¿Cuántas personas se dan cuenta de que pueden tomar mejores decisiones si meditan o mantienen la cabeza fría en medio de una crisis? El estereotipo del meditador que se mira el ombligo, absorto en sí mismo, es tan falso como el del trepador despiadado que hace lo que sea para tener éxito. La razón principal por la cual la meditación ha cautivado tanto en Occidente es porque los médicos y los psicólogos encontraron la forma de darle la vuelta a la imagen del yogui de larga barba que renuncia al mundo, aislado en una cueva del Himalaya. Pero sólo hasta ahora la investigación sobre las actividades genéticas alteradas ha demostrado que la meditación crea miles de cambios con implicaciones holísticas para la mente y el cuerpo.

Eso es un gran avance, pero las actitudes deben cambiar aún más. Cuando el éxito es definido por lo externo —dinero, posesiones, estatus y poder—, sólo está garantizado para una minoría, que por lo regular proviene de un entorno privilegiado. ¿Pero y si el éxito se define distinto, como un estado de plenitud interior? Si te vuelcas hacia dentro puedes ser exitoso en este mismo instante, porque el éxito es un proceso creativo. Ya estás dedicado a ello porque el verdadero éxito es algo que vivimos. No es un estado final al cual llegamos. Este es el mensaje que Deepak ha estado divulgando a lo largo de 30 años y ejemplificando con su propia vida. Es el mensaje que lleva a las escuelas de negocios cada año, el que enseña a directivos y expande por medio de libros como éste; y Rudy descubrió que incluso antes de conocerse, él y Deepak habían estado transitando el mismo camino.

Leer el menú: Como en cada sección del estilo de vida, el menú de decisiones está dividido en tres partes según su nivel de dificultad y su efectividad demostrada.

Parte 1: Decisiones fáciles
Parte 2: Decisiones difíciles
Parte 3: Decisiones experimentales

Por favor consulta las páginas 150-151 en la sección de alimentación si necesitas recordar de qué se tratan los tres niveles de decisiones. Deberás realizar un cambio por semana en total, no uno de cada sección del estilo de vida. Recuerda también que la intención es que las decisiones que tomes sean permanentes.

Meditación: El menú de decisiones

Circula de dos a cinco cambios que podrías hacer con facilidad en tu estilo de vida en lo referente a la meditación. Las decisiones más difíciles deberán ir después de que hayas adoptado las decisiones fáciles, una por semana.

Parte 1: Decisiones fáciles

- Toma diez minutos de tu hora de comida para sentarte a solas con los ojos cerrados.
- Aprende una meditación sencilla de respiración para practicarla por diez minutos en la mañana y en la noche (ve la página 215 para las instrucciones al respecto).
- Usa una técnica de conciencia plena varias veces al día (ve la página 215 para las instrucciones al respecto).
- Practica una meditación simple con mantra por diez minutos dos veces al día (ve la página 216 para las instrucciones al respecto).

- Encuentra a un amigo con quien meditar.
- Date un tiempo interno cuando lo encuentres útil, al menos una vez al día.

Parte 2: Decisiones difíciles

- Toma un curso de meditación.
- Aumenta el tiempo de meditación a 20 minutos dos veces al día.
- Haz de la meditación una práctica compartida con tu cónyuge o pareja.
- Realiza algunas posturas de yoga antes de meditar.
- Añade 5 minutos de *Pranayama* (técnica de respiración) antes de meditar (ve la página 217 para las instrucciones al respecto).
- Enseña a tus hijos a meditar.

Parte 3: Decisiones experimentales

- Investiga las tradiciones espirituales detrás de la meditación.
- Acude a un retiro de meditación.
- Conviértete en un maestro de meditación.
- Explora la posibilidad de enseñar a meditar a los ancianos.
- Explora la posibilidad de introducir la meditación en una escuela local.

Explicación de las decisiones

Las decisiones fáciles del menú tienen que ver con encontrar el tiempo mínimo durante el día para ir hacia dentro. Los medios más sencillos son una especie de meditación previa, tan sólo sentarte con los ojos cerrados, o incluso define el "tiempo interno" de la forma que quieras, siempre y cuando estés solo contigo mismo y elimines lo más posible el ruido externo y las distracciones. Por supuesto, esperamos que estés listo para la meditación misma, pero si va a ser un cambio permanente, no te apresures a adoptar un compromiso que no puedas mantener. Por fortuna, mucha gente se sorprende por la facilidad con que adoptan la meditación y disfrutan la oportunidad de tener tiempo interno todos los días.

Meditación de respiración: Esta es una técnica sencilla que toma ventaja de la conexión mente-cuerpo. Tu respiración es un ritmo corporal fundamental conectado al ritmo cardiaco, a la respuesta al estrés, la presión arterial y muchos ritmos fisiológicos. Pero también está conectada al estado de ánimo: recuerda el gran alivio que es inhalar profundo cuando estás molesta, o cómo la respiración se torna irregular cuando te sientes ansiosa o estresada. Así, una meditación de respiración ayuda a restaurar todo el sistema y brinda una relajación profunda sin esfuerzo.

La técnica es simple. Siéntate con los ojos cerrados en un lugar tranquilo. Una vez que te sientas calmado, sigue tu respiración conforme inhalas y exhalas. No fuerces tu respiración a entrar en un ritmo ni intentes que cambie. Si te distraes con sensaciones o pensamientos dispersos, vuelve a poner la atención en tu respiración sin esfuerzo. Algunas personas encuentran útil poner la atención en la punta de la nariz, donde es fácil enfocarse en la sensación de inhalar y exhalar. Continúa siguiendo tu respiración por el periodo que hayas destinado al tiempo de meditación, pero siéntate y relájate por un momento después de terminar. No saltes y entres en actividad de inmediato.

Meditación con mantra: Una de las ramas más intrincadas y sutiles de la tradición espiritual india tiene que ver con el sonido (*Shubda*). Los mantras específicos que surgieron de esta tradición fueron valorados por su efecto vibratorio, no por su significado. En la era moderna no existe un consenso sobre cómo el pensar en una palabra específica puede afectar el cerebro, y aun así miles de personas han reportado que meditar con un mantra produce una experiencia más intensa y profunda.

A veces los mantras son personalizados según los criterios bajo los cuales ha sido entrenado un maestro (como la edad de una persona, su fecha de nacimiento o diversas predisposiciones psicológicas), pero también hay mantras de uso general. Si quieres intentar la meditación con mantra, sigue la misma técnica que dimos para la meditación de respiración. Conforme inhales y exhales, en silencio pronuncia el mantra *So Hum*. El método habitual es usar *So* al inhalar y *Hum* al exhalar.

Piensa cada sílaba despacio y en silencio conforme respiras. No fuerces el pensamiento, y si te distraes regresa sin esfuerzo al mantra. Algunas enseñanzas afirman que la meditación con mantra no debería estar unida a ritmo alguno, incluido el ritmo natural de la respiración. Una técnica alterna es sentarte en silencio y pensar *So Hum*, luego soltar el mantra y pensarlo otra vez sólo cuando surja en la mente. No simplemente ignoras el mantra, sino que con suavidad recuerdas decirlo de forma regular. Es cuestión de darle preferencia sin esfuerzo frente a otros pensamientos. Pero no fijes un ritmo uniforme y nunca intentes que el mantra resuene en tu cabeza.

Una vez que hayas meditado por el tiempo previsto, es importante sentarte quieto —o mejor recostarte— y relajarte por un momento antes de volver a tus actividades. Debido a que la meditación con mantra te puede llevar a un estado muy profundo, es desagradable ponerse de pie de inmediato sin que antes tengas un periodo en el que le permitas a tu mente volver a la superficie de los pensamientos cotidianos.

Pranayama: Como la respiración está conectada de forma tan íntima a todas las actividades que ocurren en el cuerpo, podrías considerar algunas técnicas antiguas de la tradición del yoga que se centran en la respiración. Aunque éstas pueden ser muy intrincadas y toman mucho tiempo cuando alguien pretende controlar o dirigir su respiración, también hay formas fáciles de *Pranayama*, como se llaman estas técnicas. La que nosotros recomendamos es para refinar nuestra respiración junto con la relajación y el efecto calmante de tu meditación.

Siéntate derecho y exhala con suavidad por la fosa nasal izquierda y derecha de forma alternada. El ritmo es inhalar por el lado derecho y luego exhalar por el izquierdo antes de cambiar a inhalar por el izquierdo y exhalar por el derecho. De hecho, con unos minutos de práctica esto se hace muy fácil.

Primero levanta la mano derecha y coloca el pulgar sobre la fosa nasal derecha y dos dedos sobre la fosa nasal izquierda.

Cierra con suavidad la fosa nasal izquierda e inhala por la derecha. Ahora retira los dedos de la fosa nasal izquierda y exhala por ahí mientras cierras la fosa nasal derecha con tu pulgar.

Todavía no quites la mano, e inhala por la fosa nasal izquierda. Luego ciérrala con los dedos, retira el pulgar para abrir la fosa nasal derecha y exhala por ahí.

Suena complicado si lo lees, pero en esencia lo que haces es alternar el lado por el cual respiras. Quizá te resulte más fácil lograrlo si en los dos primeros intentos exhalas e inhalas primero por el lado derecho, y luego cambias la posición de tu mano y exhalas e inhalas por el izquierdo.

De cualquier modo, ve poco a poco con tu *Pranayama* y hazlo por cinco minutos antes de comenzar a meditar. La mayoría de la gente tiene una fosa nasal dominante que cambia a lo largo del día. A veces respiras más por la derecha o por la izquierda, quizá porque una fosa nasal está más abierta que la otra. El *Pranayama* está diseñado para equilibrar y refinar la respiración. Al principio puede sentirse extraño, así que si se te va el aliento o jadeas, detén la práctica, siéntate en silencio y continúa respirando de manera normal. Nunca fuerces tu respiración usando esta técnica. Cada exhalación e inhalación debe ser completamente natural. No intentes infundir un ritmo regular o hacer que tus respiraciones sean más profundas o superficiales. Adoptar el *Pranayama* requiere más disciplina que la meditación simple, pero aquellos que lo dominan reportan tener experiencias más profundas en la meditación.

La ciencia detrás de los cambios

El genoma y la epigenética están comenzando a revelar más sobre el funcionamiento de la meditación. En 2014 probamos los efectos de la meditación intensiva al evaluar la actividad de los genes a lo largo del genoma entero. El estudio se llevó a cabo en un retiro en el Chopra Center ubicado en Carlsbad, California, justo a las afueras de San Diego.

Se invitó a 64 mujeres saludables de la comunidad a quedarse en el hotel La Costa Resort por una semana —el Chopra Center tiene ahí sus instalaciones— y se les asignó de manera aleatoria a un retiro de meditación o a uno de relajación solamente, sin aprender a meditar. Como grupo de control para el estudio, el grupo del retiro de relajación pasaría el tiempo como si estuviera de vacaciones. Durante la semana se recolectaron muestras de sangre de ambos grupos y se midieron los marcadores biológicos vinculados al envejecimiento.

Además, también se evaluó cualquier cambio en el bienestar psicológico y espiritual, no sólo durante la semana sino a lo largo de los diez meses siguientes. Para el quinto día, ambos grupos experimentaron mejorías significativas en su salud mental y cambios benéficos en su actividad genética, incluida una menor actividad de los genes involucrados en el estrés defensivo y las respuestas inmunológicas (recordarás que la inflamación es una respuesta defensiva del sistema inmunitario). En el grupo de control, estos cambios benéficos fueron atribuidos a algo llamado "efecto vacacional", en el cual los niveles de estrés se minimizan y los genes que normalmente lidian con el estrés y las lesiones pueden "tomar un descanso". El cuerpo actúa como si todo estuviera bien y entonces puede apagar los genes de la respuesta al estrés.

Pero ocurrieron otros cambios en el grupo de meditación que no sucedieron en el grupo de control. Por ejemplo, se duplicó o triplicó la supresión de la actividad genética asociada con infecciones virales y la sanación de las heridas. También hubo cambios benéficos en los genes asociados con el riesgo de la enfermedad de Alzheimer. Estos cambios sugieren que sería más difícil que quienes meditaban tuvieran una infección viral, y al mismo tiempo sus sistemas estaban menos preocupados por la necesidad de sanar heridas o por la propensión a lesionarse.

Quizá el resultado específico más asombroso que se descubrió en los meditadores fue un aumento dramático en la actividad antienvejecimiento de la telomerasa. La importancia de este cambio se explica en la última edición del libro de Deepak sobre la conexión mente-cuerpo, *Curación cuántica*. En 2008 el doctor Dean Ornish, pionero en el estudio de las cardiopatías, trabajando en colaboración con Elizabeth Blackburn, ganadora del Nobel, realizó un gran avance al mostrar que los cambios en el estilo de vida mejoran la expresión genética. Uno de los cambios más fascinantes tenía que ver con la producción de la enzima telomerasa (ve en la página 81 nuestra discusión inicial sobre la telomerasa). Para recapitular brevemente, cada cadena de ADN está recubierta al final, como el punto que termina una oración, por una estructura conocida como telómero. Con la edad, parece que los telómeros se debilitan y esto hace que la secuencia genética se desteja en los extremos.

Gracias a numerosas investigaciones que lo sustentan, se cree que el aumento de la telomerasa, la enzima que construye los telómeros, podría retardar el envejecimiento de forma significativa. El estudio de Ornish y Blackburn descubrió que la telomerasa de hecho se incrementaba en sujetos que seguían el programa de estilo de vida positivo que recomienda Ornish.

El estudio del Chopra Center amplificó estos descubrimientos al observar en específico el componente mental y espiritual de un estilo de vida transformado. El programa de Ornish tiene diversos componentes, incluidos el ejercicio, la alimentación y el manejo del estrés. Bajo las condiciones de calma e introspección experimentadas por los nuevos meditadores, la telomerasa comenzó a incrementar la longevidad de los cromosomas y las células que los contienen.

Como punto de partida, la disminución del estrés durante las vacaciones induce patrones benéficos de salud. Pero los participantes que lograron meditar de forma profunda y significativa tuvieron más beneficios más allá del efecto vacacional, incluidos retraso del envejecimiento, una menor propensión a infecciones virales y la supresión de los genes que se activan para la reparación de lesiones y heridas. Es igual de importante notar que los efectos sucedieron rápido, en cuestión de días. Esto es acorde con otros descubrimientos sobre lo rápido que puede cambiar el epigenoma.

En pocas palabras: no puedes estar de vacaciones todo el año, pero puedes meditar para alcanzar los mismos resultados y más aún.

La próxima frontera. Para dar seguimiento a este estudio tan interesante, a continuación creamos un proyecto de investigación para explorar la posibilidad de inducir cambios aún más profundos. Creemos que el poder de decisión tiene un potencial infinito. Llamamos a este proyecto Iniciativa de Transformación Biológica Autodirigida (SBTI, por sus siglas en inglés). Hemos reunido a un consorcio de científicos y médicos clínicos de excelencia de siete instituciones líderes en investigación: la Universidad de Harvard, el Hospital General de Massachusetts, la Clínica Scripps, la Universidad de California en San Diego, la Universidad de California en Berkeley, la Icahn School of Medicine at Mount Sinai y la Universidad Duke. Pusimos un enfoque particular en los beneficios a la salud de las prácticas ayurvédicas tradicionales. A lo largo de al menos dos milenios, el Ayurveda ha enfatizado la importancia del equilibrio entre el cuerpo, la mente y el entorno para maximizar los poderes de rejuvenecimiento del cuerpo. El SBTI emplea métodos científicos de vanguardia para investigar los beneficios en el bienestar de una estrategia ayurvédica multifacética que incluye dieta, yoga, meditación y masaje. En vez de estudiar un resultado posible, nos enfocamos en los "sistemas integrales".

La tecnología ha hecho posible esto hoy día. El diseño de nuestro estudio controlado usa aparatos portátiles —sensores de salud móviles— y recurre a una variedad de áreas de experiencia especializadas que se expanden vertiginosamente en la actualidad: genómica, biología molecular y celular, metabolómica, lipidómica, microbiómica, análisis de la telomerasa, marcadores biológicos de la inflamación y marcadores biológicos de Alzheimer. No es necesario entrar en detalles sobre estas tecnologías, cada una de las cuales implica un enorme conocimiento especializado. (También se incluyen evaluaciones personales de resultados psicológicos en el Chopra Center.)

Cuestiones técnicas aparte, es suficiente decir que, por lo que sabemos, éste es el primer estudio clínico que usa un enfoque de sistemas integrales acerca del estilo de vida, y el Ayurveda en particular.

Mientras que la investigación médica tradicional intenta desarrollar y validar nuevos medicamentos que atacan enfermedades específicas, nosotros creemos que en un esfuerzo paralelo es cuando menos prudente seguir la pista del estilo de vida, por todas las razones que hemos expuesto en este libro. Para ser del todo honestos, el bienestar radical debe dar un paso adelante y ofrecer información válida, como lo hace ahora el SBTI.

Cambios cerebrales: Si retrocedes un poco, lo que estamos descubriendo es bastante asombroso: literalmente, la capacidad de la mente para transformar el cuerpo y hacerlo rápidamente, con dificultades mínimas. La mente incluso puede hacer que se generen nuevas células cerebrales. A partir de la década de 1970 los estudios mostraron que algo sucede en el cerebro durante la meditación, y se asemeja a la experiencia subjetiva de sentirse más calmado y relajado. Pero en la última década, las investigaciones han comenzado a mostrar que la meditación también puede producir cambios estructurales de largo plazo en el cerebro, sobre todo en regiones asociadas con la memoria. Aumenta el sentido de uno mismo y la empatía hacia los demás, y se reducen los niveles de estrés. En los sujetos que practican la meditación *mindfulness* por tan sólo ocho semanas, comienza a aumentar la actividad cerebral. En el Hospital General de Massachusetts, un equipo dirigido por investigadores afiliados a Harvard reportó estos resultados en el primer estudio que documentó los cambios producidos en la materia gris del cerebro por la meditación a lo largo del tiempo.

Lo que hace tan importante este hallazgo es que vincula lo que siente la gente cuando medita y su fisiología: la clase de prueba que exige la ciencia. El antiguo concepto era que los meditadores reportaban toda clase de beneficios fisiológicos y psicológicos cuando de hecho todo lo que hacían al meditar era entrar en un estado de relajación profunda. En el estudio de Harvard, se tomaron imágenes por resonancia magnética (IRM) de los cerebros de 16 participantes dos semanas antes del estudio y justo después de éste. También se tomaron imágenes de resonancia magnética de los participantes después de terminar el estudio. Ya se sabía que durante la meditación aumentan las ondas alfa en el cerebro. Las ondas alfa están asociadas con la relajación profunda. Estas IRM mostraron algo más permanente: materia gris más densa (es decir, más células nerviosas y conexiones) en regiones específicas como el hipocampo, que es crucial para el aprendizaje y la memoria, así como en otras áreas asociadas con la conciencia de uno mismo, la compasión y la reflexión.

Otro estudio comparó a meditadores de largo plazo con un grupo de control y descubrió que los meditadores tenían mayor volumen de materia gris que los no meditadores en áreas del cerebro superior (córtex) que están asociadas a la regulación emocional y el control de respuestas. Un famoso estudio con monjes tibetanos budistas mostró actividad en el área del cerebro asociada con la compasión.

La pérdida de materia gris (células cerebrales) y sus conexiones es algo común en el envejecimiento. Ahora parece que esta pérdida no es inevitable. Algunas personas mayores parecen estar protegidas genéticamente del deterioro de la memoria y de las células cerebrales, pero según los estándares establecidos en un estudio sobre los "superviejos", en general sólo 10 por ciento de quienes creen tener una excelente memoria de hecho la tienen. Como sea, hay mucho que aprender de estas personas. Encontrar qué es lo que los hace tan extraordinarios es una línea de investigación promisoria, y el enfoque principal son sus cerebros comparados con los de personas más jóvenes y ancianos "normales".

La ciencia en funcionamiento

La ciencia es innegable, pero se requiere algo más que ciencia para motivar a la gente, así que volvemos al tema principal del cumplimiento. Creemos que el éxito se construye a partir del éxito. Debes buscar cambios positivos en tu vida externa así como en la interna. La ciencia nos dice que los sentimientos son un indicador confiable de que los cambios cerebrales están ocurriendo. El aporte positivo de sentirte más exitoso añade algo nuevo al circuito de retroalimentación entre la mente y el cuerpo.

Hasta ahora, la conexión con el éxito externo, que a menudo reportan los meditadores, espera ser estudiada por la ciencia. Tú lo comprobarás por ti mismo. El punto es ver si tu vida exterior comienza a mostrar mejorías que sólo pueden ser explicadas por la meditación. En realidad nadie puede juzgar esto más que tú mismo. Quizá incluso albergues una creencia no tan secreta de que la meditación te vuelve más débil, menos competitivo y menos motivado. Pero la verdad es lo contrario.

Esta es una lista de los cambios que tenemos en mente. En el lapso de una semana o dos de comenzar a meditar, marca cualquiera de los siguientes resultados que empieces a notar.

Lo que la meditación aporta para mi éxito

____ Estoy tomando mejores decisiones.

____ Me siento más calmado, menos ansioso respecto a tomar una decisión.

____ Mi trabajo es más fácil.

____ Estoy más en mi zona de confort.

____ Tengo un fuerte sentido de mí mismo.

____ Mi concentración y mi enfoque están mejorando.
____ Tengo menos pensamientos distractores en la mente.
____ No soy tan dependiente de la aprobación externa.
____ Se me ocurren mejores ideas.
____ Tengo más energía en el trabajo.
____ Me entusiasma lo que hago.
____ Soy más optimista.
____ Me recupero mejor de los eventos negativos.
____ Cada vez soy mejor al leer una situación.
____ Trabajar con los demás se va haciendo más fácil.
____ Tengo más percepciones.
____ Los problemas son menos desalentadores, más bien son oportunidades.
____ Manejo mejor el estrés.
____ Puedo manejar mejor a la gente difícil.
____ Me siento más en forma.
____ Me siento mejor estructurado en general.
____ Mi estado de ánimo ha mejorado.

Los estudios como los de Ornish y Blackburn y el del Chopra Center confirman que estos beneficios tienen una base biológica. Se basan en tomar una de las decisiones difíciles: meditar por 20 minutos dos veces al día. Pero incluso si decides tomar una decisión fácil, como ocupar de 5 a 10 minutos de tu hora de comida para meditar, comenzarás a obtener los beneficios de relajar y reequilibrar tu sistema.

También podemos basarnos en el testimonio de miles de meditadores a lo largo de los años. Es un enorme cambio en el modelo occidental de trabajar duro y esforzarse para tener éxito. Nosotros lo comprendemos, pero desde nuestro punto de vista te debes a ti mismo aprovechar este avance tan importante.

SUEÑO

TODAVÍA UN MISTERIO, PERO TOTALMENTE NECESARIO

Nada ha cambiado en décadas con respecto a la recomendación estándar de dormir bien por la noche. La ciencia médica todavía no ha determinado con exactitud qué hace el sueño, pero esperar a que se resuelva el misterio es secundario. Lo principal es el hecho de que no dormir desequilibra todo tu sistema. La obesidad, que al parecer no tiene mucho que ver con el sueño, de hecho está vinculada a él muy de cerca. Se sabe que las dos hormonas que regulan el apetito, ghrelina y leptina, se desequilibran por la falta de sueño. Comemos de más cuando el cerebro no recibe las señales normales de hambre, e igual de importante, tu cerebro no sabe si ya has comido suficiente.

En la generación de nuestros padres era más fácil dormir las ocho horas recomendadas por noche. Actualmente los estadounidenses duermen 6.8 horas en promedio, justo por debajo del mínimo de siete horas que se considera saludable. Los adultos mayores duermen menos, pero no es porque necesiten dormir menos. Los descubrimientos actuales indican que un montoncito de células en el hipotálamo actúa como un "interruptor del sueño", y el número de estas células disminuye conforme envejecemos. Antes se desconocía la causa del insomnio en los adultos mayores. Ahora, al parecer están implicados los cambios en el cerebro, lo que ayuda a explicar por qué las personas de 70 años duermen en promedio una hora menos que los de 20.

Entonces, nos enfocaremos en el insomnio y no en el sueño en sí mismo. Para la mayoría de la gente el problema no es un trastorno del sueño que pueda diagnosticarse. En la tradición del Ayurveda, el insomnio tiene sus raíces en el desequilibrio del Vata, uno de los tres *dosha* o fuerzas fisiológicas básicas. El Vata, vinculado al movimiento biológico, ocasiona todo tipo de comportamiento inquieto e irregular. Cuando está en desequilibrio, a la gente se le dificulta mantener una rutina en la alimentación, la digestión, el sueño y el trabajo. Los cambios de ánimo y la ansiedad se relacionan con el Vata. Sin pedir a nadie que adopte una perspectiva ayurvédica, creemos útil ver que el Vata conecta la mente y el cuerpo de forma muy realista. El apetito, el estado de ánimo y los niveles de energía se desequilibran con la privación del sueño, el cual es un remedio natural para el desequilibrio del Vata.

A continuación enlistamos las formas en que el sueño y el Vata pueden desequilibrarse juntos.

La conexión entre el Vata y el sueño

Ambos se desequilibran con lo siguiente:
Ansiedad, depresión
Esfuerzo excesivo
Dormirse tarde
Bajas temperaturas
Comer de forma irregular, mala nutrición
Malestar emocional
Dolores y molestias físicas
Excitación, agitación
Estrés
Preocupación
Aflicción

Entorno hostil
Ruido excesivo

Para beneficiarte de la conexión entre el Vata y el sueño primero debes comprometerte de nuevo a dormir bien por la noche. Dejar que ocho horas completas se vuelvan sólo cinco o seis es correr riesgos. Si tienes un problema de insomnio, ya sea que te cueste trabajo dormir o que te despiertes durante la noche, no recurras a las pastillas: todo tipo de ayudas para dormir no equivalen a establecer un ritmo de sueño natural.

En cambio, nuestro menú de decisiones tiene que ver con poner tu mente y tu cuerpo en el marco adecuado para que el interruptor natural del sueño del cerebro se active.

Leer el menú: Como en cada sección del estilo de vida, el menú de decisiones está dividido en tres partes según su nivel de dificultad y su efectividad demostrada.

Parte 1: Decisiones fáciles
Parte 2: Decisiones difíciles
Parte 3: Decisiones experimentales

Por favor consulta las páginas 150-151 en la sección de alimentación si necesitas recordar de qué se tratan los tres niveles de decisiones. Te diríamos que debes hacer un cambio por semana en total, no uno de cada sección del estilo de vida. Pero en el caso del sueño, muchos de los cambios son tan sencillos que está bien escoger varios y permitir que se traslapen. Sin embargo, recuerda nuevamente que la intención es que los cambios que hagas sean permanentes.

Sueño: El menú de decisiones

Circula de dos a cinco cambios que podrías hacer con facilidad en tu rutina de sueño actual. Deberás elegir las decisiones más difíciles después de haber adoptado las decisiones fáciles.

Parte 1: Decisiones fáciles

- Oscurece tu habitación lo más posible. Las cortinas o persianas opacas son la mejor opción. Si no es posible tener oscuridad total, usa un antifaz para dormir.
- Haz que tu cuarto esté lo más silencioso posible. Si no puedes alcanzar un silencio perfecto, usa tapones para los oídos. También se aconsejan si los ruidos de la mañana te despiertan.
- Asegúrate de que tu habitación esté agradablemente cálida y libre de corrientes de aire.
- Toma un baño tibio antes de ir a la cama.
- Toma un vaso de leche de almendra tibia antes de ir a la cama. (Es rica en calcio y promueve la melatonina, una hormona que ayuda a regular el ciclo de sueño/vigilia.)
- Medita por diez minutos sentada derecha sobre la cama, y luego deslízate y recuéstate en tu posición para dormir.
- Evita leer o mirar la televisión desde media hora antes de irte a la cama.
- Toma una caminata relajante antes de ir a dormir.
- Toma una aspirina una hora antes de dormir para calmar dolores y molestias menores.
- No tomes café o té con cafeína desde tres horas antes de ir a la cama.
- Usa las horas de la noche después del trabajo como tiempo para relajarte.
- Medita en la noche después de volver a casa del trabajo.

- Encuentra formas de liberarte del estrés: lee la sección sobre estrés (página 179).

Parte 2: Decisiones difíciles

- Mantén regular tu rutina de sueño, ve a la cama y despierta a la misma hora todos los días.
- Saca la televisión de tu habitación. Que tu habitación sea un lugar para dormir.
- Presta atención a los signos de ansiedad, preocupación y depresión.
- No te lleves trabajo a casa.
- Pide a tu pareja o cónyuge que te dé un masaje antes de dormir.
- No tomes alcohol por la noche.
- Compra un colchón más cómodo.

Parte 3: Decisiones experimentales

- Experimenta con hierbas y tés herbales tradicionalmente asociados con dormir bien: manzanilla, valeriana, lúpulo, pasiflora, lavanda, kava kava (nota que estos no son remedios probados por la ciencia).
- Prueba la terapia cognitiva (ve la página 233).
- Hazte un chequeo en una clínica de trastornos del sueño.
- Intenta un masaje con aceite de ajonjolí.
- Prueba remedios ayurvédicos de hierbas para el desequilibrio del Vata (muchas preparaciones sin receta se pueden comprar en internet o en tiendas de alimentos saludables).

Explicación de las decisiones

La conexión Vata vincula la mayoría de las decisiones a las recomendaciones de la medicina occidental sobre el insomnio. Sólo algunas cosas necesitan explicarse más ampliamente. Para empezar, las cosas que se pasan por alto y que mantienen a mucha gente despierta son demasiada luz en la habitación, demasiado ruido y dolores y molestias menores que no notamos hasta que nos vamos a dormir. Si tienes falta de sueño porque te despiertas a media noche o demasiado temprano por la mañana, atiende estos tres factores como remedios iniciales.

La tendencia a perder sueño conforme envejecemos tiene un vínculo con el Vata, ya que según el Ayurveda, este *dosha* aumenta con la edad. Es prudente no dar por sentado el sueño incluso si has disfrutado siempre un sueño bueno y profundo. Adopta nuestras recomendaciones pronto para prevenir problemas futuros. La falta de sueño ha sido asociada con el desencadenamiento del Alzheimer: ve la página 348 para una exposición fascinante de la conexión entre el Alzheimer y el sueño, en cuya resolución Rudy tuvo un papel muy importante. La falta de sueño también se asocia a la presión arterial alta, que tiende a aumentar cada década conforme envejecemos.

El *masaje* es muy relajante, por supuesto, y si tienes una pareja o cónyuge muy cooperativo podrías convencerlo de masajearte el cuello y los hombros por unos momentos antes de dormir. El Ayurveda aconseja el *Abhyanga*, un masaje cotidiano específico con aceite de ajonjolí, para estabilizar el Vata. Es un procedimiento simple aunque un tanto caótico. Entibia unas cuantas cucharadas de aceite de ajonjolí puro (lo puedes encontrar en tiendas de alimentos saludables, pero no emplees el tipo más oscuro, que se utiliza en la cocina asiática). Siéntate en el piso sobre con una toalla grande por si chorrea, y suavemente masajea con el aceite los brazos, las piernas, el cuello y el torso.

No es necesario aplicar más que una mínima capa de aceite, y la mejor hora para hacerlo es por la mañana, después de bañarte. El Abhyanga es considerado el remedio máximo para el Vata, y además previene que contraigas enfermedades relacionadas con el Vata como resfriados e influenza, pero requiere compromiso para hacerlo de forma permanente.

La *terapia cognitiva* ha mostrado ser efectiva en ocasiones para aquellos con un insomnio de mucho tiempo. En dichos casos, casi siempre hay un precio psicológico que pagar. Estar despierto en la cama es molesto y desalentador. Quienes tienen insomnio se frustran cada vez más. Odian la falta de energía y el pensamiento confuso que les provoca la falta de sueño. La terapia cognitiva busca revertir el pensamiento negativo que se ha establecido como resultado de tantas asociaciones negativas con la falta de sueño. Revisa si muestras los siguientes patrones mentales y comportamiento:

Temes que llegue la noche, porque tienes la seguridad de que otra vez no podrás dormir.
No te gusta tu cama ni tu habitación.
Te preocupa que no estás durmiendo nada.
Das vueltas en la cama con frustración.
Te obsesiona no poder dormir.
Te sientes víctima.
Culpas al insomnio de todos tus problemas.
Te vas a la cama muy tarde porque sabes que de todas formas no vas a dormir.
Te levantas en medio de la noche para leer o ver televisión.

Estos arraigados hábitos mentales y de comportamiento empeoran el insomnio, así que vale la pena experimentar con algunos pasos cognitivos que puedes emprender por ti mismo, sin tener que recurrir a un terapeuta o acudir a una clínica de trastornos del sueño. Primero viene el pensamiento positivo que luego respalda la ciencia más reciente.

- El insomnio casi siempre es temporal y está vinculado al estrés. Desaparece cuando la vida cotidiana se vuelve menos estresante.
- Quienes padecen insomnio de hecho duermen en algún punto durante la noche, aunque crean que no.
- El sueño MOR (de movimientos oculares rápidos, REM por sus siglas en inglés, o sueño profundo) es un estado que puede alcanzarse bastante rápido, incluso en una siesta corta a medio día.
- Contrario a lo que se creía antes, puedes ponerte al día con la falta de sueño al dormir más horas los fines de semana.
- El cerebro puede permanecer alerta con poco sueño por unas horas. Con tan sólo seis horas de sueño puedes estar alerta y funcional por un rato antes de que te empieces a sentir cansado.

Enfócate en estos pensamientos positivos para eliminar algunas preocupaciones acerca del insomnio. Sé realista acerca de los problemas que te está provocando; no acumules problemas nuevos o imaginarios. Haz que tu meta sea dejar de pensar en la falta de sueño y enfoca tus energías a resolver el problema. Segundo, para superar la sensación de ser una víctima, escribe una lista de las cosas que harás para resolver el problema, y luego llévalas a cabo. Tercero, no permitas que tu cónyuge o pareja contribuyan al problema al mantener la luz encendida después de que te vayas a dormir, o por roncar o moverse demasiado en la cama. Si por algún motivo no pueden dormir separados, pide a tu pareja que te ayude a resolver este problema.

Si tomas el insomnio como un reto y no como una aflicción, tu estado mental cambiará. Hemos sugerido muchas soluciones, e innumerables personas en tu situación han aprendido a dormir bien por la noche. No hay motivo por el cual no puedas hacerlo tú también.

La ciencia detrás de los cambios

La incapacidad de la ciencia para explicar los mecanismos o el propósito del sueño se ha reducido a un chiste en las escuelas de medicina: "La única función sólidamente establecida del sueño es curar la falta de sueño". A la fecha, los investigadores del sueño se han enfocado en el cerebro más que en el genoma. Sabemos que la actividad cerebral cambia durante el sueño, y algunos descubrimientos básicos, como la necesidad del sueño REM, surgieron hace décadas. También se está volviendo claro que cuando el sueño normal se deteriora, es una señal sutil de que suceden otras cosas. Por ejemplo, algunas personas que sufren de depresión severa reportan que el primer signo de que se aproxima un ataque es que ya no duermen bien. Al atender de inmediato su sueño irregular a veces pueden prevenir que llegue el ataque.

También se ha vuelto evidente que los ritmos del sueño varían de persona a persona. En la terminología de la investigación del sueño existen "gorriones" (los que se levantan temprano) y "búhos" (los que se levantan tarde), cuyos hábitos de sueño son de por vida. No se sabe cómo es que se fijan esos hábitos, y esto podría ser un área fructífera para ser explorada por la epigenética, ya que es por medio de las marcas epigenéticas que la predisposición genética se cruza con la experiencia. Se sabe que interrumpir el ritmo natural de sueño de una persona tiene implicaciones en todo el cuerpo. Por ejemplo, quienes trabajan de noche nunca se adaptan totalmente a su horario antinatural de sueño y vigilia. Unos 8.6 millones de estadounidenses trabajan por la noche o rotan turnos y tienen mayor riesgo de sufrir enfermedades cardiovasculares, diabetes y obesidad. Debido a que las mismas condiciones se asocian con la inflamación, ahí podría haber un vínculo fuerte.

La sociedad también podría estar pagando un precio al fijar demasiado temprano la hora de entrada a las escuelas. Los maestros se quejan de que los estudiantes de enseñanza media están tan somnolientos que en esencia se duermen en las dos primeras clases. Los adolescentes necesitan dormir más que los adultos, entre 8 y 10 horas, pero un estudio descubrió que sólo 15 por ciento de los adolescentes duerme 8.5 horas de sueño o más por noche. Cuarenta por ciento duerme seis horas o menos. El patrón del adolescente promedio de horarios irregulares y dormirse tarde conduce a problemas que se pueden prevenir con facilidad. La hora ideal para que un adolescente se vaya a dormir son las 11 de la noche. Esto implica que la escuela debería comenzar más tarde. Se ha generado un debate nacional al respecto entre los educadores. Al menos un distrito escolar experimentó empezar el día una hora más tarde y descubrieron que las calificaciones en los exámenes de los estudiantes de enseñanza media aumentaron de forma significativa.

La ciencia se beneficiaría de saber por qué necesitamos dormir. ¿Acaso el cerebro necesita descansar un rato? ¿Se está restaurando, o quizá entra en un modo en el que sana el daño potencial o crea nuevas células? La evidencia apunta en muchas direcciones. De acuerdo con el conocimiento de la psiquiatría moderna, la teoría de Freud de que los sueños son mensajes disfrazados acerca del estado del inconsciente de una persona no parece ser válida (por supuesto, hay quien rechaza esto). Actualmente se cree que los sueños y las imágenes que generan son en esencia aleatorios. Pero también esto está abierto a conjeturas. La neurociencia apenas puede mejorar la observación de Shakespeare cuando el culpable Macbeth no puede dormir. "El sueño inocente. El sueño que devana una maraña de desvelos. El morir de la vida diaria. Baño de fatigas, bálsamo de almas laceradas. El sueño, plato fuerte de la gran naturaleza, sustento mayor del festín de la vida."

Pero cualquier comprensión plena del sueño debe tener sus raíces en cómo evolucionamos. Eso es seguro; por lo tanto, los genes son cruciales en alguna forma que aún desconocemos. Deepak coescribió un artículo sobre el sueño con un experto académico, el doctor Murali Doraiswamy, profesor de psiquiatría en la Universidad Duke. Como los vínculos genéticos entre el sueño de humanos y animales son fascinantes, pensamos en proporcionarte algunos conocimientos básicos, aunque no apliquen de ninguna manera práctica a la manera en que duermes.

Su artículo afirma que los bebés pasan la mayor parte del día durmiendo, ¿pero por qué? ¿Por qué las soluciones creativas a veces llegan en el sueño o poco después de despertar? ("Un problema que por la noche parece difícil a menudo se resuelve por la mañana después de que el comité del sueño ha trabajado en él": John Steinbeck.) ¿Acaso las plantas pasan por ciclos de descanso que son equivalentes al sueño?

Estos enigmas se han vuelto más actuales por un estudio reciente con ratones que mostró que uno de los roles del sueño puede ser limpiar del cerebro la basura acumulada. Sin embargo, si esta es la única explicación, ¿por qué entonces necesitamos pasar inconscientes un tercio de nuestro día, acaso la evolución no pudo haber desarrollado un sistema para limpiar la basura mientras estamos despiertos (como orinar o defecar)?

Echemos un vistazo a algunos hechos que pueden ayudarnos a resolver los misterios del sueño y comprenderlo. El sueño es un estado en el que la conciencia del organismo se reduce o está ausente, y éste pierde la capacidad de usar todos los músculos no esenciales (en el sueño profundo básicamente estás paralizado y no puedes mover tus extremidades). Desde el nacimiento hasta la vejez se dan cambios dramáticos en la cantidad de tiempo que los humanos pasamos en diversas etapas del sueño así como en el sueño en general. Los bebés duermen 15 horas o más, las cuales se reducen a 10 u 11 para niños y adolescentes, 8 horas para los adultos y 6 para los ancianos (aunque necesiten las mismas ocho horas que cuando eran jóvenes).

La cantidad de tiempo en sueño REM *versus* no-REM también disminuye a lo largo de la vida. Los bebés prematuros duermen casi todo su sueño (un 75 por ciento) en REM, mientras que los bebés a término pasan alrededor de 8 horas en REM, lo cual cae a 1 o 2 horas por noche en los adultos. Durante el sueño REM el cerebro muestra una alta actividad (ondas gamma) y un alto flujo sanguíneo, a veces incluso más que durante la vigilia, y los científicos creen que es entonces cuando el cerebro ensaya y consolida acciones y memorias. Uno sólo puede preguntarse qué es lo que sueña un recién nacido, que pasa 8 horas en sueño REM, con tan poca experiencia despierto.

La mayoría de las especies animales que han sido estudiadas parecen dormir. Muchos primates, como los monos, duermen tanto como nosotros, unas diez horas. Los delfines y otras criaturas marinas pueden dormir con la mitad de su cerebro despierto (sueño unihemisférico) para protegerse de los depredadores: el sueño total de ambos lados del cerebro podría provocar que se ahoguen. Aún existe polémica sobre si las aves migratorias pueden dormir mientras vuelan (con un ojo abierto, como hacemos los humanos cuando tomamos una siesta sin recostarnos). Por algún motivo, al menos en cautiverio, los carnívoros (como los leones) necesitan más sueño que los herbívoros (como los elefantes y las vacas): ¡no sabemos si lo mismo aplica para los humanos carnívoros y los veganos!

Todas estas cosas interesantes ilustran cómo el sueño está programado en nuestros genes y comportamientos. Pero el sueño parecería ser un deficiente rasgo de supervivencia en lo que concierne a la evolución. Como el sueño ponía a nuestros ancestros (y a otras criaturas) en riesgo de ser atacados por depredadores, los beneficios debían superar a los riesgos: eso es lo único en que concuerdan los científicos. A diferencia de los humanos, algunos animales (por ejemplo, los delfines recién nacidos) pueden sobrevivir a la falta de sueño por un par de semanas sin daño aparente. Sin embargo, en la mayoría de las especies, después de no dormir por largo tiempo la temperatura corporal y el metabolismo se vuelven inestables y mueren. Se cree que el periodo más largo que un ser humano ha sobrevivido a la privación del sueño ha sido de dos semanas, pero varias deficiencias físicas y mentales suceden mucho antes: la capacidad para manejar se ve bastante afectada después de una noche de poco sueño.

Finalmente, el sueño está relacionado con el estado de ánimo: es extraño que la privación del sueño puede poner a la gente feliz y a veces maniaca. Hace décadas los médicos aprovecharon esto al intentar tratar la depresión (una estrategia errónea, ahora que reconocemos el vínculo entre la depresión y dormir mal). Se han atribuido numerosos avances creativos a los sueños, como la tonada de la canción *Yesterday* de Los Beatles (Paul McCartney), la estructura del carbono y el benceno (August Kekulé) y la máquina de coser (Elias Howe). De hecho, el descubrimiento de la acetilcolina, un químico que regula muchos aspectos de los sueños, le llegó a Otto Loewi en sueños durante dos noches consecutivas en 1921. En la primera noche, despertó y garabateó algunas notas en su diario que, al leerlas por la mañana, no pudo comprender. En la segunda noche, tuvo bastante suerte de escribirlas de manera más legible. El experimento subsecuente de Loewi basado en sus sueños hizo que ganara el Premio Nobel. Incluso Rudy tuvo sueños que lo ayudaron a encontrar uno de los genes del Alzheimer a partir de fotografías históricas que adornaban las paredes del Hospital General de Massachusetts, cerca de su laboratorio.

La experiencia común nos invita a aceptar la sencilla conclusión de Shakespeare de que el sueño "teje de nuevo la deshilachada manga de nuestra mente". Pero sin una comprensión más plena de la conciencia misma, todos los argumentos están a la deriva en la misma oscuridad que habitamos cada vez que dormimos.

Hacer realidad la ciencia

Cuando se trata de aplicar la ciencia del sueño, te preguntarás: "¿Cuál ciencia?" Pero hay suficiente información acerca de la privación del sueño para enfatizar la necesidad de dormir bien por la noche a todas las edades, con consecuencias perjudiciales si no lo haces. No te engañes y creas que te has entrenado a estar bien con menos de 7 horas de sueño por la noche: sólo una fracción de la población adulta cae en esta categoría.

¿Y la conexión genética? Sabemos que el ritmo de sueño diario, o circadiano, lo mantienen genes de "reloj" que operan por medio de sofisticados circuitos de retroalimentación. Una red completa de estos genes de reloj despliega una actividad rítmica aunque, una vez más, se desconoce cómo ocurre esto. Ciertas variantes en los genes de reloj están asociadas con que seas una persona matutina o nocturna. Hasta ahora, los intentos de vincular las perturbaciones del sueño con trastornos neuropsiquiátricos han derivado en la identificación de mutaciones genéticas en los genes de reloj asociadas a trastornos raros del sueño.

También se ha mostrado que la epigenética regula nuestros ritmos circadianos y de hecho puede estar vinculada muy de cerca a los trastornos del sueño. Como las interrupciones de los ritmos de sueño se han relacionado con varios trastornos, como Alzheimer, diabetes, obesidad, cardiopatía, cáncer y enfermedades autoinmunes, debemos explorar más ampliamente el vínculo epigenético con la regulación del sueño.

Se está haciendo algún progreso. Un gen de reloj específico, llamado CLK, sirve como un regulador maestro de nuestro ciclo del sueño al encender y apagar epigenéticamente otros genes del ritmo circadiano (ciclo del sueño). El hecho es que cientos de genes siguen un ciclo de 24 horas de actividad variable, y muchos de estos genes afectan tu ciclo del sueño y por lo tanto tu salud. Como ya se ha mostrado que la epigenética modifica las actividades de estos genes del ciclo del sueño, se deduce que una variedad de cambios en el estilo de vida que afectan nuestra epigenética muy probablemente influyen en nuestro ciclo del sueño.

Será muy importante comprender qué actividades del estilo de vida y experiencias nos permitirán dormir de forma regular o provocarán falta de sueño, junto con aquello a lo que estamos expuestos. Como mínimo, el estrés debe estar involucrado en la falta de sueño. Previamente examinamos cómo el estrés es uno de los factores que más contribuyen a cambios epigenéticos que derivan en enfermedades. Pero hemos llegado a una pregunta del tipo "el huevo o la gallina", porque la privación del sueño causa estrés y viceversa. Es necesario realizar más descubrimientos epigenéticos.

Nuestras recomendaciones para curar el insomnio también son útiles si disfrutas de un sueño normal, porque pueden mejorar su calidad. El interruptor cerebral del sueño está enlazado a dos actividades opuestas: excitación y relajación. La excitación nos mantiene despiertos, y nos despierta como si estuviéramos dormidos. Un ejemplo de excitación es cuando un ruido fuerte te despierta por la noche, al igual que la luz brillante directo a los ojos o una llave que gotea.

Estos detonantes externos pueden ser manejados con poco esfuerzo, pero está el problema sutil de la excitación interna, que es más difícil de manejar. Un ejemplo de excitación interna es cuando la preocupación te mantiene despierto por la noche: el cerebro se niega a relajarse, a soltar y a dejar de pensar. Algunos detonantes internos son físicos, como cuando el dolor o la necesidad de vaciar la vejiga te despiertan a mitad de la noche. Pensamos que aquí es útil la conexión Vata, porque el Ayurveda da por hecho que el cuerpo y la mente trabajan juntos, lo cual es verdad cuando se trata del sueño.

En términos occidentales, los detonantes de la excitación envían demasiadas señales al circuito de retroalimentación del cerebro. La preocupación, la ansiedad y la depresión se perpetúan a sí mismas. A menos que se encuentre una forma de romper su repetitividad, los mismos pensamientos vuelven de forma obsesiva, lo cual interrumpe la señal a la que el cerebro debería prestar atención, la señal de dormir. La recomendación del Ayurveda de evitar estimular demasiado la mente antes de dormir es muy sensata para nuestra fisiología. Los estímulos derivan en excitación. Es bastante fácil hacer que tus noches sean más relajantes bajo circunstancias normales, pero la ansiedad y la depresión plantean sus propias dificultades especiales. Esto es particularmente cierto cuando alguien se ha habituado tanto a la preocupación o a los pensamientos negativos en general, que el interruptor del sueño del cerebro queda marginado, por así decirlo.

Lo opuesto a la excitación es la relajación, una actividad que la gente moderna reserva para los márgenes del día. Se relajan cuando les queda tiempo para hacerlo después del trabajo, en vez de que sea una actividad primordial. Lo que se necesita es un nuevo modelo de cómo debería operar un cerebro muy activo. ¿Qué se puede hacer para contrarrestar la tendencia a buscar cada vez más estimulación, mientras que drásticamente nos privamos a nosotros mismos de la relajación?

La versión más creíble del cerebro plenamente integrado es la propuesta por un psiquiatra y neurocientífico entrenado en Harvard, el doctor Daniel J. Siegel, que ahora está en la Escuela de Medicina de la Universidad de California en Los Ángeles, y quien ha dedicado su carrera a examinar la neurobiología de los estados de ánimo y mentales de los seres humanos. En nuestro libro *Supercerebro* apoyamos con entusiasmo la idea básica de Siegel de que el cerebro necesita todo un "menú" de actividades durante el día. Por favor lee ese debate para una exposición completa de este tema. Aquí lo que queremos resaltar son tres decisiones del menú de las que muchas personas carecen: tiempo interno, tiempo de descanso y tiempo de juego.

En la sección de meditación hablamos de pasar "tiempo interno" todos los días. Como su nombre lo dice, este es tiempo que dedicas a estar en tu interior y experimentar la mente en su estado más calmado y pacífico, pero también en su mayor profundidad. En tiempo de descanso no piensas en el trabajo y las obligaciones, tan sólo "vegetas" por un rato. Recostarte bocarriba en el pasto a mirar las nubes es el tipo ideal de tiempo de descanso. El tiempo de juego no necesita explicación, ¿pero cuántos de nosotros nos tomamos unos momentos cada día para jugar, reír y divertirnos? La investigación de Siegel indica que cuando un paciente busca psicoterapia, añadir estas actividades cerebrales ignoradas tiene enormes efectos curativos. Sus cerebros no están funcionado por completo por la falta de ciertas actividades imprescindibles para una vida plena y satisfactoria, incluidos los estados de ánimo y las emociones normales.

Sólo es cuestión de tiempo para que la sobreestimulación sea vinculada a cambios epigenéticos y a la inflamación. Pero en vez de esperar a que la ciencia lo dicte, revisa tu vida cotidiana. Si al final del día estás exhausto, con exceso de trabajo y no tienes tiempo para relajarte, si no te ríes o no sientes alegría simplemente por estar aquí, estas son señales a las que deberías prestar atención. El sueño esconde sus misterios, pero los beneficios de la relajación y los riesgos de la sobreestimulación son bastante claros. Cuando comiences a equilibrarte y a evitar la excitación, tu cerebro volverá a un estado natural de armonía, y los resultados mejorarán tu sueño.

EMOCIONES

CÓMO ENCONTRAR UNA PLENITUD MÁS PROFUNDA

El tema de las emociones es muy vasto, pero hay algo que es verdad para todos. El estado emocional más deseable es la felicidad. Aunque la felicidad es un estado mental, el cuerpo es afectado profundamente por nuestros estados de ánimo. Los mensajes químicos le dicen a cada célula cómo te sientes. A su propia manera, una célula puede estar contenta o triste, agitada o en paz, jubilosa o desesperada. El supergenoma confirma ampliamente este hecho. Si alguna vez se te ha encogido el estómago por miedo, el "cerebro intestinal" está escuchando tu emoción, y cuando la depresión aflige a varias generaciones en una familia, las marcas epigenéticas pueden estar jugando un papel clave. Según la mayoría de las encuestas, alrededor de 80 por ciento de la gente se describe a sí misma como feliz, pero otra investigación indica que cuando mucho sólo a cerca de 30 por ciento le va bien, mientras que los índices de depresión, ansiedad y estrés continúan en aumento.

Es muy poco probable que algún día se descubra el "gen de la felicidad". La nueva genética indica que en enfermedades complejas como el cáncer posiblemente están involucradas cientos de mutaciones genéticas separadas. Las emociones son mucho más complejas que cualquier enfermedad. Pero no necesitamos descubrir el gen de la felicidad. En cambio, deberíamos contribuir de la forma más positiva posible con el supergenoma y confiar en que este generará un resultado positivo. Puede tomarle décadas a la ciencia correlacionar la compleja actividad genética que produce la felicidad; mientras tanto, el supergenoma conecta todas las aportaciones que la vida nos da.

Contrastemos el tipo de contribución que fomenta la actividad genética benéfica con el tipo que genera daño. Ambas listas contienen cosas con las que ya estás familiarizado, pero es bueno ver todo reunido en un mismo sitio.

Contribuciones positivas al supergenoma

12 cosas que refuerzan la felicidad

Meditación
Amor y afecto
Trabajo satisfactorio
Escapes creativos
Pasatiempos
Éxito
Ser apreciado
Ser de utilidad
Alimento, agua y aire saludables
Fijar metas de largo plazo
Estar en buena forma física
Rutina cotidiana libre de estrés

Es difícil imaginar que no es feliz alguien cuya vida cotidiana contiene estos aspectos. De igual manera, deben evitarse las cosas que el supergenoma lee como negativas.

Contribuciones negativas al supergenoma

14 cosas que dañan la felicidad

Estrés

Relaciones tóxicas

Trabajo aburrido e insatisfactorio

Ser ignorado y no reconocido

Tener distracciones constantes durante el día

Hábitos sedentarios

Creencias negativas, pesimismo

Alcohol, tabaco y drogas

Comer cuando ya estás satisfecho

Alimentos procesados y comida rápida

Enfermedad física, en especial si es dolorosa

Ansiedad y preocupación

Depresión

Amigos infelices

Los dos lados de la experiencia humana rivalizan todo el tiempo por obtener nuestra atención, y hay que reconocer que a la mayoría de la gente le resulta difícil sanar las cicatrices de las experiencias negativas. Ciertamente es útil añadir aportaciones positivas: si no fuiste amado cuando eras niño, ser amado como adulto hace una gran diferencia. Pero la felicidad nunca será biológicamente diseñada. Hasta que lleguemos a la parte III, que habla de la conciencia y el genoma, el misterio de las emociones seguirá siendo un misterio. Todas las decisiones que ofrecemos en cuanto al estilo de vida valen la pena. No lo dudes. Pero el rastro de pistas nos lleva aún más lejos.

Leer el menú: Al igual que en cada sección del estilo de vida, el menú de decisiones está dividido en tres partes, de acuerdo con el nivel de dificultad y su efectividad demostrada.

Parte 1: Decisiones fáciles
Parte 2: Decisiones difíciles
Parte 3: Decisiones experimentales

Por favor consulta las páginas 150-151 en la sección de alimentación si necesitas recordar de qué se tratan los tres niveles de decisiones. Deberás hacer un cambio por semana en total, no uno de cada sección del estilo de vida. Recuerda que la intención es que las decisiones que tomes sean permanentes.

Emociones: El menú de decisiones

Circula de dos a cinco cambios que podrías hacer con facilidad en tu actual estilo de vida con respecto a las emociones. Deberás elegir las decisiones más difíciles después de haber adoptado las decisiones fáciles.

Parte 1: Decisiones fáciles

- Escribe cinco cosas específicas que te hacen feliz. A diario, realiza de forma consciente una de ellas.
- Expresa gratitud por una cosa al día.
- Expresa aprecio por una persona cada día.
- Pasa más tiempo con gente feliz y menos tiempo con gente que no lo es.
- Fija una política de conversar sólo sobre buenas noticias a la hora de comer.

- Cuando te vayas a dormir por la noche, date un momento para revisar en tu mente las cosas buenas que te sucedieron en el día.
- Fija una cita nocturna semanal con tu pareja o cónyuge.
- Haz una cosa a la semana que le dé a alguien más un momento de felicidad.
- Haz que el tiempo de ocio sea creativo, más allá de ver la televisión o navegar en internet.

Parte 2: Decisiones difíciles

- Fíjate una meta valiosa de largo plazo y persíguela. Lo mejor es una meta para toda la vida (ve la página 252).
- Encuentra algo que te apasione.
- Reduce tu exposición a las malas noticias en los medios: confórmate con un programa de noticias o una noticia en línea.
- Usa las listas de contribuciones negativas y positivas todos los días (ve las páginas 246-247).
- Cuando una situación te cause infelicidad, aléjate lo más pronto que puedas.
- No descargues tu negatividad en los demás; da mejor empatía y comprensión.
- Haz una cosa al día que le dé a alguien más un momento de felicidad.
- Aprende a lidiar con la negatividad después de calmarte, y no en el calor del momento o con ansiedad.

Parte 3: Decisiones experimentales

- Escribe tu visión personal de una vida más elevada.
- Encuentra un hábito autodestructivo y escribe un plan para superarlo.

- Explora en tu pasado para encontrar el tiempo en que fuiste más feliz y aprende de él.
- Dedícate a mejorar tu inteligencia emocional (ve la página 261).

Explicación de las decisiones

El bienestar está en función de la felicidad, pero la mayoría de la gente no se da cuenta de ello. En cambio, permiten que su estado emocional vaya a la deriva. Hace poco una mujer de casi 60 años consultó a Deepak: insistía en que llevaba un estilo de vida muy cuidadoso para eliminar la comida dañina. Hacía ejercicio de forma regular, era muy exitosa, dueña de su propio negocio y le encantaba su trabajo. ¿Entonces por qué estaba afligida por dolores y molestias junto con insomnio crónico, agotamiento y un estado de ánimo levemente depresivo todo el tiempo?

Le tomó media hora enlistar todas las particularidades de su estilo de vida, y luego Deepak le hizo una sencilla pregunta en torno al insomnio de la mujer. Era obvio que dormir sólo seis horas por noche era lo que causaba casi todos sus problemas.

"¿Qué has hecho para mejorar tu sueño?", preguntó.

"En realidad nada", respondió ella. La mujer ya había revelado que su marido roncaba, que el perro llegaba a saludarla al amanecer y saltaba a la cama, y que el ruido más mínimo del exterior la despertaba. Deepak señaló algunos remedios simples, pero ella apenas lo escuchaba.

"Espera un segundo", dijo Deepak. "¿Crees que es importante cuidarte a ti misma?"

Ella bajó la cabeza. "Sé que no soy buena en eso."

"Pero eres meticulosa en muchas cosas, como en tu alimentación."

Ella tenía una mirada aún más culpable. "Lo hago por mi familia. Sin mí, no comerían nada."

Ahora la imagen era más clara. Ella era una persona que se agobiaba garantizando el bienestar de todos menos el suyo. El sacrificio estaba incluido en su idea personal de felicidad. El problema es que lo había llevado demasiado lejos. Se olvidó de sí misma en el camino y cargaba con una gran cantidad de estrés porque eso se ajustaba a su concepto de ser una buena esposa y madre.

La solución a corto plazo era que ella hiciera algo con respecto a su insomnio. Pero la solución a largo plazo era más difícil. Debía reentrenarse a sí misma para creer que su propia felicidad era importante. Había dejado que su estado emocional fuera a la deriva, y por lo tanto no estaba realmente conectada con ningún estado de bienestar real. Su buen matrimonio y sus logros estaban siendo minados, así como las prácticas positivas en su estilo de vida, las cuales cumplía con tanto cuidado.

Todos nosotros soportamos un sufrimiento significativo en nuestras vidas y no intentamos realizar cambios. Por eso es que nuestras decisiones fáciles tienen que ver con voltear a ver lo que te hace feliz, y de hecho pensar en cosas específicas todos los días. Por ejemplo, necesitas experimentar lo que es valorar a otra persona. El aprecio, al igual que el amor, no es teórico. El sentimiento real debe registrarse en el cerebro, y una vez que lo hace, el circuito de retroalimentación mente-cuerpo tiene algo real que procesar.

Cuando por la noche te tomas unos momentos para revisar lo bueno que te sucedió durante el día, refuerzas todas las experiencias positivas. Al recordarlo de forma consciente, reentrenas a tu cerebro. Tiene lugar una especie de proceso de filtro. Seleccionas sólo las cosas que deseas reforzar, y filtras las cosas mundanas, irrelevantes y negativas. Una vez que esto se vuelve un hábito, comienzas a experimentar un cambio real en tu vida personal. Te sorprenderá lo mucho que has ignorado o subestimado. La vida no es buena por sí misma; tú debes responder bien a ella.

En las decisiones difíciles, te pedimos que profundices en lo que te hace feliz interiormente. Todos recibimos el bombardeo de los medios que trata de convencernos de que el consumismo conduce a la felicidad, pero muy pocos mensajes apuntan en la dirección correcta, hacia la felicidad como un estado interno. Este es otro motivo para tomar decisiones conscientes: nadie lo hará por ti. Sólo tú puedes desintoxicarte del ciclo noticioso de 24 horas que nos inunda de negatividad. Sólo tú puedes encontrar algo que te apasione.

De forma inconsciente has abarrotado tu mente con años y años de experiencias que guardan recuerdos de tragedias, desastres, decepción y frustración. En la tradición védica (la antigua tradición de sabiduría de India) estos recuerdos residen en *Chit Akasha* (cuyo significado literal es "espacio mental"), y es en tu *Chit* (conciencia) donde construyes un yo. No hay compartimentos separados para los pensamientos, los recuerdos y las experiencias que son objetivas, impersonales y por lo tanto desinteresadas. Como una duna de arena que reúne mil millones de granos de arena, los vientos de tu vida han depositado partículas de experiencia en *Chit Akasha*, donde se han vuelto parte de ti. Una duna de arena no tiene más opción que ser un depósito pasivo de cualquier resto que llegue a ella, pero tú puedes elegir no exponerte a experiencias que constituyen aportaciones negativas (para mayor referencia ve las listas en las páginas 246-247).

Metas valiosas: De manera cotidiana, la decisión más valiosa del menú es quizá la recomendación de consultar las listas de contribuciones negativas y positivas. Es muy enriquecedor recordarte a ti mismo maximizar lo positivo y minimizar lo negativo. Sin embargo, le damos mucha importancia a ser felices de por vida, y eso depende más que nada de fijarte una meta valiosa que pueda alcanzarse tras un largo periodo de tiempo. El placer momentáneo no tiene el impacto de una meta que tardas años en conseguir, en la que cada paso añade más significado y propósito a tu existencia.

¿Cuál será tu meta valiosa? Esta es una decisión única e importante. Para algunas personas es profundamente satisfactorio criar a un hijo para que disfrute de una adultez plena, o bien desarrollar una pasión por obras de caridad. Existen metas tan nobles como alcanzar estados de conciencia más altos, o tan prácticas como fundar un negocio familiar. No tienes que decidir de una vez por todas. Tu meta puede y debería evolucionar. La clave para encontrar una meta que se prolongará por largo tiempo es estar consciente de ti mismo. La felicidad duradera está ligada a saber quién eres y para qué estás aquí.

Nadie es capaz de ser todo. En India, la búsqueda que te permitirá prosperar en la vida se conoce como Dharma. La palabra Dharma proviene de una raíz que significa "sostener". Se cree que si estás en tu Dharma, el universo te sostendrá. Pero cada uno de nosotros debemos probar esta teoría por nosotros mismos. La gente moderna es afortunada por tener la libertad de encontrar su propio Dharma; en la tradición india, estaba limitada en esencia al trabajo de tu padre y madre. Pero el principio es el mismo: busca la plenitud interior y en tu camino no habrá contratiempos. Lo opuesto es valorar tan poco nuestra felicidad que te conformas con la falta de plenitud. Nadie que se conforme puede esperar que la vida le dé mucho apoyo; la insatisfacción sólo atrae mayor insatisfacción.

El Dharma puede ser dividido en compartimentos más pequeños. Hagámoslo ahora. Piensa en tu meta valiosa. Para Deepak es *servir*: piensa en esto como un "término sombrilla", una sola palabra o frase que abarca muchas cosas más pequeñas y específicas, como dar tu tiempo sin esperar algo a cambio, pensar en lo que necesitan los demás, simpatizar con los problemas de alguien más, actuar desinteresadamente, etcétera. El "término sombrilla" de Rudy es *transformación positiva*, y su meta es dejar este planeta como un lugar más saludable y feliz que cuando llegó a él. Puedes escoger tu propio "término sombrilla". Entre las posibilidades que pueden inspirarte están las siguientes:

Amor y compasión para todos
Conseguir paz y reducir la violencia
Mejorar la educación para disminuir la ignorancia y la falta de conocimiento
Buscar la creatividad
Proteger a los débiles y desposeídos
Promover la cultura y la tradición
Explorar y descubrir en un área donde haga falta
Servir sin juzgar a nadie

La mayoría de la gente no puede encontrar una meta valiosa dentro de estas categorías. Elige una meta sin preocuparte de que debe ser permanente. Siéntate en silencio y céntrate en ti mismo. Inhala profundo, exhala. Inhala profundo otra vez, exhala. Inhala una tercera vez, exhala.

En tu estado centrado y en calma, piensa en la meta que deseas alcanzar. Digamos que quieres servir. Pregúntate lo siguiente:

¿Ya estoy viviendo mi meta, incluso si sólo ocupa una parte de mi tiempo?
¿Disfruto de verdad esta actividad?
¿Fluye fácil y naturalmente?
¿Me da energía en vez de quitármela?
¿Me hace sentir más como la persona que deseo ser?

¿Estoy en la situación correcta para continuar persiguiendo mi meta?

¿Siento que esta actividad me está permitiendo crecer?

Estas siete preguntas son fundamentales para encontrar tu vía hacia la mayor felicidad, tu Dharma. Si puedes responder "sí" a todas ellas, estás en tu vía hacia el éxito. Hay otras cosas que aprender y más habilidades que perfeccionar, pero ya has hecho algo invaluable: has hecho del éxito una realidad palpable, una actividad que te permitirá prosperar hoy y mañana, y no en un día distante en el futuro.

La ciencia detrás de los cambios

La nueva genética llega en un momento oportuno, porque desde un punto de vista psicológico, la felicidad se encuentra en una encrucijada. Como ciencias, la psicología y la psiquiatría han dedicado casi toda su historia a tratar de sanar los trastornos mentales; en pocas palabras, a curar la infelicidad. Pero ahora, la mayoría de la gente ha escuchado del campo de la psicología positiva, un nombre que suena bastante optimista. En realidad, algunos de los descubrimientos más sonados de la psicología positiva son pesimistas. Entre ellos están los siguientes:

- Las personas no son buenas para predecir lo que las hará felices. Después de obtener más dinero, una casa más grande, una nueva pareja o un mejor trabajo, no son ni de cerca tan felices como deseaban.
- La felicidad tiende a ser accidental y de corto plazo. Una experiencia cae del cielo y nos hace felices por un rato, pero después desaparece o se siente pasada o aburrida.

- La felicidad permanente es una fantasía. Si eres muy afortunado y casi todo sale como quieres en la vida, puedes alcanzar una especie de satisfacción estable, pero no se compara con estar feliz todo el tiempo.
- Dentro de cada uno de nosotros existe un punto establecido para la felicidad que podemos cambiar sólo de forma temporal. Después de cualquier experiencia fuerte, ya sea positiva o negativa, en cuestión de seis meses volvemos a nuestro punto establecido, y lo más probable es que los intentos por cambiarlo sean inútiles.

Estas son conclusiones desalentadoras, pero por fortuna son provisionales. La naturaleza humana es demasiado compleja como para ser reducida a unos cuantos principios rígidos. La maravilla de la psicología positiva es que establece la felicidad como una meta normal y que podemos entrenarnos para alcanzarla. Sin importar tu punto emocional establecido, que te devuelve a tu estado normal de felicidad o infelicidad, se estima que 40 por ciento de la felicidad de una persona depende de las decisiones que él o ella toman.

Creemos que este número es demasiado bajo porque no toma en cuenta la nueva comprensión de la epigenética y cómo la experiencia se marca en nuestros genes, sin mencionar cómo nos afectan los epigenomas de nuestros padres y abuelos. Todavía menos se entiende la forma en que el microbioma se relaciona con la felicidad, pero al menos sabemos que el "cerebro intestinal" envía constantemente una enorme cantidad de aportaciones al cerebro mismo.

Hemos descrito cómo el estrés puede conducir a modificaciones epigenéticas que son nocivas. El miedo también puede provocar modificaciones epigenéticas al genoma. Cuando alguien tiene una fobia se da una intensa reacción de miedo, a veces paralizante. Lo que sea que induzca el estado de pánico —arañas, altura, espacios abiertos, el número 13— no es relevante. Lo importante es la respuesta cerebral que crea la fobia. Estudios recientes sugieren que la respuesta fóbica puede ser abordada al nivel de la actividad genética. Investigadores en Australia han identificado qué genes mamíferos son modificados cuando alguien se siente rebasado por el pánico. Como sucede con enfermedades complejas como el cáncer, el panorama es complejo. En ratas, casi tres docenas de genes distintos sufren modificaciones epigenéticas en respuesta a condiciones que provocan ansiedad. Como resultado de estos estudios y otros parecidos, ahora tenemos una buena idea de los genes que controlan la respuesta del miedo en los seres humanos. ¿Pueden estos mismos genes ser tratados terapéuticamente para aliviar las fobias? El futuro lo dirá.

Del otro lado de la moneda, las emociones positivas, en especial el amor, también pueden cambiar la actividad genética. Muchas especies del reino animal se aparean de por vida, incluidos el lobo, el pez ángel francés, el águila calva e incluso lombrices intestinales parásitas. Una criatura así es el ratón de campo. Pero cuando los investigadores lo estudiaron de cerca se sorprendieron al descubrir que cuando los ratones de campo se aparean, las actividades genéticas cambian para detonar el comportamiento monógamo.

En las especies que privilegian el comportamiento monógamo, incluida la nuestra, las parejas construyen su casa juntos y comparten las responsabilidades parentales. Un neuroquímico específico, la oxitocina (llamada popularmente "hormona del amor"), se ha asociado a la adopción de la monogamia. Resulta que cuando los ratones de campo se aparean, elevan la actividad del gen que produce una proteína en el cerebro que se inserta en la superficie de la neurona y sirve como receptor de oxitocina. Dichos receptores se unen con neuroquímicos para poder tener efecto en la célula. En otras palabras, aunque la oxitocina no se eleve o haya menos de ella, es muy probable que tenga un efecto en los circuitos neuronales dado que existen más receptores para unirse a ella.

El acto de apareamiento de los ratones de campo logra estos cambios al alterar la actividad genética. Otros estudios han mostrado que la epigenética está en juego en el comportamiento del ratón de campo macho. En estos estudios, los genes del receptor de oxitocina, así como los genes del receptor de otro neuroquímico llamado vasopresina, se encendieron para producir más receptores. Se sabe que la vasopresina provoca que los ratones de campo machos quieran pasar más tiempo con sus parejas y las protejan con más agresividad de otros machos. Sin embargo, cuando los mismos genes fueron activados de forma artificial por medio de sustancias, los ratones de campo no experimentaron estos cambios genéticos ni se volvieron monógamos. Los resultados deseados pudieron obtenerse de forma artificial sólo si machos y hembras podían pasar seis horas juntos en la misma jaula antes de administrárseles la sustancia. Las implicaciones de este estudio son profundas: en lugar de ver la química del cerebro como una vía de un solo sentido, con una hormona como la oxitocina dictando el comportamiento, resulta que la química cerebral también necesita el tipo correcto de comportamiento.

Los animales se vinculan mientras que los seres humanos amamos. Aunque ambos comportamientos son diferentes emocionalmente, ¿juega el epigenoma un papel crucial en ambos? En los ratones de campo, el gen del receptor de oxitocina fue activado al remover las marcas de metilo del gen. Esto causa el deseo de monogamia, y los endocrinólogos lo vinculan a sentimientos de amor entre una madre humana y su bebé recién nacido. En marcado contraste, los genes del receptor de oxitocina con demasiadas marcas de metilo, las cuales los apagan, se asocian con el autismo en seres humanos. (Además, también se han asociado con el autismo mutaciones específicas en el gen del receptor de oxitocina.) En resumen, la epigenética tiene un efecto profundo en el receptor de oxitocina, y si los ratones de campo ofrecen claves acerca del comportamiento humano, entonces la oxitocina nos ayuda a volvernos monógamos.

Es obvio que la unión de por vida no puede ser inducida genéticamente por medio del acto amoroso entre los seres humanos. ¿Pero acaso existe un vínculo a nivel genético? Quizá primero requiere conocerse uno al otro, como con los ratones. Muchos neurocientíficos aceptan ya que la oxitocina y la vasopresina son necesarias para que la gente se vincule con una pareja y sienta amor. Ciertos neuroquímicos estimulan áreas en el cerebro que sirven para obtener placer como recompensa, lo cual crea el deseo de más recompensas. Este mecanismo está involucrado en la acción de la cocaína, que estimula los receptores de dopamina y que potencialmente conduce a una adicción a la cocaína.

Hay personas que se describen a sí mismas como adictas al amor. Además del efecto químico directo de la oxitocina, cuando los sentimientos placenteros son recordados y deseados a través del centro de recompensa de la oxitocina, en efecto el amor puede volverse una adicción.

Pero el placer, en todas sus formas, no puede equipararse a la felicidad. Si pones comida frente a un animal hambriento, éste comerá, y las tomografías cerebrales mostrarán que el centro del placer en el cerebro del animal ha sido activado. En un ser humano, las respuestas emocionales complican el tema. Cuando los niños de dos años están malhumorados y se niegan a comer, pueden ser muy obstinados. En los restaurantes algunas personas son muy quisquillosas con lo que eligen del menú, y según nuestro estado de ánimo, podemos rechazar la comida por tristeza, distracción, enojo, preocupación y frustración. Las reacciones humanas dependen de mensajes químicos, pero hay tantos de ellos que nadie ha encontrado una fórmula química simple para la felicidad. Somos las únicas criaturas que responden al estímulo X de cualquier forma que puedas imaginar. Los químicos cerebrales están al servicio de la mente, y no al revés.

Hacer realidad la ciencia

La felicidad es una rama muy nueva de la investigación genética, y existen razones éticas por las que los sujetos humanos no pueden ser sometidos a estados emocionales extremos. Nuestro menú de decisiones está basado en la mejor ciencia al alcance. Introducir aportaciones positivas a tu vida es un paso muy importante y, por fortuna, es muy probable que tu estado de ánimo mejore cuando abordes todas las demás decisiones sobre el estilo de vida. De hecho, si un cambio en tu estilo de vida no te hace sentir más feliz, no se quedará por mucho tiempo.

Pero volvamos al misterio de las emociones y al hecho de que, a diferencia de los animales, simplemente sentir placer no es suficiente para hacernos felices. ¿Qué será suficiente? Hace veinte años estaba de moda un nuevo tipo de inteligencia, que no era medida por el IQ (coeficiente intelectual, por sus siglas en inglés), sino por el EQ, el Coeficiente Emocional (por sus siglas en inglés). El descubrimiento clave fue que el IQ de una persona está separado de su capacidad para manejar las emociones de forma inteligente. Aunque se publicaron algunos bestsellers que abordaban la importancia de la inteligencia emocional, no hay un estándar aceptado al respecto. La prueba más comúnmente aceptada para la inteligencia emocional, que se aplicó a 111 líderes de negocios, no se relacionó en absoluto con cómo los veían sus empleados. Por lo tanto, el vínculo entre el EQ y una capacidad superior de liderazgo —o superioridad en cualquier ámbito— es intangible.

Creemos que se puede plantear un argumento más fuerte en cuanto a la inteligencia emocional y la felicidad. Considera los siguientes rasgos emocionales deseables:

Siete hábitos de la gente con EQ alto

1. Tienen un buen control de impulsos.
2. No tienen problema con postergar la gratificación.
3. Pueden percibir cómo se sienten los demás.
4. Están abiertos a sus propias emociones.
5. Saben cómo funcionan las emociones y a dónde conduce cada una.
6. Encuentran su camino en la vida de forma exitosa, en vez de pensar al respecto.
7. Satisfacen sus necesidades al vincularse con alguien que de verdad pueda llenarlos.

Todos estos rasgos te permitirían procesar tus experiencias de forma más feliz, y lo que importa es el procesamiento. Puedes procesar cualquier evento —un nuevo bebé, ganar la lotería, mudarte a una casa nueva— como una fuente de felicidad o infelicidad. Las emociones humanas no siguen reglas, y por ello somos creativos y también impredecibles. Pero dentro de cada persona debe haber una manera de relacionarse cómodamente con lo que siente. Para nosotros, ese es el beneficio más grande de la inteligencia emocional.

Veamos cómo cada uno de los rasgos deseables puede aplicarse a tu propia vida.

1. Control de impulsos

El consumismo colapsaría de la noche a la mañana si la gente no actuara por impulso. No pensar las decisiones nos lleva a pararnos en McDonald's en vez de ir a casa y comer alimentos caseros, los cuales ya sabemos que serán más satisfactorios y saludables. Comemos, bebemos y gastamos demasiado por impulso. Como cualquier otra cosa que entrenes a tu cerebro a hacer de forma repetida, la impulsividad se vuelve un hábito, y una vez que se arraiga es muy difícil de sustituir.

La raíz del comportamiento impulsivo es la falta de control. La mayoría de los lapsos impulsivos son inofensivos, porque a todos nos gusta perder el control de cuando en cuando. Pero más allá de eso, perder el control significa que tus impulsos te controlan a ti. Las lecciones pasadas nunca se aprenden si no puedes aplicarlas la siguiente vez que sientes un deseo irresistible. La gente con EQ alto es lo opuesto. Aprenden del pasado, y lo más importante que aprenden es que el comportamiento impulsivo casi siempre es autodestructivo. Es una lección que realmente sienten. Su memoria no está en blanco cuando se trata de lo mal que se siente una resaca o estar a reventar después de una comida, o descubrir que la compra de ese tiempo compartido fue un desperdicio. De hecho, tener una memoria emocional, que la mayoría de la gente evita, es algo de lo que están muy orgullosos. El banco de memoria de la gente impulsiva está lleno de decisiones terribles que prefieren olvidar; el banco de memoria de la gente con un alto EQ está lleno de buenas decisiones que refuerzan la siguiente buena decisión.

Qué hacer: Espera cinco minutos y posterga tus acciones impulsivas. Si todavía te sientes impulsivo, toma una hoja y escribe los pros y contras de tu impulso. Asegúrate de incluir cómo te sentiste al día siguiente de ceder a tu último comportamiento impulsivo.

2. Postergación de la gratificación

A menudo la gente mayor dice que los jóvenes quieren gratificación instantánea, pero la clave es saber qué placeres deben ser postergados y cuáles pueden disfrutarse en el momento. Es gratificante salir de casa de tus padres, tener tu propio departamento y mantenerte a ti mismo. Pero estudiar medicina o derecho posterga esta gratificación por años y te deja con una deuda considerable por encima de todo. La sociedad facilita tomar ese tipo de decisión porque promete prestigio y un ingreso más elevado después de que te gradúes.

Como hemos mencionado antes, es sobre todo en las decisiones pequeñas donde a la gente se le dificulta negarse a la gratificación instantánea. Por eso hacemos lo siguiente:

Comer entre comidas
Abusar de bebidas alcohólicas
Comer botanas mientras vemos televisión
Estar sentados en casa en vez de hacer ejercicio
Parar a comprar comida rápida
Ingerir mucha azúcar
Pasar horas en internet en vez de vincularnos con personas reales
Decir cosas sin pensar y luego arrepentirnos
Salir en citas malas en vez de esperar a que llegue alguien mejor

Como con el control de impulsos, que está muy relacionado, la gente con un EQ alto no busca gratificación instantánea. No los motiva una noción intelectual de lo que es bueno para ellos, o no del todo. Se sienten mejor cuando posponen el placer bajo las circunstancias adecuadas. Son lo bastante flexibles para poner reglas no rígidas. Ser flexible es resultado de un alto EQ. Cuando se enfrentan a una tentación momentánea, no dicen: "Voy a ceder sólo esta vez. ¿Qué puede pasar?", lo cual es pura racionalización. En cambio, se dicen a sí mismos: "¿En realidad esto es lo mejor que puedo hacer? Mejor esperar y veremos".

Qué hacer: Observa bien tu vida y pregúntate si has estado creando problemas por buscar gratificación instantánea. ¿Gastas dinero en compras inútiles? ¿Tu clóset está abarrotado de ropa? ¿Las compras por impulso están mermando tu cuenta bancaria? ¿Tu refrigerador está lleno de comida que nunca consumes?

Si ves un problema, abórdalo con una actividad a la vez. Si te tienta comprarte un nuevo par de zapatos, por ejemplo, o hacer una compra extravagante como un gran aparato de ejercicio casero que pronto estará lleno de polvo por falta de uso, mejor escribe algo que te brinde mucho más placer. En vez de los zapatos, puedes ahorrar para irte de vacaciones. En lugar del gimnasio caro, puedes aprender a jugar tenis y usar canchas públicas. Hasta que la gratificación postergada se haga consciente, no podrá competir con la gratificación instantánea.

3. Capacidad de empatizar

Nos resulta natural ver cómo se sienten los demás. Todos hemos tenido esa capacidad desde la infancia, cuando nuestros sentimientos dependían mucho —o solamente— de cómo se sentían nuestras madres. Las familias son la escuela donde adquirimos nuestra educación emocional, y algunos niños son mucho más afortunados que otros. No aprenden malos hábitos que después deban borrar. Si no puedes ver con facilidad cómo se sienten los demás y saber la razón, en algún punto de tu vida bloqueaste una habilidad con la que naciste. Puede ser que tuvieras un maestro o un padre reservado que te motivó en la dirección equivocada, o bien decidiste que las emociones no eran un aspecto positivo de la vida. En cualquier caso, ya no empatizas.

La gente con un alto EQ sí lo hace. Les da a los buenos médicos un estilo muy reconfortante de tratar a los pacientes. Hace que la gente se deje convencer ante una charla de ventas porque sienten que sus necesidades son comprendidas. En cierto nivel nadie de nosotros puede ser engañado por la falsedad y la hipocresía; tenemos calibradores emocionales sumamente sensibles. Con un EQ alto te resulta fácil leer a alguien, mirar más allá de sus palabras y ver cómo se sienten en realidad.

Qué hacer: Para empatizar con alguien más tienes que querer hacerlo. Es fácil con la gente que amamos: nos duele cuando nuestros hijos están tristes. Extender esta respuesta a alguien que nos agrada también es bastante fácil. Al saber que tienes la semilla de la empatía dentro de ti, puedes elegir hacerla florecer. Escucha a un extraño o a un compañero de trabajo como si fueran tus amigos. Observa cuán bien responden, luego revisa tu propia respuesta. Si extender tu simpatía no se siente bien, entonces existe una resistencia dentro de ti. Tal vez sientes que los problemas de la otra persona te imponen una carga de responsabilidad. Quizá te sientas obligado a ayudar o a preocuparte por ellos.

La inteligencia emocional se trata de amoldarse a estos obstáculos y convertirlos en virtudes. Está bien ayudar a otros, pero no tienes que ayudar a todo mundo. Es empático escuchar la historia de alguien más, pero no una y otra vez. Una vez que comienzas a hacer estas distinciones descubrirás que la empatía es un regalo maravilloso, no algo que rehuir o por lo cual estar ansioso. Hay un feliz punto medio entre los extremos de ser demasiado blando o demasiado duro. Encuentra el equilibrio que funciona para ti.

4. Aceptación emocional de ti mismo

No es común que estemos completamente abiertos a nuestras emociones. Dentro de cada uno de nosotros existe un deseo de ser vistos de la mejor manera, así que evitamos las emociones negativas, incluso frente a nosotros mismos. Pero hay otra fuerza en nuestro interior que contrarresta este deseo, una voz que nos recuerda nuestra culpa, vergüenza y malas obras. Decirte todo el tiempo lo bueno que eres está tan alejado de la realidad como decirte todo el tiempo lo malo que eres. La gente con un EQ alto ha confrontado lo mejor y lo peor de sí mismos. Como resultado, se aceptan a sí mismos a un nivel mucho más profundo que la mayoría de las personas.

Debido a que somos tan reactivos en cuanto a las partes de nosotros mismos que nos provocan culpa y vergüenza, aceptarnos no es fácil ni instantáneo. "Ámate a ti mismo" es la meta, no el primer paso. Incluso decir: "Merezco amor" puede ser bastante difícil para algunas personas. No tienen un pasado como niños bien amados, que es como adoptamos el arraigado sentido de nosotros mismos. Es útil darnos cuenta de dos verdades. Primero, tener una emoción que no te guste no es lo mismo que actuar bajo esa emoción. Sin embargo, la culpa y la vergüenza no ven la diferencia. Quieren castigarte sólo por tener un pensamiento. En realidad, los pensamientos van y vienen; son visitantes transitorios, no aspectos de tu ser.

Segundo, no eres la misma persona que fuiste en el pasado. La culpa y la vergüenza no creen esto; una y otra vez refuerzan el mensaje de que no has cambiado y nunca cambiarás. En realidad, estás cambiando siempre. El verdadero problema es si quieres reforzar quién eres hoy o quién fuiste alguna vez. La gente con EQ alto encuentra vitalidad en ser ellos mismos aquí y ahora. No se aferran a la imagen marchita de quienes fueron en el pasado.

Qué hacer: Cada vez que tengas un pensamiento de culpa o vergüenza por algo del pasado, detente y dite a ti mismo: "Ya no soy esa persona". Si el sentimiento vuelve, repite esas palabras. A veces esos pensamientos recurrentes son muy tercos. En ese caso, en cuanto puedas encuentra un momento a solas, siéntate con los ojos cerrados, inhala profundo algunas veces y céntrate en ti mismo. No estamos minimizando la poderosa influencia que las heridas del pasado pueden tener sobre el presente. La clave es darse cuenta de la falsedad de aplicar dolores antiguos a nuevas situaciones. Con esta convicción en mente, puedes pasar a la aceptación de ti mismo día con día. La mejor manera de aceptarte a ti mismo es estar de lleno en el momento presente, y viceversa. Entre más te aceptes, el momento presente será más pleno. Haz que esta verdad trabaje en tu beneficio.

5. Consecuencias emocionales

Todas las acciones tienen consecuencias, incluidas las emociones. En lo que respecta a tu cerebro, generar los neuroquímicos que te dan los sentimientos de enojo, alegría, miedo, confianza o cualquier otro, es una acción. Todo tu cuerpo reacciona a estos mensajes químicos; por lo tanto, las emociones no pueden ser vistas como algo pasivo. Incluso un estoico que se tragara todas las emociones indeseables está haciendo algo activo. En este libro nos hemos enfocado en decisiones que abarcan todo el sistema y benefician a la mente y el cuerpo juntos, usando el supergenoma como su vehículo.

Una vez que sabes que las emociones negativas son dañinas, tu punto de vista cambia. Ya no queda impune atacar a alguien más, sentir envidia, actuar por rencor y fantasear acerca de una venganza. Cada una de estas emociones rebota en ti, directo a tus genes. El bienestar verdadero no es posible cuando la negatividad lo socava. La gente con un EQ alto ha hecho las paces con esta verdad, incluso si no saben nada acerca de las modificaciones epigenéticas. Otras personas ciertamente han experimentado cómo el enojo o la preocupación de un padre les provocaron sufrimiento a sus hijos. Partiendo de eso puedes comprender que las emociones siempre tienen consecuencias.

Qué hacer: No puedes evitar que los pensamientos negativos tengan un efecto, tanto en ti mismo como en tu entorno. Cuando te das cuenta de esto, el paso más importante es asumir la responsabilidad de tus emociones. Ya no hay razón válida para descargar tu enojo en los demás, hacer que te teman, intimidar, hacer *bullying* o dominar por motivos egoístas.

Nadie te pide que te vuelvas un santo. Saber que las emociones tienen consecuencias busca beneficiarte. Abre los ojos y observa cómo el enojo o la ansiedad de alguien empeora la atmósfera. Siéntelo en ti mismo. Luego pregúntate si este es el efecto que deseas. Las emociones están vivas. Tienes que negociar con ellas, y cuando una emoción ve el beneficio que conlleva cambiar, lo hará: tú lo harás.

6. Encontrar tu camino

Debido a que tantas personas desconfían de sus emociones e intentan esconderlas, en particular los hombres, causa conmoción escuchar que encontrar tu camino en la vida funciona mejor que ir pensando tu paso por la vida. De hecho, esta noción es tan extraña que creemos necesario señalar algunos fuertes descubrimientos psicológicos que la sustentan.

Primero, los investigadores han descubierto que las emociones son parte de cada decisión que tomamos. No existe una decisión puramente racional. Cuando tratas de eliminar de la ecuación los sentimientos estás reprimiendo un aspecto natural de ti mismo. ¿Gastas más cuando estás de buen humor? Quizá no lo creas, pero varios estudios demuestran que estar de buen humor afloja la cartera. ¿Pagarías de más por sentirte más importante, por verte mejor a los ojos de un vendedor? Mucha gente lo haría.

Uno de los descubrimientos más interesantes a este respecto se enfocó en una subasta en la que se pidió a los sujetos ofertar por un billete de 20 dólares. Hubo cierta confusión sobre este juego y la gente se rio. Parece obvio que nadie ofertaría más de 20 dólares por un billete de 20 dólares, pero lo hicieron. En especial para los hombres, ganar la subasta y eliminar al oponente era más importante que la racionalidad, así que la puja subió cada vez más hasta que alguien se rindió. Por supuesto, el "ganador" había hecho una compra ridícula, pero la emoción pudo sobrepasar a la razón.

La gente con un EQ alto no elude el componente emocional de la toma de decisiones. Están en contacto con cómo se sienten, y por ello aprovechan los aspectos más profundos de la intuición y el entendimiento. Una vez que permites que tus emociones salgan a la luz, no tienes que actuar a partir de ellas (lo cual es el principal miedo de la gente reprimida, que no soporta pensar en dejar escapar sus emociones). El siguiente paso es darte cuenta de que las emociones tienen inteligencia, y más allá de eso te espera una confianza más profunda en la intuición. Las emociones liberan departamentos enteros de la conciencia, los cuales ignora la mayoría de la gente. Por cada "mensaje de adentro" que resulta cierto, existen innumerables señales que nos son enviadas todos los días y que necesitamos sentir, no analizar.

Qué hacer: Si ya estás acostumbrado a sentir en medio de una situación, todo lo que hemos dicho puede parecerte obvio, pero no es así para alguien que desconfía de las emociones. Aprender a dejarse guiar hasta el nivel emocional significa dar un pequeño paso a la vez. Para empezar, piensa en todas esas veces en que hiciste a un lado tus "mensajes internos" y te dejaste guiar por la cabeza, para después decir: "Sabía que eso pasaría. ¿Por qué no confié en mi intuición?". Esto no es una pregunta retórica. La razón por la cual no confiaste en tu interior es que no te has entrenado para hacerlo.

La próxima vez que estés en conflicto entre todos los motivos para hacer algo y el simple hecho de que tus emociones te digan que no lo hagas, escribe lo que cada aspecto de ti te dice. Luego actúa, siguiendo tu cabeza o tu intuición. Cuando la situación se resuelva y hayas encontrado el resultado, vuelve y consulta lo que escribiste. Esto funciona muy bien con la gente porque todos tenemos alguna interacción —salir en una cita a ciegas, tener un nuevo jefe, hablar con un vendedor de autos— en la que no se pueden ignorar los sentimientos y podrían hacer la diferencia entre el éxito y la decepción. Si te das cuenta, al escribir lo que sientes, la próxima vez será mucho más fácil confiar en tu intuición. La repetición es la clave, así como observar con ojos bien abiertos qué tan seguido tus sentimientos están en lo correcto.

7. Satisfacer tus necesidades

Cuando tienes una necesidad, ¿a quién acudes? Seamos específicos. Logras reunir el coraje para decir algo difícil y la otra persona te interrumpe para callarte. Te sientes lastimado y desalentado. Sus palabras te punzan en los oídos. Lo que necesitas en ese momento es consuelo y simpatía. Si vas con un amigo que te escucha con cortesía, murmura un par de frases gastadas y cambia rápido de tema, quiere decir que acudiste a la persona equivocada. No le pedirías peras al olmo; entonces, ¿por qué hiciste lo equivalente en términos emocionales?

La respuesta es complicada, pero implica inteligencia emocional. Casi siempre, cuando alguien se siente lastimado está tan desesperado por descargar su dolor que lo arroja sobre la persona más cercana. Si está casado, lo más seguro es que esa persona sea su cónyuge. Pero alguien con un EQ alto sabrá quién es un escucha empático y quién no lo es. Acudirán al primero y evitarán al segundo.

Considera una necesidad más profunda, la necesidad de amor. Cuando esta necesidad es satisfecha en la infancia —una parte crucial de tener inteligencia emocional—, ser amado ha provenido de la fuente apropiada, los padres. Pero los padres pueden ser retraídos e indiferentes, lo cual crea confusión emocional. Creces sin saber quién puede darte el amor que necesitas, ¿y qué sucede? Experimentas al azar, yendo de una persona a otra sin poder ver quién es capaz de amar. Cuando encuentras a alguien que no es capaz, que tiene un poco de amor que dar pero no mucho, lo más probable es que lo elijas de todas formas. Una combinación de inseguridad, necesidad y heridas emocionales te lleva a relaciones que resultan frustrantes, decepcionantes, y en el peor de los casos, tóxicas.

Encontrar a la persona adecuada para satisfacer tus necesidades es algo tan básico para personas con un alto EQ, que les impacta cuando alguien no puede hacerlo. Pero la triste verdad es que la gente herida busca a otras personas heridas o incluso a quienes es muy probable que sean lastimados. A menudo se sienten ansiosos frente al comportamiento de alguien que es sano emocionalmente, porque amenaza la existencia emocional aislada y cerrada a la que están tan acostumbrados. Pero se debe hacer el esfuerzo; de lo contrario, vamos dando tumbos por la vida sintiéndonos muy insatisfechos.

Qué hacer: La mayoría de la gente está saliendo con alguien, en un noviazgo, en un matrimonio o divorciada. La brecha entre tener una necesidad y satisfacerla es algo que comprenden. En cualquier relación, no puedes pedirle a alguien más algo que no puede dar. Pero nos encontramos a nosotros mismos haciéndolo de todas formas, pidiendo empatía a alguien indiferente, comprensión al egoísta, amor al que tiene las emociones atrofiadas, y casos peores.

Pero los pasos para resolver este dilema no son tan difíciles como podrías suponer. Cuando sientas una necesidad, busca a la persona que sabes que es capaz de satisfacerla. ¿Quién es esa persona? Tú lo sabes si los has visto responder en una situación similar. No adivines. No des palos de ciego. La gente que es amable, amorosa, generosa emocionalmente y comprensiva no esconde esas características. Viven a través de ellas.

Pronto te darás cuenta de que la mayoría quiere estar ahí para ti. ¿Quién no ha encontrado a un agradable extraño en un avión que escucha todo sobre tu situación familiar, vida amorosa, trabajo e incluso tus secretos más profundos? Puede que surja un impulso de contenerse por miedo al rechazo. Pero no es difícil detectar un signo de apertura y luego ir paso a paso. Un poco de apertura conduce a más, y si ves que la otra persona no tiene más que dar —más tiempo, consejo, simpatía o interés— sabrás reconocerlo.

La única advertencia es esta: incluso alguien que tenga amor, simpatía, compasión y comprensión para dar, también tiene el derecho de negarse a hacerlo. Sabemos que es muy difícil aceptar esto. El rechazo es el motivo principal por el que la mayoría de la gente evita encuentros con emociones de por medio. Es más fácil compartir tus problemas con un familiar o amigo que te escucha como una pared vacía. El vacío es mejor que el rechazo. Pero las necesidades deben ser satisfechas, y tú debes desarrollar la valentía para encontrar a las personas correctas, aunque te arriesgues a ser rechazado.

Lo más probable es que eso no suceda. No toda necesidad es de amor eterno. La necesidad más común es ser escuchado, y después la necesidad de simpatía y la necesidad de ser comprendido. La validación es el denominador común. Una vez que descubres que puedes ser validado —y que lo mereces— tendrás más fortaleza interior. Entonces pedir amor se vuelve mucho más fácil.

Las emociones evocan respuestas poderosas, y todas las necesidades de las que hemos hablado generan cambios en el cuerpo. La ciencia va a la zaga de la sabiduría en esta área. Como especie hemos tenido miles de años para ser más sabios, un logro que no debe ser menospreciado porque todos nos hagamos los tontos de cuando en cuando. Esperamos el día en que la genética encuentre la combinación mágica de las modificaciones genéticas que conducen a la sabiduría. Por ahora, la mejor guía son nuestras emociones, que nos mantienen por delante de la ciencia sin importar lo mucho que la genética intente alcanzarnos.

TERCERA PARTE

GUÍA TU PROPIA EVOLUCIÓN

LA SABIDURÍA DEL CUERPO

El supergenoma ha liberado nuestro pensamiento acerca del cuerpo, ¿podrá entonces hacer lo mismo por la mente? Claro que sí. El cerebro ya no es un castillo en el aire donde la mente vive aislada. Todo lo que piensas y sientes es compartido por el resto de tu cuerpo. El cerebro no dice algo en español como "Estoy aburrido" o "Estoy deprimido". Todo es químico y genético. Cada célula comprende el mismo lenguaje. Lo que sucede en el cerebro se refleja en las actividades exquisitamente integradas de cada célula.

Tenemos el hábito de creer que sólo el cerebro tiene conciencia de ti y de tu entorno. Esta creencia debe cambiar porque no puede negarse que todo el cuerpo está interconectado de manera íntima. No sólo las células del cerebro, sino también el conocimiento de todas las células han sido perfeccionados por cientos de millones de años. Por supuesto, en cuanto dices que una célula del riñón tiene conciencia, los biólogos tradicionales, casados con la creencia de que las interacciones biológicas sólo pueden ser aleatorias, gritarán: "¡Error!". Si continúas y dices que un gen o un microbio son tan conscientes como tú, muchos otros científicos se levantarán en armas.

Pero enfurecerse por este tipo de ideas no es buena ciencia. Uno de los pioneros más brillantes de la física cuántica, Erwin Schrödinger, dijo: "La conciencia es un singular que no tiene plural... Dividir o multiplicar la conciencia no tiene sentido". Estamos tan acostumbrados a separar la mente y el cuerpo que fundirlos en un solo campo de conciencia no es aceptable, pero desde hace más de un siglo la física sabe que todo en el universo físico surge de campos, ya sea el campo electromagnético, del cual surge la luz; el campo gravitacional, que nos mantiene con los pies en la Tierra, o el campo cuántico, la fuente máxima de materia y energía.

Imagina en este momento que cada célula es tan consciente como una persona. Esto degradaría al cerebro de su posición privilegiada. Tendríamos que abandonar nuestra creencia de que el pensamiento es estrictamente mental, y que involucra un torrente de pensamientos, imágenes y sensaciones dentro del cerebro. Pero es claro que existe un tipo diferente de pensamiento —no verbal, sin imágenes visuales, sin voz— que en silencio sostiene a cada célula. Esta inteligencia celular ha sido llamada la sabiduría del cuerpo. Para dar un salto en nuestro bienestar, es necesario hacer sólo tres cosas:

Cooperar con la sabiduría de tu cuerpo.
No oponerte a la sabiduría de tu cuerpo.
Aumentar la sabiduría de tu cuerpo.

Incluso hace unos años este tipo de lenguaje sonaba como si fuera una licencia poética. *Sabiduría* es una palabra rimbombante que reservamos para sabios y maestros venerables. En la vida moderna, ni siquiera es una palabra que usemos a menudo. Pero aquí no estamos planteando metáforas. La sabiduría es conocimiento que sólo se obtiene de la experiencia, y tus células están llenas de ella. Cada decisión en el estilo de vida que hemos recomendado se reduce a una cosa: obedecer y restaurar la sabiduría del cuerpo. Hasta ahora hemos usado el vocabulario de la genética. Veamos si ese vocabulario puede expandirse para abarcar la sabiduría del cuerpo como una sola cosa —un campo de conciencia— en vez de fragmentos y piezas. Esto fijará el escenario para la posibilidad más apasionante de todas: influir en tu propia evolución y la de tus hijos, incluso tal vez en la de tus nietos.

Células sabias, genes sabios

Las células enfrentan muchos retos. Si dejas de lado todo el sofisticado conocimiento de la ciencia, una célula es como un globo de agua que está vivo. Pero puede estar en peligro al igual que un globo de agua. Si se pincha se saldría toda el agua; si se calienta demasiado estallaría; demasiado frío y se formarían cristales de hielo que le atravesarían la piel. Un globo de agua y una célula deben preocuparse por estar intactos en un entorno cruel y siempre cambiante. A lo largo de muchísimo tiempo, las células se las han arreglado para resolver este desafío tan duro.

Su solución se conoce como homeostasis, la capacidad de preservar un estado inalterable "aquí dentro" sin importar lo que suceda "allá afuera". Al principio la homeostasis era primitiva. Los organismos unicelulares evolucionaron para tener bombas de iones (para elementos químicos como sodio, calcio y potasio) en su membrana exterior, con las cuales podían mantener el equilibrio químico y de fluidos correcto en su interior. El siguiente paso era volverse móviles para poder nadar en busca de alimento, escapar de los depredadores y dirigirse hacia una temperatura y nivel de luz mejores para su supervivencia. El hecho de que las células no sean simplemente globos de agua sino formas de vida increíblemente complejas es resultado de que resolvieron el problema de permanecer en equilibrio "aquí dentro".

Ahora regresa al momento presente. Tus células todavía "recuerdan" cómo funciona esa solución, gracias al ADN. La memoria genética, en operación a lo largo de extensos periodos de tiempo, se asegura de que ninguna célula, por más primitiva que sea, vuelva a ser un globo de agua. Al haber aprendido el truco de la división celular, durante la cual cada cadena de ADN hace un duplicado perfecto de sí misma, las formas de vida siguieron adelante. La memoria fue el invento más importante de la evolución —un invento por completo invisible— y una vez que apareció no hubo motivos para que se detuviera. Las células comenzaron a recordar cada vez más cosas, a desarrollar cada vez más habilidades, como hacemos nosotros por medio de nuestro cerebro.

En este momento, con la ayuda de tus genes, tus células recuerdan cómo mantenerte vivo, un logro que la ciencia apenas comprende porque requiere de muchos eventos dinámicos, engranados y en perfecta sincronía sólo para mantener el equilibrio químico dentro de una célula del corazón, del hígado y del cerebro. Aunque están programadas por el mismo ADN, las células del corazón, hígado y cerebro realizan para sí mismas docenas de tareas únicas. En la nueva genética, tenemos que pensar en el cuerpo como una comunidad de cien billones de habitantes (sumando todas las células de nuestro cuerpo a los pululantes y numerosos genes en el microbioma), cada uno de los cuales tiene su propio interés. Una célula del corazón tiene mucho que hacer como para ayudar a una célula del hígado, aunque este juego de "yo primero" se las arregla para compartir y cooperar, porque si la célula del corazón se cansa de los mensajes provenientes del hígado o del cerebro y corta la comunicación, entonces muere.

La homeostasis, que comenzó convirtiendo un globo de agua en una célula, tuvo que volverse mil millones de veces más complicada conforme más células fueron invitadas a la comunidad. Aunque en esencia, el ADN continuó repitiendo la misma lección: mantente en equilibrio, preserva un estado inalterable "aquí dentro". Para mostrarte lo esencial que es esto, considera a los prisioneros que se lanzan a una huelga de hambre, como sucedió durante "los Problemas" en Irlanda del Norte, cuando miembros del ERI usaron esas huelgas como protesta política. El cuerpo puede permanecer en equilibrio saludable por sólo tres días, en los que consume sus reservas de azúcar (glucosa) en la sangre y en el hígado. Luego comienza a tomar el azúcar de tus células grasas, y después de más o menos tres semanas consume los músculos, que comienzan a desaparecer. El modo de inanición comienza cuando los músculos están macilentos, y la muerte es inevitable a partir de los 30 días, asumiendo que no se ingiere nada más que agua en ese periodo. El ayuno más largo de Mahatma Gandhi, que ayunó para difundir la campaña por la independencia de India, fue de 21 días. Los diez prisioneros republicanos irlandeses que atrajeron la atención mundial al hacer una huelga de hambre en 1981, sobrevivieron entre 46 y 73 días. (No estamos tomando en cuenta a una persona que es sumamente obesa y decide dejar de comer; hay registros hospitalarios de gente que ha sobrevivido por más de un año sin alimentos porque tenían de 140 a 180 kilos de grasa y proteína para consumir.)

El ayuno total conlleva al colapso progresivo de la homeostasis, lo que muy pronto perturba el funcionamiento normal de todo en el cuerpo y eventualmente se vuelve fatal. Y aun así el periodo de supervivencia se puede extender bastante al añadir una pequeña cantidad de agua y sal al agua que se toma durante el ayuno. La gente que ayuna y que añade un poco de miel al agua que toma ha aguantado hasta cinco meses antes de parar. No son sólo las calorías lo que prolonga la vida, sino mantener el equilibrio iónico (de electrolitos) de las células, el factor más básico que hace de la célula más primitiva un ser vivo en vez de un globo de agua. (Nota: No estamos promoviendo el ayuno de agua con jugo, miel o azúcar de ninguna duración. Los pros y contras de estos regímenes deben ser reservados para otra ocasión.)

Observa la forma sistemática en que el cuerpo reacciona al ayuno total, pasando de una estrategia a otra para permanecer en equilibrio el mayor tiempo posible. Lo que intentamos señalar es que el mecanismo para la supervivencia más básica ha sido preservado en tu configuración genética por más de mil millones de años, mientras que al mismo tiempo tu supergenoma sigue el ritmo de todo lo que quieres hacer hoy. La homeostasis es tan compleja como tú. Esto implica una visión mucho más amplia de la conexión mente-cuerpo. Así como tú piensas, sientes, sueñas, imaginas, recuerdas y aprendes del pasado mientras anticipas y planeas el futuro, tu cuerpo debe acomodarlo todo en el presente pero nunca sacrificar su interés propio, que es sobrevivir, si no es que prosperar, y permanecer saludable.

Una célula típica almacena sólo el oxígeno y combustible suficientes para sobrevivir unos segundos, así que las protecciones de respaldo deben venir de otra parte: en una palabra, hay cooperación. Una célula "sabe", químicamente hablando, que obtendrá oxígeno y combustible del torrente sanguíneo, así que no tiene que "pensar" en esas cosas y dedica su "inteligencia" a otros procesos. (Usamos comillas aquí para diferenciar la inteligencia natural de la célula, del uso común, que involucra la implementación volitiva de conocimiento por el cerebro.)

A menos que la homeostasis sea perturbada y comiences a sentir algo fuera de lo ordinario (por ejemplo dolor, apatía, fatiga, depresión), los mecanismos de respaldo del cuerpo permanecen fuera de vista. Pero podemos relacionarlos con nuestras experiencias personales, y al hacerlo la conexión mente-cuerpo trasciende los procesos químicos y biológicos. Tus células viven las mismas experiencias que tú, y comparten el mismo propósito y significado. Como se muestra en la siguiente lista, las propiedades inherentes de una sola célula son asombrosas.

La sabiduría de una célula: 9 principios esenciales para la vida

Conciencia: Las células tienen una conciencia aguda de su entorno, lo que significa que todo el tiempo reciben señales bioquímicas y responden a ellas. Una sola molécula es suficiente para hacer que cambien de rumbo. Se adaptan momento a momento conforme a los cambios en las circunstancias. No pueden estar distraídas.

Comunicación: Una célula está en contacto con otras células cercanas e incluso con algunas lejanas. Entre células se intercambian mensajes bioquímicos y eléctricos para notificar cualquier necesidad o intención, por mínima que sea, hasta las posiciones más lejanas. No es posible retirarse de la comunicación o rechazarla.

Eficiencia: Las células operan con el menor gasto posible de energía. Deben vivir en el momento presente, pero no tienen problemas con eso. El consumo excesivo de alimento, aire o agua no es una opción. Aunque intentan hacer todo con la menor energía posible, todo el tiempo están evolucionando para volverse más eficientes.

Vinculación: Las células que conforman un tejido u órgano son compañeras inseparables. Comparten una identidad común por medio de su ADN, y aunque las células del corazón, hígado, riñón o cerebro llevan sus propias vidas, están atadas a su fuente sin importar lo que experimenten. Ir por cuenta propia no es una opción. Sin embargo, las células renegadas pueden crear un tumor cancerígeno.

Dar: El intercambio químico en el cuerpo es un constante dar y recibir. El regalo del corazón es bombear sangre a las demás células; el regalo del riñón es purificar la sangre para todas las demás; el del cerebro es vigilar a toda la comunidad, etcétera. El compromiso total de la célula por dar hace que recibir sea automático: es la otra mitad de un ciclo natural. Tomar sin dar a cambio no es una opción.

Creatividad: Al volverse más complejas y eficientes las células, se combinan unas con otras de formas creativas. Una persona puede digerir un alimento que nunca antes ha probado, tener pensamientos que nunca antes ha pensado, bailar pasos que nunca antes ha visto. Estas innovaciones dependen de que las células se adapten a lo nuevo. Aferrarse a comportamientos antiguos sin un motivo viable no es una opción.

Aceptación: Las células se reconocen unas a otras como igualmente importantes. Cada función en el cuerpo es interdependiente con todas las demás. Ninguna puede ser la que controle. No pueden imponerse unas necesidades sobre otras; de lo contrario puede surgir una anormalidad como el cáncer.

Ser: Las células saben cómo ser. Han encontrado su lugar en el cosmos y obedecen el ciclo universal de descanso y actividad. Este ciclo se expresa a sí mismo de muchas formas, como el flujo de los niveles hormonales, la presión arterial, los ritmos digestivos y la necesidad de dormir. El interruptor de apagado es tan importante como el de encendido. El futuro del cuerpo se incuba en el silencio de la inactividad. Ser obsesivamente activo y soportar de más no es una opción.

Inmortalidad: Aunque las células mueren en algún momento, son inmortales en el sentido de que usan los genes y la epigenética para transmitir su conocimiento, experiencia y talentos por medio de células madre incluso mucho después de haber muerto. No les escatiman nada a sus descendientes. Esta es una continuidad de la existencia que también es una especie de inmortalidad práctica, porque se someten a la muerte en el plano físico pero la vencen por medio de la propagación del ADN. La brecha generacional no es una opción.

Cuando cualquiera de estos nueve principios esenciales se perturba, la vida misma es amenazada. No hay un ejemplo más notorio —y aterrador— que el cáncer. Una célula cancerosa ha abandonado los principios esenciales. Sus acciones la hacen virtualmente inmortal para sí misma al dividirse sin cesar. Se extiende y mata a las células vecinas. Ha ignorado las señales químicas regulatorias de las células a su alrededor. Nada le importa más que su propio interés; el equilibrio natural de la comunidad celular se ha salido de curso de forma terrible.

La oncología está descifrando decididamente los detonantes genéticos implicados en el cáncer. Son muy complejos y están interconectados. La diabólica verdad es que una célula maligna puede recurrir a la misma "inteligencia" que cualquier otra, pero la mutación genética dirige su actividad hacia la locura. Como un criminal consumado, cambia de disfraces sin control para mantenerse a salvo de las garras de la policía o, en este caso, del sistema inmunitario. Si el cáncer no fuera una amenaza tan extrema, semejante ingenio demuestra en otro frente que toda posibilidad que la mente humana pueda contemplar ya ha sido anticipada por nuestras células.

Frente a la increíble complejidad que plantea el supergenoma, surge algo sencillo y útil: los nueve principios esenciales que las células preservan a toda costa son los mismos que nos hacen humanos a cada uno de nosotros. La conexión mente-cuerpo es tan flexible que puede adaptarse, no sólo a la adversidad sino también a la perversidad: la perversidad de dar la espalda a lo que la Naturaleza te ha diseñado para hacer, que es permanecer en equilibrio. Cuando sometemos a nuestro cuerpo a toxinas, lo orillamos al punto del agotamiento e ignoramos sus señales de sufrimiento, estamos despreciando la sabiduría que existe dentro de cada célula.

Por otra parte, podemos alinearnos con la misma sabiduría, y cuando esto sucede la conexión mente-cuerpo alcanza su potencial real.

Cómo vivir los 9 principios esenciales

1. Ten un propósito elevado que vaya más allá de ti mismo.
2. Valora la intimidad y la comunicación: con la Naturaleza, con otras personas, con la vida entera.
3. Mantente abierto al cambio. Momento a momento, siente todo en tu entorno.
4. Fomenta la aceptación de todos los demás como tus iguales, sin juicios o prejuicios.
5. Disfruta tu creatividad. Saborea la renovada frescura de hoy, no te aferres a lo viejo o gastado.
6. Siente cómo tu ser es arropado por los ritmos y patrones naturales del universo. Acepta la realidad de que estás a salvo y cuidado.
7. Permite que el flujo de la vida te dé lo que necesitas. El ideal de eficiencia le permite a la Naturaleza cuidar de ti. La fuerza, el control y la lucha no son tu camino.
8. Siente la vinculación con tu fuente, la inmortalidad de la vida misma.
9. Sé generoso. Comprométete a dar como la causa de toda abundancia.

Estas nueve cosas satisfacen la necesidad de cooperar con la sabiduría de tu cuerpo, sin oponerse a ella, y hacer lo que puedas para mejorarla.

Hemos pasado de las decisiones en el estilo de vida a hacer de tu vida algo más significativo, que es todo el objetivo del bienestar. No sólo quieres sentirte mejor sino sentar las bases para una vida plena.

El campo mental

Nos esforzamos por sustentar nuestros argumentos con ciencia sólida, y ver el cuerpo como un campo de *inteligencia* no es la excepción. Cuando alguien pregunta: "¿Dónde se sitúa la mente?", la mayoría de la gente en automático señala su cabeza. ¿Por qué? Tal vez es sólo porque muchos órganos sensoriales están localizados ahí: los ojos, las orejas, la nariz y la lengua. Con tanta información fluyendo en una sola parte del cuerpo, es un mero hábito situar la mente en nuestra cabeza. La mente y el cerebro se han situado juntos en una caja llamada cráneo. ¿Pero está tan encerrado el cerebro en su caja que tiene sentido hablar de él como una máquina que crea la mente, al igual que una impresora láser hace documentos? La nueva genética hace que nos hagamos algunas preguntas culturalmente radicales, incluida la más radical de todas: ¿es necesario el cerebro para todas las formas de "conciencia"?

En términos evolutivos, los sistemas nerviosos no siempre estuvieron centralizados. Algunas criaturas, como la medusa, tienen redes neuronales distribuidas a lo largo de su cuerpo. Aunque los humanos poseemos un sistema nervioso central, también tenemos otros sistemas nerviosos más distribuidos. Tenemos un sistema nervioso periférico, que incluye los nervios que reúnen información para el cerebro (por ejemplo, los nervios en nuestros órganos de los sentidos) y nervios que envían señales desde el cerebro (por ejemplo, los que le dicen a nuestros músculos qué hacer). Después de que se observó que el tracto gastrointestinal puede funcionar bastante bien cuando es desconectado del sistema nervioso periférico, se concluyó que éste constituye un sistema nervioso entérico (intestinal) similar a una telaraña.

El factor decisivo para decir que el sistema nervioso entérico es un sistema nervioso aparte fueron las células ganglionares especializadas, localizadas entre las capas musculares en la pared intestinal; éstas actúan como un cerebro local. Si cortas los nervios que las contactan desde el cerebro, estas células ganglionares continuarán dándole al intestino instrucciones para moverse, absorber y secretar, y funcionan bastante bien y con autonomía, como una unidad funcional independiente.

Resulta que el tracto intestinal no sólo recibe consejos del resto del cuerpo. Alberga sus propias reacciones. Cuando escuchas malas noticias y sientes un hueco en la boca del estómago, estás experimentando una emoción al igual que la experimentas en la cabeza, y a menudo ésta precede a cualquier pensamiento que puedas tener. ¿El sistema nervioso entérico crea dicha sensación por sí mismo? No está claro, pero es tentador pensar que sí. En efecto, muchas personas confían sus reacciones viscerales por encima de las respuestas confusas y comprometidas que abruman al cerebro cuando pensamos demasiado en algo.

Se han vuelto comunes los descubrimientos sobre procesos parecidos a los cerebrales fuera del cráneo. Los músculos de tu rostro están vinculados directamente con tu cerebro. Aunque asumimos que el cerebro le dice a la boca y los labios que sonrían cuando nos sentimos contentos, también sucede lo contrario. Ver una sonrisa en el rostro de alguien puede hacerte feliz, y a los niños se les enseña a sonreír como una manera de salir de un estado de ánimo triste. Que esto funcione o no es diferente para cada persona, pero podría argumentarse que en esas ocasiones el rostro controla al cerebro.

Podría ser que otras partes del cuerpo ignoren al cerebro o se rebelen contra él. Rudy, que juega basquetbol dos veces por semana, ha experimentado un fenómeno llamado "brazos de cocodrilo". Cuando está estresado, distraído o ansioso, la memoria muscular del brazo y la muñeca se paralizan y el balón, lanzado con las mejores intenciones, puede desviarse 1.5 metros de la canasta.

Se puede pensar en el sistema de conducción del corazón, que organiza los latidos, como el cerebro del corazón, al igual que las células ganglionares son el cerebro de los intestinos. La independencia del sistema de conducción del corazón se muestra cuando un corazón trasplantado continúa latiendo aunque hayan sido cortados los nervios que lo conectaban al sistema nervioso central y periférico del donante. La interacción entre el cerebro y el procesamiento independiente del corazón es compleja y aún no se comprende del todo.

El sistema inmunitario ha sido etiquetado como un "cerebro flotante". De forma muy tangible, gracias a lo que se llama vigilancia inmunológica, tus células inmunológicas pueden "decidir" si una sustancia invasora es amiga o enemiga. Si deciden mal, desarrollas una alergia a cosas inofensivas —polvo casero, polen, caspa de los gatos— que no representan peligro y nunca ha sido necesario evitar. Pregunta a cualquiera que sufra alergias si éstas afectan su pensamiento. El aturdimiento, la falta de energía y la ausencia de entusiasmo que sufren muchas personas con alergias dejan pocas dudas acerca de que el sistema inmunitario es parte de una inteligencia corporal mayor.

Estos descubrimientos son suficientes para establecer que las suposiciones culturales sobre la mente y el cerebro están llenas de lagunas. La ubicación de la mente es una pregunta abierta, y cualquier intento de aislarla físicamente en el cráneo enfrenta objeciones válidas. Cada vez más, parece como si cada órgano fuera sede de su propia versión de la mente. (Puedes imaginarlo como Estados Unidos, con un gobierno federal centralizado, muchos gobiernos estatales y una infinidad de gobiernos locales que trabajan juntos y se influyen unos a otros.)

El pensamiento tiene lugar, de una u otra forma, en todas partes del cuerpo todo el tiempo. Esta nueva visión tiene el potencial de sacudir nuestra comprensión aceptada de la mente misma. El cerebro parece cada vez más un afloramiento en un paisaje cubierto por formas variadas de inteligencia. Exploremos las implicaciones de este nuevo modelo.

En el viejo modelo, los nervios eran como el cableado que lleva la electricidad a cada parte de la casa. Pero no sólo es el "cableado" de nervios lo que vincula el cerebro al cuerpo. Las hormonas y los neuroquímicos producidos por todo tipo de órganos afectan la forma en que funciona el cerebro y cómo experimentas tu mente. Considera los cambios de ánimo que viven muchas mujeres en su periodo menstrual o en la menopausia, o los hombres durante la crisis de la mediana edad. Otros eventos mentales se disparan de formas biológicas similares. ¿Alguna vez te has sentido con sueño después de comer demasiado? ¿Has sentido un golpe de adrenalina después de hablar en público o te has sentido desconcertado al caerte accidentalmente de la bicicleta? Las hormonas viajan al cerebro por el torrente sanguíneo, y producen efectos profundos en la naturaleza de "tu mente". Un pensamiento de pánico creado por la adrenalina, secretada muy lejos del cerebro, en la corteza suprarrenal, se siente como "tu pensamiento": misteriosamente la biología se ha convertido a sí misma en mente.

El cerebro fuera del cerebro

Observar el cerebro mismo revela una complejidad incluso mayor en la relación mente-cerebro. Aunque por lo regular la gente piensa en las neuronas como las células cerebrales particulares que producen la mente (actuando juntas en redes casi infinitamente complejas), hay otras células en el cerebro sin las cuales las neuronas no podrían realizar su trabajo. Por ejemplo, las células gliales, que superan en número a las neuronas y realizan muchas tareas esenciales: llevar nutrientes y oxígeno a las neuronas, creando las capas de mielina alrededor de sus largas prolongaciones (axones) para facilitar la transmisión rápida de señales, estabilizando las conexiones entre neuronas y sirviendo como sistema inmunitario para proteger a las células de microbios dañinos. En conexión con la enfermedad de Alzheimer, las células gliales limpian los desechos del envejecimiento o las células nerviosas lesionadas pero también pueden ponerse en contra de las células nerviosas y matarlas. Este "fuego amigo" puede suceder mientras intentan proteger al cerebro de invasores como bacterias, virus y hongos.

Las células que procesan los eventos mentales no necesariamente son sólo "del cerebro". Las neuronas también pueden derivar de otras células residentes en el cuerpo, y algunas neuronas y muchas células gliales llegan al cerebro por medio del sistema circulatorio: son como nómadas que encuentran un lugar para vivir de forma permanente. Abundan las cuestiones sobre cuánto de esto sucede y en qué regiones diferentes del cerebro tiene lugar. (La producción de algunas células cerebrales puede ocurrir al circular células madre que directamente se convierten en neuronas y células gliales, o al fusionarse con células preexistentes.) Todos estos temas están siendo resueltos por biólogos del desarrollo. Pero es claro que todo el tiempo las células están en tránsito entre el cuerpo y el cerebro.

Así que las fronteras entre el cerebro y el no cerebro del cuerpo no son muy definidas. El cerebro es permeable al resto del cuerpo. Decir que el cerebro *crea* la mente es incompleto en el mejor de los casos. Puede ser más preciso decir que el cerebro provee el acceso a la mente. Como analogía simple, todo automóvil necesita un motor para funcionar. Pero un motor por sí mismo no llega a ninguna parte. Las funciones que hacen que un auto sea tal, requieren que todas las partes actúen de común acuerdo. Así mismo, las funciones que realizan nuestras dinámicas mentes son creadas por el complejo cuerpo-cerebro, no sólo por el cerebro. El cerebro siempre ha estado ahí, al alcance; sólo espera que la ciencia se ponga al día. La ciencia convencional es reticente, si no es que desdeñosa, a la noción de la mente fuera del cerebro. De hecho, hacer que tu mente se mueva fuera de tu cabeza es relativamente fácil. Si te quemas la mano con la estufa, tu atención de inmediato se dirige hacia ahí. El dolor de corazón de una persona por un amor no correspondido lleva la atención al centro de su pecho. En varias tradiciones espirituales, este tipo de "mente móvil" se convierte en una habilidad consciente. El siguiente es un ejemplo introductorio común de "mente fuera de la caja" en la práctica del budismo zen. A los estudiantes que han adoptado la disciplina de la meditación zen cotidiana —contando o siguiendo la respiración— se les aconseja llevar sus mentes al *hara*. El *hara* es el segundo chakra, o centro de energía sutil, localizado debajo del ombligo, justo frente al sacro. Una forma de describir este ejercicio de "mente móvil" es imaginar que la mente está situada en una gota de miel en el centro del cráneo (donde por lo regular experimentamos nuestra mente, de todas maneras) y luego dejar que la gota de miel descienda despacio a lo largo del frente de la columna hasta llegar al *hara*.

Tener éxito en este ejercicio requiere tiempo y mucha práctica. Al principio puede sentirse que sólo hay un pequeño movimiento, porque tu atención vuelve a tu cabeza como una liga elástica. Así que comienzas de nuevo, dejando que la gota de miel descienda despacio, llevando a tu mente consigo. ¿Por qué hacer esto? Una razón es que cuando tu mente se mueve desde dentro de tu cráneo hasta una posición frente al sacro, puede proporcionar un golpe de energía, no distinto al café que de pronto llena de energía tu mente unos minutos después de beber una taza por la mañana. Lo que de otra forma hubiera sido zen somnoliento, de pronto se torna en zen despierto.

Todavía más importante es que los practicantes reportan que hay una exquisita sensación de estabilidad en su mente cuando la llevan a esa ubicación: los pensamientos siguen yendo y viniendo, pero se sienten como olas subiendo y bajando, o como nubes que pasan por arriba, en lugar de ser como un mono inquieto que salta por todos lados. Una mente que va de un lado a otro en un espacio de pensamientos sin control nos cansa, pero también disfraza el potencial para tener una mente en silencio, fuerte y en calma.

Perdiendo "mi" mente

La neurociencia desconfía de las experiencias subjetivas, pero el hecho es que para los practicantes de zen y otras tradiciones orientales mover su mente fuera de la cabeza es algo rutinario. La experiencia ha sido replicada por siglos; no es algo accidental, casual o una alucinación. Con la suficiente práctica, alguien puede mover su mente a un dedo del pie, al hombro, al codo o quizá incluso alrededor de la habitación. La respuesta inmediata de la mayoría de los neurocientíficos es que esa sensación subjetiva de "mente móvil" no es real o puede ser explicada como una especie de ilusión neurológica, como los "miembros fantasmas" que reportan los pacientes a quienes se les ha amputado una pierna o un brazo. El miembro fantasma parece ocupar el mismo espacio que el miembro real perdido e incluso experimenta dolor.

La mejor réplica a esta afirmación es que toda una variedad de experiencias subjetivas en la medicina son reportadas por quienes las viven y no pueden ser dimensionadas sin preguntar al paciente qué sucede. A partir de afirmaciones como: "Siento dolor aquí", "Estoy deprimida", "Estoy confundido" y "He perdido el equilibrio", a veces puede rastrearse actividad cerebral distorsionada en una FMRI (imagen por resonancia magnética funcional, por sus siglas en inglés), pero sólo el paciente puede relatar lo que está sucediendo. La resonancia no puede decir que sufre dolor cuando aquel afirma que no es así. (Cuando en una caja de Petri las bacterias eluden a una toxina o son atraídas al alimento, ¿podemos afirmar que sabemos que éstas no sienten una forma primitiva de repulsión o atracción?)

En todas las tradiciones contemplativas llega un momento en que el sentido de la mente propia y del ser ordinario cambia de manera fundamental, y eso puede durar un momento o toda una vida. En las tradiciones védica y budista, estas experiencias se llaman *Samadhi*, en las cuales se establece una conexión con la conciencia pura al nivel más profundo. En la práctica mística hebrea esto puede ser comprendido como *D'vekut*, y en la cristiana como "unirse a Dios". El pensamiento ordinario se deja atrás, y uno llega a la conciencia sin contenido.

El Samadhi entra en la zona de sombra en que "mi mente" se disuelve en la mente misma. Aquí la realidad cambia de forma dramática. En vez de sentarse dentro del espacio de una habitación, la persona se sienta en el espacio mental (*Chit Akasha*, en sánscrito). Pero los eventos que tienen lugar no son estrictamente mentales. En el viaje interior, el tiempo, el espacio, la materia y la energía surgen del silencio, muy a la manera en que la física describe la creación borboteando de la "espuma cuántica". Desde nuestra visión, la experiencia interna de la meditación, el yoga, el budismo zen y demás no es inferior a la información recolectada de estados subjetivos como el dolor, estar feliz o enamorarse. Las tomografías del cerebro ofrecen una correlación con estas experiencias, pero se necesita a una persona que las tenga.

Cuando la gente descubre que no existe una frontera entre el "yo" y el mundo entero, se siente aturdida y a veces aprensiva. ¿Y la piel?

En las clases de biología de la preparatoria se enseña que la piel es una barrera impermeable que te protege de los invasores que atacan el cuerpo desde "allá afuera". Pero la metáfora de la piel como una armadura viviente no es viable. Tu piel es una comunidad de tus células humanas y de habitantes bacterianos. Haz una pausa y sacude tu mano, observa cómo las coyunturas de los dedos y la muñeca se mueven bajo la piel. ¿Por qué la piel no se rompe con todo este movimiento, el jalón de tus dedos al cerrarse y extenderse, tu brazo doblándose y estirándose? Porque las bacterias que revisten los pliegues de tu piel digieren las membranas celulares de las células muertas de la piel y producen lanolina, que lubrica la piel (como lo hace el colágeno al conectar las células cutáneas). ¿Cuánto tiempo durarían "tú" y tu genoma si tu piel se estuviera craquelando, abierta a las infecciones por tan sólo teclear en una *laptop* o por decirle adiós a alguien con la mano? Por fortuna, somos comunidades vivas y florecientes en armoniosa interacción dirigida por el supergenoma.

El único motivo por el que separamos "aquí dentro" de "allá afuera" puede ser biológico y no algo basado en la realidad. Las investigaciones están comenzando a dar cuenta de la oscilación entre el mundo interno y externo, una oscilación que todos experimentamos cada día. A veces dirigimos nuestra atención a objetos "allá afuera", y a veces a eventos mentales "aquí dentro". Ahora, una hipótesis sugiere actividad neural específica dentro de dos redes complementarias de señalización en el cerebro: una está activa cuando tratas con el mundo afuera del cuerpo (llamada red neuronal orientada a tareas), mientras que la otra, la "red por defecto" (o red neuronal por defecto) se acelera cuando tu atención va hacia adentro, como sucede a menudo cuando descansamos despiertos, en la introspección o a falta de estímulos sensoriales significativos. Se cree que nuestros cerebros alternan rápido entre estas dos redes, pero cuando se lleva a cabo meditación profunda, ambos se activan juntos. En la meditación, "adentro" y "afuera" ya no son opuestos y contrarios sino que se experimentan como un todo continuo. Y la actividad genética está cambiando a lo largo de este magnífico proceso.

La frontera final

Una última frontera mantiene separados a la mente y al cuerpo: una creencia rígida en lo físico. Todo el armado del cerebro es físico. Cada acción de una neurona es física, así como las secuencias cifradas del ADN que crean células nerviosas. Gracias a la nueva genética, este cifrado se ha vuelto mucho más transparente: con avances tecnológicos impresionantes, podemos ver las alteraciones más minúsculas en la actividad genética. Pero en ninguna parte puedes ver que el ADN obedezca a la mente. Los pensamientos son invisibles, y la ciencia desconfía de cualquier cosa que no pueda ser detectada y medida de modo visible. La validez de la ciencia tiene que ver con la medición, aunque esto requiera de un instrumento tan poderoso como un microscopio de electrones para extender la vista humana.

Sin embargo, sabemos que nuestras mentes están funcionando. La nueva genética ha ayudado a la causa de la invisibilidad, por así decirlo, al mostrar que las experiencias subjetivas de la vida pueden conducir a modificaciones epigenéticas que alteran la actividad genética. De cierta forma, el hecho de que nuestros cuerpos cambien de acuerdo con cómo pensamos y sentimos es tan obvio que no se necesita la ciencia para demostrarlo. Todo el cuerpo responde cuando alguien pierde a un cónyuge, a un mejor amigo o un trabajo, y tras el duelo puede haber depresión, una mayor susceptibilidad a las enfermedades e incluso el riesgo de muerte prematura. Tu supergenoma reacciona de forma directa a estos cambios de la vida.

Todos estos cambios son regulados por los genes, y aun así la seducción de lo físico sigue siendo fuerte para la ciencia convencional. Antes de considerar algo tan intangible como la emoción del duelo, un genetista observará primero la cadena de alteraciones moleculares en el ADN y encontrará vínculos cada vez más complejos. Esta limitación es la última frontera que debe ser cruzada. ¿Cómo puede lograrse?

Un ángulo es el concepto del campo, que es básico en la física moderna. Todo lo que sucede físicamente al nivel de los átomos y las moléculas (que son "cosas" observables) se remonta a fluctuaciones en el campo (que es invisible y "no cosa"). Puedes ver la aguja de una brújula apuntando al norte, pero no puedes ver el campo electromagnético de la Tierra que está causando el efecto. Puedes ver una hoja caer de un árbol, pero no puedes ver la gravedad que la jala hacia la Tierra. ¿Sucede algo así cuando los genes se activan?

Un interesante experimento realizado por biólogos moleculares británicos en 2009 podría arrojar luz sobre esta pregunta. Por décadas hemos sabido que el ADN tiene la propiedad de repararse a sí mismo, lo que hace al reconocer qué partes de la doble hélice están cifradas de forma incorrecta, se encuentran rotas o mutadas. Cuando una célula se divide y una cadena de ADN se duplica a sí misma, implica también el reconocimiento para rearmar la nueva cadena conforme cada par base encuentra su lugar. En su experimento, el equipo británico colocó cadenas separadas de ADN en agua y observó cómo comenzaban a formar grumos redondos (esféricos) de material genético. Marcaron con tinte fluorescente una secuencia larga de 249 bases químicas (llamadas nucleótidos) para observar cómo esta se fijaba a otros fragmentos del ADN dentro del grumo.

Los resultados fueron impresionantes e inexplicables. Era dos veces más probable que las secciones exactamente iguales de ADN se unieran, reconociéndose unas a otras aunque estuvieran separadas en el agua a distancias que no permitían el contacto físico. Para un biólogo celular esto no tiene sentido, ya que se requiere contacto físico o conexiones químicas para que suceda cualquier cosa dentro de una célula. Pero en términos del campo, el misterio tiene una explicación. Como una brújula que obedece las líneas de fuerza magnética que envuelven al planeta, estas cadenas de ADN podrían estar obedeciendo a un "biocampo" que mantiene intacta la vida.

El equipo de investigación calificó de "telepático" el comportamiento de las cadenas de ADN ante la ausencia de cualquier conexión física que las atrajera. El biocampo, operando a través de cargas eléctricas infinitesimales, podría ofrecer una explicación menos sobrenatural. Pero el reconocimiento es un rasgo que atribuimos a la mente. Cuando esperas en el aeropuerto a que aterrice el avión de una amiga, la reconoces en medio de una multitud de extraños: no la buscas de persona en persona, sino que simplemente sabes a quién estás buscando. De la misma forma, pero mucho más misteriosamente, un pingüino de la Antártida que regresa del mar con comida en el buche puede reconocer cuál es su cría, y se dirige directo hacia ella entre miles de crías de pingüino.

Hay algo acerca del reconocimiento que es básico y desafía la aleatoriedad. Es una propiedad del campo mental de la cual todos dependemos: en este momento reconoces las palabras en una página, y no colecciones de letras del alfabeto que revisas para saber qué significan. Parece que el ADN puede hacer lo mismo, ya que los 249 nucleótidos no coincidían uno por uno; toda la secuencia encontró su reflejo, desafiando al azar.

Contactar con tu campo

Este experimento revelador nos ayuda a cruzar la última frontera, pero no nos lleva más allá de lo físico por entero. Para hacer eso debemos aceptar que otros factores, indescriptibles e inmensurables, actúan tras bambalinas, convirtiendo pedazos de materia en criaturas vivientes. Los adeptos de las tradiciones místicas alrededor del mundo han experimentado este agente invisible.

Todo lo que se necesita es contactar con tu campo natural de inteligencia, presente desde tu cerebro hasta cada célula de tu cuerpo. Los campos son infinitos, pero tú no tienes que serlo. Un pequeño imán de herradura es un afloramiento en el inmenso campo magnético de la Tierra, y a su vez, el campo magnético de la Tierra es el punto más minúsculo en el campo electromagnético del universo. Aun así, cada rasgo de este campo infinito está presente en un imán. De la misma forma, tú eres un afloramiento de tu mente como parte de un campo mental más grande. Esto te conecta en automático con él. Cuando la experiencia del campo mental es clara, como en la meditación profunda, la percepción cambia. Algunas personas que han entrado en este estado de conciencia han reportado las siguientes experiencias:

Percibieron el infinito en todas direcciones.

El tiempo y el espacio dejaron de ser absolutos, los vieron como creaciones puramente mentales.

Toda separación cesó. Sólo fue real la totalidad.

Todo evento estaba conectado con todos los demás, como olas subiendo y bajando en un océano sin límites.

La vida y la muerte ya no representaban un principio o un final. Estaban mezcladas en el continuo de la existencia.

Todos podemos tener estas comprensiones; no tienes que ir a una escuela mística. De hecho, no hay adónde ir en la búsqueda del campo mental porque todos estamos rodeados por él, hasta nuestros genes. Se requiere un punto de vista especial para hacer que el campo se muestre. En la tradición védica, un texto llamado los *Shiva Sutras* ofrece 108 formas de ver más allá de la máscara de la materia y descubrir lo que hay más allá. Una de estas técnicas es ver lo que está más allá del cielo. Uno no puede realizar ese acto, no de manera física, pero ese no es el punto. Al intentar ver más allá del cielo, algo más sucede: la mente se detiene. Desconcertado por la imposibilidad del ejercicio, la corriente normal de pensamiento cesa. En ese instante, la mente sólo se percibe a sí misma. Ningún objeto obstruye la conciencia pura y, ¡eureka! *Eso* es lo que hay más allá del espacio.

Un pez rodeado de agua toda su vida no puede saber cómo es el agua. Pero si da un salto fuera del mar hay un contraste, y entonces lo mojado puede experimentarse como lo opuesto a lo seco. Tú no puedes saltar del campo mental, pero puedes desacelerar tu mente y entonces hay un contraste similar: puedes experimentar cómo se sienten la calma, el silencio y el cese de actividad.

Incluso si no practicas la meditación, que es donde los grandes sabios, santos y místicos han encontrado su contacto profundo con el campo, aún puedes vislumbrarlo. Siéntate en silencio con los ojos cerrados, sin hacer nada. Observa la corriente de pensamientos que pasan por tu mente. Cada evento mental es temporal. Llega, se queda por un instante y luego se va. Observa que entre cada evento mental hay una corta brecha. Al sumergirte en esta brecha puedes alcanzar el campo mental en su extensión infinita. Pero no tienes que hacerlo en este instante.

Al vislumbrar la separación entre dos pensamientos, abre los ojos. Piensa en lo que acabas de experimentar. Los eventos mentales surgen,

¿pero de dónde? Los eventos mentales se desvanecen, ¿pero adónde se van? Al campo mental. Prestamos tanta atención a nuestros pensamientos que no vemos este simple punto. Cada pensamiento es un evento transitorio, mientras que la mente es permanente e inmutable. ¿Sentiste lo fácil que fue darte cuenta de esto? Por un breve instante te convertiste en un *Gyan Yogui*, alguien que está unido con el campo mental. O para ser más precisos, alguien que *sabe* que está unido al campo mental, porque no es posible perder contacto con el campo. Tan sólo olvidamos el campo por estar obsesionados con la ronda constante de pensamientos, sensaciones, sentimientos e imaginaciones de la mente.

No estamos criticando la actividad de la mente. Experimentar el campo mental sólo profundiza tu apreciación de la vida. Engendra el asombro que llevó al poeta persa Rumi a exclamar: "Venimos girando de la nada, estrellas dispersas como el polvo", y en otra ocasión: "Mira estos mundos girando de la nada / Esto está dentro de tu poder".

La vida evoluciona siguiendo patrones que a todos nos parece hermoso contemplar. La evolución dio lugar al genoma humano y al cerebro, la estructura más compleja del universo conocido. ¿Puede ser resuelto este misterio al ver más allá de la máscara de la materia? El cuerpo exhibe una "inteligencia" casi infinita en cada célula. A lo que nos referimos como "inteligencia" celular es la capacidad natural de la célula para adaptarse, responder y tomar las decisiones correctas en cada momento no sólo para sí misma, sino en servicio de todas las demás células, tejidos y órganos en el cuerpo. *Algo* causó que esto sucediera. En la búsqueda de ese *algo*, debemos abordar la evolución misma, la fuerza que hace posible que todos nosotros estemos aquí, para empezar.

HACER CONSCIENTE LA EVOLUCIÓN

El supergenoma ha extendido ampliamente la idea de una célula sensible y adaptable. Esto abre las puertas a muchas otras fascinantes posibilidades. Una célula sensible y adaptable puede modificar su ADN en función de los nuevos retos y oportunidades que su ambiente le presenta. Puede recibir e interpretar mensajes cerebrales y, de igual manera, responderlos. La célula, por lo tanto, se adapta a nuestras experiencias de vida en continua reorganización y mantenimiento de su equilibrio a fin de funcionar mejor para sí y para otras células en el cuerpo. Lo que atestiguamos es la asociación mente-cuerpo. La mente humana es consciente. Usa la adaptación, los circuitos de retroalimentación, la creatividad y la complejidad de maneras asombrosas: estos son los bienes más preciados de nuestro lugar evolutivo en la naturaleza. Las células reflejan la mente, le dan expresión física.

Sólo hay un problema con este panorama, y es grande. La teoría de la evolución no admite que los genes reflejen la conciencia. Introducir un término como "gen inteligente" sería un anatema, incluso cuando la mayoría de los genetistas no protestaron ante el "gen egoísta". Ser egoísta implica tomar decisiones sólo en función de uno mismo, y esto requiere cierta conciencia. Nuestras células toman decisiones todo el tiempo. Imagina una pequeña esfera de hierro moviéndose en círculo sobre una hoja de papel. La esfera parece moverse por arte de magia, por sí sola, hasta que miras bajo el papel y ves que está siendo controlada por un imán. Algo similar parece suceder con la actividad de las células en tu cuerpo.

Supongamos que pudieras observar las células cardiacas de forma individual, y vieras que empiezan a sacudirse como locas sin razón aparente, y que un minuto después se detienen. Parece que llevan a cabo esto por sí mismas, pero si retrocedes un poco verás que la persona a quien pertenece este corazón acaba de subir corriendo unas escaleras. Las células del corazón respondieron a instrucciones cerebrales, y el cerebro obedecía a la mente. Así es como funciona la asociación. Aquello que consideramos inteligente es la persona, no sus células. Incluso las células cerebrales vienen después en la asociación, ya que la mente siempre está primero.

La teoría evolutiva va al revés, pone a la materia primero. En lo que respecta al darwinismo convencional moderno, la mente evolucionó a partir de actividad celular básica no deliberada. Las interacciones químicas se volvieron más complejas, así como la capacidad de la célula de adaptarse a su entorno. Las células individuales empezaron a agruparse para formar organismos complejos. Después de millones de años, los grupos de células se especializaron, y el grupo principal evolucionó en las células nerviosas, sistemas nerviosos primitivos que fueron por último cerebros primitivos. Los humanos sabemos todo esto porque, para nuestra fortuna, nuestro cúmulo de células nerviosas es la cúspide de la evolución cerebral. El cerebro humano nos hizo conscientes, creativos y en extremo inteligentes.

Este libro propone lo contrario: que las células y los genes actúan en el mismo campo mental que el cerebro. Esta teoría es aceptable para cualquiera que crea, como los darwinistas, que la materia viene primero. Pero nuestra visión tiene una gran ventaja. Abre un nuevo horizonte para la asociación mente-cuerpo. Los pandas nunca dejarán de comer ramas de bambú; los tigres siempre cazarán venados; los pingüinos seguirán cruzando los glaciares de la Antártida para depositar sus huevos, al menos por el próximo millón de años. A una mutación genética le tomaría al menos ese tiempo alterar tan poderoso comportamiento instintivo.

Pero los seres humanos pueden cambiar su dieta, renunciar a la violencia, volverse vegetarianos y tener bebés en un cálido hospital en lugar de en la Antártida. Somos infinitamente adaptables. Por lo tanto, hemos empujado la evolución más allá de las barreras de lo físico. Nuestra piel irradia calor en tal cantidad que pernoctar al aire libre durante una noche de invierno sería fatal para un humano desprotegido, y sin embargo nos hemos sobrepuesto a esta desventaja gracias a la ropa, el refugio y el fuego. Nos hemos convertido en los bichos raros de la evolución, sin lugar a dudas. Pero nuestro próximo avance podría sobrepasar todo lo hasta ahora aceptado por el darwinismo convencional.

Los seres humanos podríamos convertirnos en las primeras criaturas en la historia de la vida en la Tierra en determinar hacia dónde se dirige nuestra propia evolución. De ser así, el supergenoma se vuelve la clave del nuestro futuro, empezando por aquello que cada uno de nosotros pensamos y hacemos en este momento.

Sin embargo, para llegar ahí, tendrían que establecerse tres cambios sustanciales en nuestro entendimiento de lo que es la evolución, y cada uno de ellos derribaría un pilar de la teoría darwiniana.

En primer lugar, la evolución debe ser regida por algo más que el azar.

Segundo, la evolución tiene que acelerarse de manera drástica para poder mostrar cambios no en cientos de miles o millones de años, sino en una sola generación.

En tercer lugar, la evolución debe ser autoorganizativa y por lo tanto *consciente*, para permitir la influencia de la toma libre de decisiones, el aprendizaje y la experiencia.

Estos son serios desafíos al *statu quo*. Por lo general, el debate tendría cabida sólo dentro del círculo de los escasos profesionales de la evolución. Sin embargo, la meta es tan importante para la vida de todos que también queremos incluirte en este privilegiado círculo. Mereces unirte a la discusión sobre la nueva dirección que tomará la evolución humana, tanto como cualquier famoso genetista. Examinemos los tres cambios que necesitan ocurrirle al darwinismo, no porque nosotros como autores lo digamos, sino porque estos son los cambios que pueden esperarnos gracias a la nueva genética.

¿Es la evolución sólo un golpe de suerte?

Mencionamos antes que uno de los mitos que deben descartarse con respecto a la genética, es la idea de que todas las mutaciones nuevas ocurren *sólo* mediante el azar. En ese punto fue audible en el fondo una turba enfurecida de biólogos evolucionistas lanzando pesados objetos al suelo, pues desde siempre el fenómeno de las mutaciones producidas exclusivamente de manera aleatoria ha sido uno de los pilares del darwinismo. Decir que no es así ha sido una línea constante de ataque por parte de los antievolucionistas con agendas religiosas, y es difícil deshacernos de ese estigma.

En la teoría darwiniana las mutaciones que dirigen la evolución no son producidas por experiencias de vida. De acuerdo con Darwin, las jirafas no obtuvieron su largo cuello porque lo quisieran o necesitaran. El cuello largo apareció por accidente un día, y esa afortunada jirafa con una mutación tuvo entonces una ventaja para la supervivencia que fue seleccionada naturalmente para ser legada a las futuras generaciones. Es obvio que un cuello más largo les permite a las jirafas alcanzar las hojas más altas de los árboles, pero el darwinismo no dejó que ningún "por qué" hiciera su aparición. La teoría evolutiva clásica no te permite decir que un cuello largo apareció "porque" el animal necesitaba comer de las hojas más altas de los árboles; en cambio te diría que la nueva mutación fue aleatoria y que predominó "porque" le dio al animal una nueva capacidad para sobrevivir.

Fuera del terreno de la evolución, nos gusta hablar del "por qué" y el "porque" todo el tiempo. Si un jugador de basquetbol es diez centímetros más alto que todos los demás en la cancha y mete más canastas, es porque tiene la ventaja de su estatura. Entonces, ¿por qué no podemos decir lo mismo de la jirafa? La razón tiene que ver con cómo se heredan las mutaciones. Esa primera jirafa afortunada tuvo que sobrevivir o de otra manera su nueva mutación no habría existido. Luego el gen mutado tuvo que aparecer en la siguiente generación. Y si aún proporcionaba una ventaja para la supervivencia, el gen estaba ahora presente en más de un animal, lo que mejoraba sus probabilidades en el combate.

Pero las probabilidades estaban aún en gran medida en su contra, puesto que para volverse permanente el gen mutado tuvo que abrirse paso hacia el genoma de todas las jirafas; las jirafas de cuello corto debieron quedar en gran desventaja como para desaparecer del acervo genético. El proceso es tan sólo cuestión de números, puras estadísticas repetidas generación tras generación. Lo que importa es el gen y qué tan exitosamente es transmitido. Los evolucionistas especulan, siguiendo el sentido común, que el cuello largo les permitió a las jirafas privilegiadas obtener hojas que las jirafas de cuello corto no podían alcanzar, pero en términos científicos esto no es todo. La evidencia muestra una persistencia de la mutación a lo largo del tiempo.

Gracias a la teoría genética moderna, las estadísticas de supervivencia son en gran medida mucho más específicas. Es intimidante chocar contra la cortina de hierro de la mutación aleatoria; toda la genética institucionalizada rechazará tus ideas en contrario. Al menos así era antes, hasta la década pasada. Ahora esa cortina de hierro se ha convertido en otra cosa: una brecha.

Una brecha es más amistosa que una cortina, porque en lugar de ser derribada, sólo necesita un puente para cruzarse. De un lado de la brecha tenemos el hecho obvio de que los seres humanos poseemos inteligencia. Del otro lado está la teoría darwiniana, que considera que el término *inteligencia* es sospechoso. El término fue tergiversado por la intromisión de la teoría del diseño inteligente, un movimiento que pretendía usar la ciencia para justificar el libro bíblico del Génesis. Ese intento fue frustrado por numerosas protestas de la comunidad científica, protestas con las que estamos de acuerdo. No hay necesidad de volver a pelear la misma batalla otra vez. Aquella rencorosa división entre razón y fe debe ser sanada, pues cada una tiene su merecido lugar.

La brecha está empezando a cerrarse con nuevos descubrimientos que ponen en jaque la teoría evolucionista convencional. Las mutaciones aleatorias no son todo el panorama, según lo que la nueva genética comprueba aceleradamente. (Como dijo Spinoza, el gran filósofo judío holandés: "En la Naturaleza no hay nada contingente. Las cosas nos parecen contingentes sólo en tanto que son vistas a través de nuestra propia ignorancia".) La selección natural tampoco lo explica todo. A diferencia de las jirafas, los microbios y las moscas de la fruta, los seres humanos no existimos sólo en estado natural. Existimos inmersos en una cultura que tiene profundas influencias en el funcionamiento del supergenoma. Si la descendencia de una mamá ratón negligente puede heredar su conducta, la conducta humana podría estar siendo heredada de la misma manera y en una escala mucho mayor.

Si la brecha entre la evolución estándar y la nueva genética puede ser cerrada, esto significa una gran noticia para ti y para cualquier otra persona. De hecho, significa que estás evolucionando en tiempo real. Y si esto es así, te esperan cosas de suma importancia.

¿Puede la evolución permanecer intacta y, al mismo tiempo, renunciar al azar como verdad absoluta? ¿Puede la evolución consciente pasar del dogma darwiniano a ser un hecho comprobado? Debe hacerlo para que el supergenoma cumpla su enorme promesa.

La derrota del azar

Cada vez hay más evidencia de que las mutaciones genéticas no sólo son aleatorias. En un estudio publicado en 2013 por la influyente revista científica *Molecular Cell*, investigadores de la Universidad Johns Hopkins mostraron que cuando las mutaciones son introducidas deliberadamente en levaduras para impedir su crecimiento, de inmediato comienzan a aparecer nuevas mutaciones para restablecer el crecimiento. Éstas se llaman mutaciones compensatorias secundarias. Son todo menos aleatorias. Las mutaciones compensatorias pueden surgir también si la solución en la cual las levaduras son cultivadas no tiene los nutrientes necesarios, lo cual crea un ambiente más estresante. Aunque las levaduras son organismos muy elementales, la lección aquí es que cuando los retos ambientales son evidentes, el genoma puede adaptarse con rapidez y compensar con mutaciones necesarias (no aleatorias) con el propósito de sobrevivir. Las modificaciones epigenéticas de la actividad de los genes pueden ser usadas con el mismo propósito.

Otro estudio en torno a la bacteria *E. coli* publicado en la revista *Nature* llegó a conclusiones semejantes. La frecuencia de las mutaciones fue muy diversa en distintas partes del genoma de la bacteria. Los investigadores encontraron una tasa más baja de mutación en los genes más activos. Contrario a la idea de que todas las mutaciones son aleatorias, la tasa de mutaciones encontrada entre los genes parece haber sido mejorada evolutivamente para reducir la aparición de mutaciones dañinas en ciertos genes, los más relevantes para la supervivencia. Al mismo tiempo, las tasas más altas de mutación se encuentran donde la mutación podría ser más útil; por ejemplo, en genes inmunológicos que tienen que readaptarse sin cesar para hacer nuevos anticuerpos y así proteger de la invasión de patógenos. Aunque no es aún del todo claro cómo son dirigidas las mutaciones hacia algunos genes y no hacia otros cuando el entorno es hostil, una fuerte hipótesis actual sugiere que la epigenética juega un rol clave.

Es obvio que Darwin, al vivir en el siglo XIX, no podía saber que las tasas de mutación varían bastante a lo largo de diferentes puntos del genoma. Darwin ni siquiera supo acerca del genoma. En el siglo XXI cada vez es menos justificable para los darwinistas dogmáticos asegurar que las mutaciones ocurren sólo mediante el azar y que después son sujetas a la selección natural. La tasa actual de mutación en cualquier punto del genoma es afectada por muchos factores que varían para proteger o reparar el ADN, o por factores epigenéticos. Esto no es un proceso aleatorio.

¿Hay cabida en la nueva genética para afirmar que cada persona está evolucionando en este preciso instante? No todavía. Aún hay más obstáculos que superar, comenzando por la velocidad de la evolución; un proceso tan lento que a veces le toma a las especies millones de años.

Hay incluso evidencia fascinante de que las mutaciones cancerígenas no son, como se pensaba antes, aleatorias por completo. Debido a que los detalles científicos son bastante complejos, para una discusión más técnica del asunto ve los apéndices en la página 339.

Acelerar el reloj

Para el darwinismo tradicional, una especie debe esperar a que una mutación genética ocurra de manera aleatoria. Si facilita la supervivencia, la mutación establece un nuevo patrón estructural o de conducta en el portador. Puede tardar millones de años que predomine en la población de la especie. Pero con la epigenética estos cambios pueden darse en grandes porciones de la población incluso en la siguiente generación.

Es debatible determinar con exactitud cuánto tiempo tarda en ocurrir la evolución, y la argumentación puede partir desde distintos puntos. Comencemos con la "dificultad especial", como Darwin la llamaba, una dificultad que tendría gran alcance. El problema tenía que ver con hormigas y abejas. Darwin no alcanzó a desentrañar el problema de que seguían apareciendo hormigas hembras estériles generación tras generación a pesar de que no podían reproducirse. Observó qué tan diferentes eran de las hembras fértiles en su conducta y morfología. ¿Cómo podía ser que sus genes fueran heredados aun cuando no tenían ninguna posibilidad de reproducirse? Darwin no llegó a saber sobre los genes pero su teoría tenía como fundamento la supervivencia, cosa que no es posible si una generación entera de hormigas es estéril.

Resultó imposible encontrar la respuesta a este problema hasta el advenimiento de la epigenética, que ocurrió mucho después de la muerte de Darwin. La epigenética explica cómo las modificaciones químicas del ADN pueden alterar de forma permanente la actividad de los genes, incrementándola o disminuyéndola. Este proceso puede ocurrir después del nacimiento, esquivando la enigmática cuestión de legar nuevos genes: todo lo que se necesita es modificar los que ya existen. Darwin casi resolvió la cuestión por su cuenta. Especuló que la respuesta podría encontrarse en el sistema de castas de las abejas.

Las abejas pueden ser potenciales reinas o trabajadoras estériles según qué tipo de alimento hayan consumido cuando eran larvas. La diferencia se reduce a la jalea real, un tipo especial de alimento que contiene nutrientes que producen un mejor desarrollo de los ovarios. Se ha mostrado que el mecanismo exacto implica modificaciones epigenéticas de genes específicos. Mientras que la dieta de la abeja reina le permite vivir por años y depositar millones de huevos, la vida de la abeja obrera es muy breve y se restringe a las funciones de cuidar de la casa y de las demás larvas, además de conseguir alimento. En resumen, hacerse cargo de todo lo relativo al bien de la colmena.

Un mecanismo similar ocurre en una colonia de hormigas. Darwin llegó a proponer que en su caso la selección natural no se aplica sólo al individuo, sino también a la familia y la sociedad. Empezó a notar que una colonia entera de hormigas podía ser vista como un mismo "superorganismo" en evolución, que es como lo vemos hoy en día.

La alimentación puede modificar la actividad genética para programar a ciertas abejas a emitir feromonas que les indican si deben cuidar a las larvas o ir en busca de alimento. La actividad genética puede ser modificada por enzimas conocidas como histona deacetilasas (HDAC); éstas eliminan químicos, llamados grupos acetilos, de los genes modificados epigenéticamente. Resulta que la jalea real contiene inhibidores de HDAC que aseguran el puesto de una abeja como candidata a futura reina. Es interesante que mientras escribíamos este libro la FDA aprobó un medicamento llamado Farydak, el primer medicamento epigenético: un inhibidor de las HDAC que trata formas recurrentes del mieloma múltiple (MM), un tipo de cáncer. El Farydak revierte cambios epigenéticos que ocurren sólo en ciertos genes, con la intención de prevenir la expansión del MM a otras partes del cuerpo.

Después de 150 años, la "dificultad especial" de Darwin nos ha llevado a darnos cuenta de que la epigenética determina no sólo el destino de la abeja larva, sino también su conducta posterior. Este giro genético acelera la evolución para todo propósito práctico. De igual manera, hace personal la evolución. Para la teoría darwiniana estándar, la evolución es impersonal por completo. Para asentarse, una nueva mutación genética debe transmitirse dentro de una gran parte de la población de plantas o animales. Las alas de los pingüinos, por ejemplo, a pesar de no servir para volar, le permitieron a la especie sobrevivir mediante el buceo y la persecución de peces en el océano. Pero la epigenética cambia la vida de los individuos. En el caso de la abeja, las modificaciones epigenéticas determinan toda la vida de una sola hembra estéril. Esta diferencia puede tener implicaciones explosivas para los seres humanos. Hemos presentado bastante evidencia de que la interrupción epigenética es el factor clave para el bienestar y la toma de decisiones en el estilo de vida. Pero encontramos mucha resistencia de los evolucionistas para siquiera considerar este nuevo esquema, ya no digamos aceptarlo.

Hoy en día hay una acalorada discusión acerca de si el *Homo sapiens* ha evolucionado genéticamente a lo largo de nuestra relativamente corta vida como especie. Después de haber dejado África hace 200 000 años, nuestros ancestros poblaron las más remotas tierras del mundo, y mientras lo hacían, los rasgos faciales, la piel y la estructura ósea de cada grupo principal se fueron diferenciando. Una cara asiática no se parece a una cara europea en aspectos clave, así como una piel proveniente de África no se parece a las de esas dos poblaciones.

El reconocido biólogo y escritor H. Allen Orr explica: "Los genetistas podrían descubrir la variante de un determinado gen en 79 por ciento de los europeos pero sólo en, digamos, 58 por ciento de los asiáticos. Es muy raro encontrar una variante genética que aparezca en todos los europeos y no en todos los asiáticos. Pero a lo largo de nuestros vastos genomas, estas diferencias estadísticas cuentan, y entonces a los genetistas no les resulta muy difícil concluir que el genoma de una persona parece europeo y el de otra asiático".

Se ha argumentado que de un genoma a otro hay tanta diferencia que la línea de tiempo debe acortarse para explicarlo. Algunos evolucionistas creen que hasta 8 por ciento de los cambios genéticos ocurrieron mediante selección natural apenas en los últimos 20 000 o 30 000 años, sólo un instante en la historia de la evolución si consideramos la evolución del caballo, por ejemplo, desde un pequeño ancestro, *Eohippus* (palabra griega para "caballo del amanecer"), el cual era tan sólo del doble de tamaño de un fox terrier y que deambuló por América del Norte hace 48 a 56 millones de años.

En medio de esta controversia en la cual los datos tienden a ser muy "blandos" y las conclusiones especulativas, ni siquiera es claro si nuestro genoma cambió debido a ventajas en la supervivencia (obtener más alimento) o el apareamiento. Una rama de estudio sugiere que los cambios genéticos no sucedieron del todo debido a mutaciones aleatorias y selección natural sino también por la cultura. El argumento afirma que es plausible que, como los seres humanos vivimos en comunidades colectivas, los rasgos que promueven las habilidades para vivir en comunidad fueron favorecidos mediante la reproducción, y por lo tanto se heredaron hasta la fecha. Pero es improbable decir con exactitud qué tanto un gen favorece una habilidad específica. Resulta fascinante prestar atención a las dificultades que enfrentó Nicholas Christakis, médico y científico social de Yale, antes de poder declarar que "la cultura puede cambiar nuestros genes".

Este es el título de un artículo de 2008 para internet en el cual Christakis declara: "He cambiado mi opinión acerca de cómo la gente puede encarnar, literalmente, su entorno social". Como científico social, había visto suficiente evidencia de que las experiencias de la gente —de pobreza, por ejemplo— moldeaban sus recuerdos y su psicología. Pero ese era el límite. Como doctor: "Creí que nuestros genes eran inmutables en términos históricos, y que no era posible imaginar un diálogo entre cultura y genética. Pensé que, como especie, evolucionamos durante marcos temporales demasiado largos como para ser influidos por la acción humana".

Evolución en tiempo real

Sin usar la epigenética para explicar por qué cambió de opinión, Christakis da un ejemplo paradigmático de cómo la cultura dialoga con los genes:

> El mejor ejemplo hasta ahora es la evolución de la tolerancia a la lactosa en adultos. La capacidad de los adultos para digerir lactosa (un azúcar en la leche) otorga ventajas evolutivas sólo cuando existe un suministro constante de leche, como ocurrió después de la domesticación de animales productores de leche (ovejas, ganado, cabras). Las ventajas son muchas, desde una fuente de calorías valiosas a una fuente de hidratación necesaria en tiempos de sequía o contaminación del agua. Es sorprendente que tan sólo en el transcurso de los últimos 3 000 a 9 000 años se han dado varias mutaciones adaptativas en poblaciones muy separadas de África y Europa, todas en relación a la capacidad de digerir lactosa... Este rasgo es tan ventajoso que aquellos que lo presentan tienen muchos más descendientes que aquellos sin él.

De 3 000 a 9 000 años es una velocidad de auto de carreras entre épocas evolutivas, pero Christakis no ve motivo para dudar. "Evolucionamos en tiempo real", escribe, "bajo la presión de fuerzas sociales e históricas determinadas." Esas palabras no parecen dramáticas hasta que nos damos cuenta de que las "fuerzas sociales e históricas" están, hasta cierto punto, bajo nuestro control. Después de todo, empezamos guerras, borramos poblaciones enteras, imponemos el hambre y, en el lado positivo, aliviamos las hambrunas, curamos epidemias y combatimos la pobreza.

El argumento decisivo para Christakis fue un artículo publicado en 2007 en la prestigiosa revista *Proceedings of the National Academy of Sciences* por el antropólogo John Hawks, de la Universidad de Wisconsin, y sus colegas, con evidencia de que la adaptación humana se ha acelerado en los últimos 40 000 años. Una tasa acelerada de "selección positiva", dicen los autores, puede probarse estadísticamente al estudiar genomas de todo el mundo, en apoyo de la "extraordinariamente rápida evolución genética reciente de nuestra especie". De pronto se abrió un panorama de posibilidades. Después de la aparición de las grandes ciudades, y con ellas la existencia de un contacto más estrecho con los demás, las variantes genéticas pueden haber favorecido la supervivencia de algunas personas ante epidemias como la fiebre tifoidea.

Una vez que Christakis empezó a pensar de esta manera, se percató de que la cultura y los genes no están monologando, sino que siempre han estado en diálogo. "Es difícil saber dónde podría parar esto. Puede que haya variantes genéticas que favorecen la supervivencia en las ciudades, que favorecen ahorrar para pensionarse, que favorecen el consumo de alcohol o que favorecen la preferencia por las redes sociales complicadas. Puede que haya variantes genéticas (basadas en genes altruistas que son parte de nuestra herencia homínida) que favorezcan vivir en democracias, otras que favorecen vivir entre computadoras... Quizás incluso el mundo más complejo en el que vivimos hoy en día nos está haciendo más inteligentes."

La evolución en tiempo real es crucial para el supergenoma. Podemos estar seguros de que está ocurriendo en el microbioma, pues las bacterias viven existencias muy cortas y son susceptibles a mutaciones veloces. Pero si nuestro bienestar radical habrá de ser una realidad, la evolución en tiempo real debe aplicarse al sistema mente-cuerpo completo. ¿Cómo funcionaría eso? Antes de que el darwinismo triunfara, había otras teorías evolutivas, y una en particular predijo que las criaturas podrían evolucionar en una sola generación.

El naturalista francés Jean-Baptiste Lamarck (1744-1829) fue partidario de la evolución décadas antes que Darwin. Fue un héroe en la guerra contra Prusia, y una figura imponente y decidida en el laboratorio. Al final murió ciego, en la pobreza y el ridículo público; sólo hasta hace poco sus teorías sobre la evolución seguían siendo menospreciadas por ser contrarias a las de Darwin. Lamarck propuso que las especies evolucionan en función de las conductas de sus padres. Por ejemplo, afirmó que si lees cientos y cientos de libros y te vuelves erudito, entonces tendrías hijos inteligentes. Por supuesto, este no es el caso. Pero vistas desde la epigenética, las ideas de Lamarck ahora parecen un poco menos absurdas.

Podría considerársele el padre de la herencia "suave", concepto central de la epigenética: se refiere a los rasgos legados de una generación a otra si la madre o el padre tuvieron una experiencia lo bastante fuerte como para crear marcas epigenéticas (como padecer una hambruna o pasar por un campo de tortura), o si la madre embarazada fuma, bebe en exceso o es expuesta a toxinas ambientales. Con los tremendos avances en el análisis genético de los genomas, desde los humanos hasta los virus, hemos validado no sólo las teorías darwinianas de la herencia "dura" sino también algunos principios lamarckianos. Aunque no son del todo correctos, al menos ya no son absurdos.

El acervo de datos epigenéticos, ampliado de forma constante, nos dice que Lamarck estuvo por lo menos en el camino correcto. La herencia suave es un gran ejemplo de evolución acelerada. Sin embargo, aún queda por demostrar que los cambios en el estilo de vida de los padres pueden ser transmitidos a la generación siguiente. ¿Son lo bastante fuertes y persisten lo suficiente a nivel epigenético? Actualmente estas preguntas aún están por responderse. Sin conocimiento alguno sobre genética, Darwin no podía intentar siquiera contestarlas. Pero puede que una combinación entre herencia suave y dura algún día lo haga.

Introducir la mente

Empezamos este capítulo diciendo que la teoría evolutiva necesitaba sufrir tres cambios para que el supergenoma pudiera alcanzar su potencial. Hemos hablado de los dos primeros, quitando la barrera de las mutaciones aleatorias y acelerando la tasa de cambio evolutivo. Lo que queda es un tercer punto, en potencia el más controversial: introducir un rol para la *mente*. Dado que esta palabra es tan explosiva, la sustituiremos con términos que describen cómo funcionan los sistemas cuando estos se vuelven muy complejos y evolucionados. No tiene sentido rompernos la cabeza con los archimaterialistas; muchos de ellos consideran que la mente no es nada más que un residuo de la actividad física en el cerebro, como el calor emitido por una fogata.

Escribimos un libro entero acerca de la relación entre la mente y el cerebro: *Supercerebro*. En él respaldamos con fuerza la posición de que la mente viene primero y después el cerebro. Pero un libro sobre genética debe proceder en consecuencia. No hay controversia, o muy poca, en decir que los sistemas complejos son autoorganizativos, y usan circuitos de retroalimentación como forma de aprendizaje.

Aprender implica evolucionar, tanto como si lo llamamos aprendizaje consciente o comportamiento de un sistema complejo. Con esto aclarado, comencemos.

¿Cómo sería la evolución *consciente*? Tendría dirección, significado, propósito. Piensa en la belleza de una radiante ave del paraíso en la selva de Nueva Guinea, la aterradora simetría de un tigre, la estremecedora delicadeza de un ciervo: todos estos rasgos serían intencionales. Habría razones para que existieran más allá de la supervivencia del más apto.

Así como con otros aspectos de la nueva genética, lo absurdo de esta idea se ha matizado poco a poco. Mientras que aún es un gran salto argumentar que la evolución tiene un propósito y una meta (lo que técnicamente se conoce como teleología), ya no es viable decir que la evolución es ciega. El cambio ocurrió en las últimas décadas, cuando el concepto de autoorganización empezó a establecerse. Cuando eras adolescente, quizá tenías una habitación de adolescente común y corriente en desorden absoluto, con ropa esparcida por todas partes, la cama sin hacer, etcétera. Pero como adulto enfrentaste la necesidad de organizar tu vida, ya que la alternativa es el caos. La evolución se enfrentó al mismo dilema, y lo solucionó de igual manera: se volvió más organizada para evadir el caos.

En 1947, un brillante psiquiatra y neurocientífico, W. Ross Ashby, publicó un artículo titulado "Principios del sistema autoorganizativo". Su definición de "organización" no giraba en torno a su utilidad, a la manera en que es útil dirigir un negocio organizado en lugar de uno desorganizado. Ashby tampoco juzgó que ser organizado era bueno con respecto a algo malo. En cambio, aseguró que la organización se refiere a ciertas condiciones entre las partes conectadas de un sistema emergente. Resulta que esto tiene implicaciones tremendas en cómo nuestro genoma se organiza a sí mismo.

Según Ashby, un sistema autoorganizativo está compuesto por partes que están unidas, no separadas. Más importante aún, cada parte debe afectar a las demás. La manera en la que las partes se regulan mutuamente es la clave. Una estufa no es autorregulativa. Si pones en ella la tetera y te vas, la temperatura subirá más y más hasta que el agua hierva y la tetera se empiece a derretir y se funda con la hornilla. Pero un termostato sí es autorregulativo. Puedes seleccionar la temperatura deseada e irte, y sabes que si el cuarto se calienta demasiado, el termostato apagará la calefacción.

No podrías haber sobrevivido si tu cuerpo funcionara como una estufa. A los procesos no se les puede dejar correr solos. Una fiebre no atendida de unos cinco grados sobre la temperatura normal del cuerpo humano amenaza con causar daño cerebral e incluso la muerte. Enfriarse demasiado detiene el metabolismo y lleva a la hipotermia, que en casos extremos también resulta fatal. La autorregulación del termostato existe en todo el cuerpo; no sólo regula la temperatura sino también muchos otros procesos. Es gracias a la autorregulación que no sigues creciendo para siempre; que la frecuencia de los latidos de tu corazón no acelera indefinidamente; que tu reacción de pelear o huir no te hace correr y seguir corriendo.

Cada célula en tu cuerpo se desarrolló mediante pasos ordenados y autorregulados, alcanzando una complejidad asombrosa en el cerebro fetal. En el lapso de nueve meses, empezando con un óvulo fertilizado, las células nerviosas comenzaron a diferenciarse, primero en aislamiento pero después formaron rápido una red. Para el segundo trimestre, las nuevas células cerebrales se están formando a la fantástica velocidad de 250 000 por minuto, y se estima que esto puede ascender hasta un millón de células nuevas por minuto justo antes del nacimiento. Estas células no son sólo cúmulos de vida apelmazados juntos. Cada una tiene una tarea específica y se relaciona con otras células nerviosas a su alrededor; el cerebro entero sabe adónde pertenece cada una de sus cien mil millones de células.

Las conexiones, las redes y los circuitos de retroalimentación son claves para cualquier sistema autoorganizativo. Hace miles de millones de años las bacterias primitivas pueden haber empezado siendo independientes, pero conforme se encontraron unas a otras en la tierra comenzaron a interactuar y a formar comunidades; después dependieron entre sí por completo para prosperar y sobrevivir. En nuestros cuerpos, como hemos visto, las bacterias forman redes con nuestras propias células. Comparten mucho de nuestro ADN e interactúan para formar un microbioma inmensamente complejo y sofisticado. La evolución ha hecho que nuestra supervivencia dependa en todo de ellas. Si en el siglo XX invertimos la mayor parte de nuestro tiempo pensando en cómo combatir microbios, en el siglo XXI nos hemos enfocado en cómo coexistir en armonía con ellos. El supergenoma es el mejor sistema autoorganizativo porque refleja la historia entera de la vida en la Tierra.

Es evidente que el ADN es increíblemente ordenado: pone miles de millones de pares de bases en orden. Sin embargo, esto es más que un enlace químico común. Dentro de una célula tiene lugar autoorganización activa. Cromosomas específicos ocupan posiciones específicas en el núcleo. En realidad, sólo 3 por ciento del genoma está formado por genes, y las regiones carentes de genes están cerca del borde del núcleo, donde la epigenética tiene menos potencial para modificar la actividad genética. En contraste, las áreas rebosantes de genes del genoma están en el centro del núcleo, donde la regulación de la actividad genética está más concentrada. Los genes que son controlados por las mismas proteínas tienden a aglomerarse en "vecindarios" genómicos, lo que hace más fácil que las proteínas que los regulan puedan encontrarlos. Todo lo que vemos en el genoma dice que esto no está organizado al azar, sino de manera lógica. Dicho lo cual, sería sin duda un error ir al otro extremo y señalar que fue "diseñado" de esta manera. El diseño se hace visible sólo después de los hechos. La travesía hasta aquí se llevó a cabo bajo los principios de la autoorganización.

Los sistemas autoorganizativos existen como sus propias razones y causas; se recrean sin cesar generando nuevas interacciones. Esto lleva a nuevos órdenes que nunca están completos. Por ejemplo, un átomo es, de hecho, un sistema submicroscópico que obedece ciertas reglas de ordenamiento. Los electrones se acomodan de manera que un átomo de oxígeno es diferente a uno de hierro. Pero aún hay lugar para el cambio. El óxido de hierro —óxido común— se forma debido a que los electrones más externos al átomo pueden formar enlaces, y como tampoco es completamente estable, lleva a más cambios. El óxido es más complejo que el oxígeno o el hierro, sus dos componentes. La complejidad, por lo tanto, alimenta mayor autoorganización, y viceversa.

Este es el milagro continuo de la evolución: que desafía el caos dando saltos creativos cada vez más grandes. Si apilas arena en la playa, obtendrás una duna de arena. Tiene una gran masa pero no es compleja; nada la constituye como un sistema, un huracán sería suficiente para desintegrarla y desaparecerla. Pero conforme las células se acumulan en un feto, no sólo se apilan como granos de arena. Se unen, interactúan y se organizan. Así que un viento fuerte no podría hacer que el cuerpo humano se desintegrara.

Pero esto es sólo el principio. La complejidad y la autoorganización, actuando mano con mano, aprendieron a crear vida, y la vida aprendió a pensar. Dejemos de lado por un momento que el pensamiento, como lo ven la mayoría de los evolucionistas, es algo que apareció sólo con el cerebro humano. Toda la procesión de eventos que llevaron al desarrollo del cerebro muestra que los nuevos órdenes nunca están completos. Como lo dijo el eminente biólogo teórico

Stuart Kauffman: "La evolución no es sólo 'oportunidad capturada al vuelo'. No es sólo un remiendo de lo *ad hoc*, de un *collage*, de un artilugio. Es orden emergente saludado y aguzado por la selección".

Mantener la unión

El enlace químico que une a los átomos de hierro y oxígeno para hacer óxido es físico, pero el funcionamiento de tu genoma contiene algo que va mucho más allá de lo físico. El término técnico para este factor x invisible es *autorreferencia*. Quiere decir que un sistema mantiene rastro de sí mismo mandando mensajes de ida y de vuelta constantemente, para que el círculo del cambio sea también un círculo de estabilidad.

La clave para la autorreferencia es el circuito de retroalimentación. Cuando un gen hace una proteína, puedes estar seguro de que esa proteína ayudará a regular la actividad del gen eventualmente, ya sea de forma directa o indirecta. Dicho de manera más simple, si A produce B, B de algún modo debe regir de manera directa o indirecta a A. Tus propias decisiones, físicas o mentales, regresan a ti para regirte. La escala puede ser muy grande o muy pequeña. Si estás soltero y decides casarte, esta decisión pone todo tu pasado y tus recuerdos bajo una nueva perspectiva, tanto como enfermarte o envejecer ponen la salud y la juventud bajo otra perspectiva. Cada fase de la vida sigue avanzando mientras, al mismo tiempo, recoge el pasado que le antecede.

La autorreferencia es también la manera en que tus genes pueden responder con sólo lo que tu vida necesita hoy sin jamás perder de vista sus programaciones pasadas. Al mismo tiempo, a través de mutaciones y marcas epigenéticas, el presente tiene la capacidad de alterar estas instrucciones. Estas son las bases esenciales de la autorreferencia. Nada en el universo es producido sin regresar de alguna manera a controlar a aquello que lo produjo. En términos espirituales, podemos hablar del principio del equilibrio moral entre el bien y el mal (la ley del karma), también profesada por el cristianismo en la frase "Cosechas lo que siembras". En la física newtoniana es la tercera ley del movimiento: para cada acción existe una reacción igual y opuesta. Los opuestos deberían hacer pedazos un sistema, pero no lo hacen porque el elemento invisible de la autoorganización los mantiene intactos.

Los mecanismos de retroalimentación sostienen los vínculos entre un organismo y su entorno. Permítenos explicar esto de manera un tanto técnica, pues la retroalimentación es un elemento muy importante de nuestro argumento. Ahora sabemos que los genes se adaptan bien a las fuerzas y lo que las contrarresta. En evolución, las nuevas mutaciones ocurren cuando hay estrés y retos en el entorno. Cuando el ADN de algunos genes enfrenta condiciones hostiles, se expone para poder ser activado o desactivado por la epigenética o para que su actividad incremente o disminuya gracias a ciertas proteínas llamadas factores de transcripción. Para que esto ocurra, primero debe haber cambios en la topografía y la curvatura del ADN.

Como resultado, las regiones expuestas de ADN pueden ser más propensas a la mutación. Así que en este modelo, que se ha aceptado cada vez más, las mutaciones no ocurren en lugares aleatorios en el genoma. Los cambios en el entorno llevan a cambios en la curvatura del ADN (no en la secuencia de los pares de bases). Esto determina qué regiones genéticas están expuestas a mutación. En otras palabras, el entorno, la exposición, las tensiones y los desafíos externos afectan cómo se curva el ADN en el núcleo, exponiendo más unas regiones a mutación que otras. En este caso las mutaciones no son aleatorias, sino que surgen como producto de condiciones ambientales. Aunque en esto hay cierto pensamiento especulativo, la retroalimentación entre genes y condiciones externas es clave. Le permite al organismo adaptarse a las condiciones que la naturaleza presenta. Este mecanismo es tan confiable que ha sostenido la vida desde la aparición de los microorganismos primordiales.

Como cada componente del genoma surgió e interactuó con otros componentes, estos se regularon entre sí para estructurar lo que parece ser un diseño lógico. Pero en realidad no hubo un diseño preconcebido, ni históricamente ni en el futuro. Los procesos naturales obtienen sus resultados en tiempo real, mediante la autointeracción. Nuestras mentes luchan por comprender cómo esto fue posible. Leonardo da Vinci observó maravillado que "La sutileza humana nunca concebirá una invención más hermosa, más simple o más directa que la de la naturaleza porque en sus invenciones nada falta y nada es superficial". En esencia, todo en la naturaleza es ciclos de retroalimentación. Mientras nuestros genes ponen el escenario, nosotros determinamos el papel que representaremos y elegimos los personajes con los cuales interactuaremos. Y, a cambio, el escenario se adapta a nosotros. Estamos siempre modificando nuestros genes con nuestras palabras y nuestras acciones. Este sistema de retroalimentación ha sido desde siempre la piedra angular de la evolución, y siempre lo será.

Herencia misteriosa

En algún momento parece por completo arbitrario, presuntuoso y antropocéntrico asegurar que la mente es nuestro dominio privado. La idea de que la naturaleza creara nuestra mente sólo porque sí, a final de cuentas no tiene sentido. Es asombrosa la astucia implícita en las estrategias de la evolución, incluso entre las llamadas formas de vida inferiores. Por ejemplo, los cambios genéticos para la supervivencia pueden tener lugar mediante el robo. Tomemos el ejemplo de la babosa marina *Elysia chlorotica*, de un brillante verde esmeralda, la cual recuerda a una planta. Cuando es hora de comer, la babosa roba cloroplastos —máquinas celulares que pueden hacer fotosíntesis— de algas cercanas para producir comida para sí de la misma manera que lo haría una planta: fabricando azúcar con agua, clorofila y luz solar.

Este interesante caso de robo de cloroplastos ha sido conocido por décadas, pero sólo hasta hace poco se descubrió que la ingeniosa babosa marina también puede robar genes de las algas. Los genes le permiten hacer su propio alimento. Por lo regular, los cloroplastos robados duran poco tiempo, pero los genes que la babosa marina roba y une a su propio genoma la mantienen fuerte y produciendo alimento por mucho más tiempo. Es asombroso que un animal pueda alimentarse a sí mismo como una planta mediante un robo de genes entre especies.

Algo similar le ocurre también a nuestra especie. Los científicos solían creer que todas las células de nuestro cuerpo contienen genomas idénticos. Pero ahora hemos descubierto que puede encontrarse más de un genoma en el núcleo de una sola célula. Más específicamente, algunas personas poseen grupos celulares que contienen varias mutaciones genéticas que no ocurren en ningún otro lugar de su cuerpo. Esto puede pasar cuando los genomas de dos óvulos diferentes se fusionan. Una mujer embarazada puede incluso recibir en sus células nuevos genomas provenientes de su descendencia, la cual deja un rastro de células fetales después del nacimiento. Estas células pueden migrar a los órganos de la madre, incluso al cerebro, y ser absorbidos. Este evento es conocido como mosaicismo, y parece mucho más común de lo que habíamos imaginado. En algunos casos se cree que el mosaicismo es un factor de riesgo para enfermedades como la esquizofrenia, pero en mayor medida es considerado benigno.

Incluso para los darwinianos más acérrimos se ha vuelto obvio que la evolución es una compleja danza entre herencia suave y dura. Por ejemplo, la reproducción sexual en la mayoría de las especies es parte de la herencia dura. Un macho de la mosca de la fruta en automático sabe que para aparearse debe encontrar a la hembra apropiada, tocarla con las patas, cantar canciones específicas, vibrar un ala y lamer sus genitales. Nadie tiene que enseñarle esto a la mosca de la fruta. Cada gesto está genéticamente programado, y el programa es muy viejo en términos de evolución. Pero en algún momento, hace mucho, estas conductas no estaban enraizadas aún; tenían que evolucionar. Cada componente coreográfico del ritual de apareamiento emergió de manera individual en algún ancestro de la mosca de la fruta y comenzó a extenderse. Después el nuevo rasgo se volvió tan exitoso que aparearse fue imposible sin él. En ese punto es que decimos que la conducta arraigada es "instintiva", "programada" o "genéticamente determinada".

En otras palabras, la conducta ocurre sin consideración previa. Surge como respuesta a determinados impulsos. Una cucaracha va a esconderse de inmediato cuando se enciende una luz. Una lagartija se escabulle en cuanto aparece la sombra de una persona. Una ardilla agranda su cola para aparentar ser más grande cuando es atacada. Estos comportamientos innatos se han vuelto automáticos para garantizar la supervivencia. Pero sería demasiado asegurar, como hacen los psicólogos evolucionistas, que la conducta humana es en esencia un asunto de supervivencia.

Esta afirmación es un intento por hacernos parecer programados como moscas de la fruta, cucarachas y ardillas. Ciertamente hemos heredado de nuestros ancestros mamíferos mecanismos que son innatos, siendo la reacción de pelear o huir el ejemplo más obvio. Pero podemos suprimir nuestra herencia ancestral a voluntad, lo que es la razón, por ejemplo, de que los bomberos no huyan de un infierno en llamas sino corran hacia él, o lo que hace que los soldados en el campo de batalla acudan entre los disparos a salvar a sus camaradas caídos. La mente triunfa sobre el instinto gracias a la decisión y el libre albedrío. De la misma manera —y esta es la idea que enoja a los genetistas convencionales—, la mente triunfa sobre los genes.

¿Hay en el arte, la música, el amor, la verdad, la filosofía, las matemáticas, la compasión, la caridad y casi cualquier otra cualidad que nos hace humanos por completo algún beneficio para la supervivencia? ¿Se adquieren estas cualidades por vía genética? Todos los días psicólogos evolucionistas diseñan elaborados escenarios para mostrar por qué el amor, por ejemplo, es sólo una habilidad de supervivencia o una táctica que evolucionó para hacer posible el apareamiento. Cualquier otra cualidad es "explicada" de manera similar para un único propósito: preservar el esquema original de Darwin, cueste lo que cueste.

Cualquier reconocimiento de que el *Homo sapiens* evolucionó usando la mente, evitando a los genes en su conjunto, es anatema. Aun así, en cierto momento es obvio que nos dedicamos a la música porque es hermosa, practicamos la compasión porque nuestros corazones se conmueven, etcétera. De alguna manera estos comportamientos son heredados, pero nadie sabe cómo. La existencia de la mente como fuerza conductora es tan buena explicación como cualquier otra, y muchas veces mucho mejor. Es del todo posible que "descarguemos" muchas de las cualidades valiosas que nos hacen humanos, no al evolucionar los diminutos gestos que conforman el ritual de apareamiento de las moscas de la fruta, sino al asumirlos todos de una sola vez.

Por ejemplo, uno escucha acerca de un niño prodigio que nunca ha tomado una lección de música y sabe por instinto cómo tocar un instrumento. La gran pianista argentina, Martha Argerich, cuenta una historia parecida.

> Estaba en el jardín de niños, en un programa competitivo, cuando tenía dos años y ocho meses. Era mucho más joven que el resto de los niños. Tenía un amigo que siempre me molestaba; él tenía cinco y siempre me decía: "No puedes hacer esto, no puedes hacer aquello". Y yo siempre hacía lo que él me decía que no podía hacer.
>
> Una vez se le ocurrió decirme que yo no podía tocar el piano. (Risas) Así empecé. Aún lo recuerdo. Me paré de inmediato, fui al piano, y empecé a tocar una tonada que la maestra tocaba todo el tiempo. Toqué la tonada de oído a la perfección. La maestra llamó a mi madre de inmediato y empezaron a hacer un alboroto. Y todo porque este niño dijo: "No puedes tocar el piano".

Es imposible saber si Algerich sólo heredó los genes o las marcas epigenéticas que fueron responsables de su sorprendente don. Hay habilidades heredadas. Los bebés nacen con un reflejo que les permite asirse al pecho. Tienen sentido del equilibrio, y rudimentarios pero poderosos reflejos para la supervivencia. Por ejemplo, se han hecho experimentos con bebés de apenas unos meses de edad en los que son colocados sobre una mesa mientras sus madres, de pie a unos metros de distancia, los animan a acercarse. Cuando los niños se acercan al borde de la mesa, no van más allá; por reflejo saben que ir fuera del borde significa que caerán. (De hecho la mesa tiene una prolongación de cristal, para que el experimento sea seguro por completo.) Como quieren estar con sus madres, los bebés empiezan a llorar afligidos, pero sin importar qué tan persuasiva sea la madre, los hijos obedecen a su instinto natural.

Pero la música es una habilidad compleja que involucra el cerebro superior, y a diferencia de un reflejo simple, se necesita aprender, organizar y almacenar mucha información. ¿Cómo puede ser que los prodigios musicales, de los que ha habido muchos, de alguna manera hereden una habilidad mental compleja? Nadie lo sabe, pero es un fuerte argumento acerca de que la mente es crucial para la evolución, ya que la evolución se trata por completo de herencia. Para profundizar la sensación de misterio está el caso de Jay Greenberg, un prodigio musical que califica entre los grandes de la historia, como Mozart. La primera vez que Jay vio un chelo de tamaño infantil a los dos años de edad, lo tomó y empezó a tocar. A los diez años entró a la Escuela Juilliard con la intención de ser compositor, y en su adolescencia Sony ya había lanzado un CD de su Sinfonía No. 5, interpretada por la Sinfónica de Londres, y su Quinteto de Cuerdas, tocado por el Cuarteto de Cuerdas de Juilliard.

Con respecto a su metodología de trabajo, Jay, como muchos otros prodigios, dice que escucha la música en su cabeza y la escribe en forma de dictado (Mozart también tenía esta habilidad, aunque hay un proceso de refinamiento y creatividad que va aparejado con ella). Tal vez algo exclusivo de Jay, puede ver o escuchar partituras simultáneas en su cabeza al mismo tiempo. "Mi inconsciente dirige mi mente consciente a una milla por minuto", le dijo a un entrevistador de *60 Minutes*.

Los prodigios generan asombro, pero todo el asunto del instinto y la memoria genética es un concepto evolutivo tremendamente interesante. Un platelminto puede ser entrenado para evitar la luz con someterlo a un choque eléctrico cuando la vea. Si el platelminto es cortado a la mitad y a la parte con la cabeza le crece una nueva cola, o la cola desarrolla una nueva cabeza, ambas mitades seguirán evitando la luz. ¿Cómo retiene un cerebro recién generado los mismos recuerdos que el anterior? ¿La memoria, en este caso, se almacena en el ADN del gusano? La forma en que nuestros comportamientos instintivos se cifraron en recuerdos en nuestro ADN sigue siendo una pregunta abierta. Aún tenemos que descubrir cuánto les tomó programarse automáticamente en nosotros.

Aún más interesante es que podemos considerar cuál de nuestros comportamientos *no* programados o automáticos por el momento, puede estarlo en el futuro lejano. No lo sabemos. Pero cuando células madres idénticas se pueden volver cualquiera de las 200 células especializadas del cuerpo, lo que entra en acción es la epigenética y las actividades coordinadas de los genes. Las altamente orquestadas sinfonías de las redes genéticas son innatas, y nos dan el principio de una respuesta acerca de cómo las habilidades complejas pueden "descargarse" intactas. Ni siquiera podemos estar seguros de que *herencia* sea el término correcto, dado que los prodigios matemáticos y musicales, como los genios en general, son proclives a aparecer en familias sin antecedentes en música, matemáticas, o con IQ elevados.

Tu mente, tu evolución

El propósito de este capítulo ha sido abrirte nuevas posibilidades como alguien que quiere obtener control sobre su bienestar. Necesitábamos discutir la evolución a detalle para que pudieras entender qué tanto control tienes en realidad. Evolucionar en tiempo real es posible. Revisemos por qué.

Las mutaciones no siempre son aleatorias, sino que pueden ser inducidas por el ambiente y las interacciones.

El cambio evolutivo no necesita millones de años, puede ocurrir en una sola generación (por lo menos en ratones y otras especies).

Los genes operan por circuitos de retroalimentación que monitorean todo el tiempo en busca de nuevos mensajes, información y cambios en el ambiente.

El cerebro interactúa todo el tiempo con el genoma, haciendo que el vasto potencial de la mente afecte cada célula en el cuerpo.

Estos cuatro puntos son lo importante del capítulo, y allanan el camino para la transformación que el supergenoma facilita. También allanan el camino para transformar toda nuestra noción de cómo funciona la evolución. No necesitas preocuparte por el rumbo que tomará la genética en la siguiente generación. En el momento presente, tienes suficiente conocimiento para hacer algo increíblemente importante: cooperar con la infinita creatividad de la Naturaleza.

La *evolución*, después de todo, es sólo una palabra científica para la creatividad y los factores de organización que mueven al universo entero, pero en particular la vida en la Tierra. El supergenoma guarda cada salto creativo que la vida ha dado. Hasta la aparición de los seres humanos, las criaturas carecían de conciencia de sí mismas para examinar su estado evolutivo. Un platelminto cortado a la mitad y que forma un nuevo cerebro que contiene sus viejos recuerdos no tiene idea de que este enigmático evento ha sucedido. Pero tú puedes usar tu conciencia para dirigir el rumbo que tomará tu vida. El supergenoma siempre responderá, así que, aun sin información sólida, proponemos las siguientes posibilidades:

Tus intenciones tienen un efecto poderoso sobre tu genoma.

Si estableces una meta, tus genes se organizarán en torno a tu deseo y lo apoyarán.

La creatividad es tu estado natural, sólo necesitas acceder a ella.

Estás aquí para evolucionar, y el supergenoma está aquí para el mismo propósito.

Mantener estas conclusiones en mente es importante, porque el ambiente continúa imponiendo nuevos retos a nuestros genes. A diferencia de nuestros ancestros, quienes tuvieron que enfrentar presiones del clima y los depredadores, muchas de las nuevas tensiones son, por desgracia, de nuestra propia cosecha: calentamiento global, contaminación creciente, alimentos transgénicos, microbios resistentes a los antibióticos, pesticidas tóxicos, así como contaminación de los alimentos y el agua. Todos necesitamos empezar a armar nuestros genomas para asegurar la supervivencia de nuestra especie. En otras palabras, no sólo somos responsables de nuestra salud y longevidad personales, que se relacionan con un solo supergenoma. El verdadero supergenoma es planetario, y la manera en que evoluciones tiene implicaciones globales. No planteamos esto como una responsabilidad que genere ansiedad, sino como un reto fascinante. Si la humanidad resuelve estos nuevos retos, cuando lo haga dará un salto cuántico en su evolución, que es exactamente como siempre ha sido y debería ser.

EPÍLOGO

EL VERDADERO TÚ

Si has visto en televisión algún programa sobre el *Big Bang*, o acerca de un futuro viaje tripulado a Marte, reconocerás un momento común. Alguien se encuentra afuera observando el cielo nocturno y murmura que la Tierra es un punto diminuto en la inmensidad de la creación. Quisiéramos que por cada momento como éste, se le diera el mismo tiempo a William Blake y lo que escribió en una ocasión: "Para ver el mundo en un grano de arena, / y un cielo en una flor silvestre, / abarca el infinito en la palma de tu mano, / y la eternidad en una hora...". Nadie ha resumido la historia de la genética de manera tan concisa, o tan bella.

Un punto microscópico de ADN es lo más cerca que podemos estar de ver el mundo comprimido en un grano de arena. Cómo diseñó la naturaleza algo así, es un desafío para la imaginación. Pero lo hizo y aquí estás, la expresión de ese mundo y millones de años de evolución que han tenido lugar allí. El ADN comprime la vida, el tiempo y el espacio en el mismo punto. Si reflexionas al respecto, esto cambia todo lo que sabes acerca de ti. En este momento, te fundes con el flujo de la vida como un todo.

El tú verdadero no está cercado por limitaciones, no más que el ADN. ¿Cuántos años tienes? Al nivel cotidiano, contarías el número de velas de tu último pastel de cumpleaños. Pero esto excluye los 90 a 100 billones de microorganismos que conforman la mayor parte biológica de "ti". Las células sencillas sólo se pueden reproducir por división.

Una ameba se divide en dos, pero las dos nuevas amebas no son sus hijos. Todavía son ella misma. En un sentido muy real, todas las amebas vivas hoy son la primera ameba, con cambios selectos en su genoma. Y lo mismo sucede con los billones de microorganismos que ocupan tu cuerpo y son necesarios para que sobreviva.

¿Cuál es el verdadero tú? Es la identidad que decides tomar. Una vez que empiezas a observarte de esta manera, lo individual se desvanece poco a poco. Un sabio indio le dijo una vez a un discípulo: "La diferencia entre nosotros no se puede ver en la superficie. Somos dos personas sentadas en un pequeño cuarto esperando nuestra cena. Pero aún hay una gran diferencia, porque cuando tú miras alrededor, observas las paredes del cuarto. Cuando yo miro alrededor, veo el infinito en todas direcciones". Si el ADN hablara, diría algo muy parecido. El tiempo y el espacio son ilimitados, como también la fuerza evolutiva que ostenta al ADN como la joya de su corona.

Conforme "tú" te expandes más allá, más y más fronteras pueden reducirse a limitaciones inútiles. Dado que toda la masa de flora y fauna en la Tierra puede remontarse hasta las criaturas unicelulares, "tú" eres un ser colosal de 3 500 millones de años. La separación espacial nos hace pensar que somos individuos. Y lo somos. Pero el continuo del tiempo a escala celular revela una realidad igual: estamos unidos como un solo ser biológico. "Tus" cualidades humanas —conciencia, inteligencia, creatividad, el deseo de tener más de la vida— tienen una fuente universal. Como vimos, la esencia de la vida humana está presente en cada célula del cuerpo.

"Tú" pareces habitar tu cuerpo como un sistema de apoyo vital de considerable fragilidad. Pero incluso este límite es cuestión de con qué escoges identificarte, la parte o el todo. No hay un átomo en tu cuerpo que no derive de algo comido, bebido o respirado de la sustancia del planeta. Ya sea que hablemos del "tú" sentado en una silla mientras lee esta frase, o el "tú" que es un ser gigantesco de 3500 millones de años, ninguno vive *en* el planeta: *son* el planeta. Tu cuerpo es la autoorganización de la sustancia misma de la Tierra —minerales, agua y aire— en innumerables formas de vida. La Tierra juega Scrabble, formando distintos mundos cuando las letras genéticas se recombinan. Algunas palabras, como *humano*, escapan para vivir por sí mismas, olvidando quién es dueño del juego.

Si "tú" eres un pasatiempo recreativo para el planeta, ¿qué tendrá en mente para su próximo movimiento? Los juegos involucran mucha repetición, pero también necesitan novedad, con récords por batir y puntajes altos por superar. Este juego, "Tú", tiene la decisión de jugar en distintos campos. En cierto nivel, la sonda a Marte llamada *Curiosity* puede ser vista como un logro humano separado, uno muy complejo. Requirió ingenieros inteligentes y hábiles y científicos que resolvieran cómo hacer un robot, propulsarlo a otro mundo, lograr que aterrizara y que después enviara información de regreso. Pero hay otra manera de mirarlo. Del mismo modo razonable, lógico y científico, nuestro planeta viviente se está poniendo en contacto con su vecino.

El planeta ha sido paciente con esta tarea. Mientras "tú", muy enfocada en el yo separado, estabas ocupada descubriendo el fuego, inventando la agricultura, escribiendo textos sagrados, haciendo la guerra, teniendo sexo y otras estratagemas de supervivencia, la Tierra puede haber soñado con darle una palmada a Marte en el hombro. (Rudy es miembro de un equipo de trabajo dedicado a proteger los cerebros de los astronautas de la radiación cósmica camino a Marte.) Si esta imagen te parece fantasiosa, observa la actividad de tu cerebro. Estás consciente de tener un propósito en mente cuando caminas, hablas, trabajas y amas. Pero es innegable que gran parte de la actividad cerebral es inconsciente, mientras que la actividad del cerebro en su conjunto es desconocida. Aquello que hace de la Tierra una totalidad, hace de tu cerebro una totalidad. Por lo tanto no es fantasioso pensar que la Tierra se mueve en una dirección coherente y unificada, así como tu cerebro lo hace desde el momento en que naciste.

O para ponerlo en una palabra, si tú (como persona) tienes un propósito, entonces tú (como vida en la Tierra) tendrás uno. Tal vez la Tierra, como una colección de distintas especies, así como nosotros somos una colección de microbios y células mamíferas, tiene un propósito en el sistema solar, y el sistema solar en la galaxia, y así hasta el universo. ¿Nosotros, como especie, servimos una función específica en la Tierra, en su capacidad como un "ser" en el universo? Tal vez somos el sistema inmunitario de nuestro querido planeta. ¿Por qué? El único depredador natural que puede hacer de nuestro planeta una roca sin vida es un cometa o asteroide gigante. Somos la única especie en la Tierra que puede predecir tal evento y tener una oportunidad de prevenirlo. Y, como nuestro propio sistema inmunitario, lo necesitamos, pero podemos ser dañados por él cuando se sale de control; por ejemplo, con una inflamación o una enfermedad autoinmune. Estas relaciones de células a humanos, de la Tierra al más allá, son ininterrumpidas, incluso si le acomoda a nuestro orgullo destacarse y percibirnos en completa separación de lo que nos rodea.

El supergenoma no es el fin de la historia. Es un trabajo en proceso. Cuando menos te ha cosido a "ti" y a todos nosotros al tapiz de toda la vida y el universo. En un mundo ideal, esto sería suficiente para salvar al planeta. Al sanar el medio ambiente, "tú" lo estarías salvando de la destrucción. Los signos no son muy prometedores hasta ahora. Esperamos, al ofrecer este libro, que el supergenoma señale el camino correcto a más personas: asumir responsabilidad por nuestro genoma y por el planeta. Una cosa es cierta: la evolución humana es consciente, y todo lo que resta es decidir qué camino tomará su mente. Con suerte, será hacia la luz.

APÉNDICES

Hemos descrito algo de ciencia apasionante en términos generales y aptos para los lectores no especializados. Pero algunos lectores tendrán un mayor interés en comprender la genética. Para ellos, esta es información a profundidad acerca de mutaciones y alteraciones epigenéticas, porque estas últimas son cruciales para señalar el camino hacia futuros descubrimientos. En particular, queremos abordar la preocupación común de si los "malos genes" destinan a alguien a tener una enfermedad específica. La respuesta no es nada sencilla. Pero las mejores pistas que conectan las enfermedades complejas a tus genes se basan en la ciencia que hemos abordado. El hilo que conecta la epigenética y la inflamación parece conducir a muchas direcciones. Podría ser el desarrollo médico más fascinante en décadas. Al igual que tus genes, la inflamación tiene un doble filo. La ciencia médica está revelando ahora cómo los mecanismos que benefician al cuerpo de maneras tan cruciales pueden traicionar al cuerpo y crear enormes problemas.

Estos apéndices están dedicados a explorar dichos misterios.

PISTAS GENÉTICAS PARA ENFERMEDADES COMPLEJAS

Un resultado de los avances en tecnología genética que generó el Proyecto Genoma Humano fue la secuenciación de nueva generación, la cual puede descifrar grandes tramos de genoma con rapidez, con lo que ahora podemos escanear objetivamente todo el genoma humano de un paciente y encontrar mutaciones causativas por debajo de su trastorno particular. Después se descubrió, como mencionamos antes, que para las enfermedades más comunes con un componente genético, tan sólo 5 por ciento de las mutaciones genéticas asociadas a la enfermedad eran suficientes para causarla. Estas mutaciones "totalmente penetrantes", una vez heredadas, garantizan la enfermedad. (También son llamadas mutaciones genéticas mendelianas en honor a Gregor Mendel, famoso monje productor de chícharos y padre de la genética.)

De hecho, los primeros genes de la enfermedad de Alzheimer que Rudy y otros encontraron entre finales de la década de 1980 y en la de 1990, contenían tales mutaciones. Sin embargo, en 95 por ciento de las enfermedades heredadas, las variaciones en el ADN de muchos genes (variantes) conspiran entre sí para, al final, determinar el riesgo de alguien de tener la enfermedad, sumado a los hábitos cotidianos y la experiencia. Estas variantes en el ADN son clasificadas como factores de riesgo genético. Mientras unas incrementan el riesgo, otras pueden protegernos de la enfermedad. Sin embargo, en la mayoría de los casos el resultado depende de la exposición ambiental y el estilo de vida.

Para un individuo específico, descubrir de manera exacta la magnitud de la contribución genética implica mucho trabajo detectivesco: rastrear múltiples variaciones genéticas de un golpe y comparar los resultados con la historia familiar del paciente, las experiencias de vida y la exposición a factores ambientales. Así que a pesar del considerable éxito entre los cazadores de genes como Rudy y su equipo, para muchos trastornos —por ejemplo, esquizofrenia, obesidad, trastorno bipolar y cáncer de mama— las variantes genéticas asociadas a la enfermedad han sumado a la fecha menos de 20 por ciento del riesgo que representa la variación.

Hoy en día se entiende que para la mayoría de las enfermedades complejas hay una interacción entre naturaleza y nutrición. En esta interacción, la influencia de los factores epigenéticos asume un papel destacado. Los mecanismos epigenéticos ya han sido asociados a muchas enfermedades, incluidos trastornos infantiles como el síndrome de Rett, el síndrome Prader-Willi, y el síndrome de Angelman. En algunos casos, la actividad genética es apagada de manera directa por la metilación de las bases del ADN en el propio gen. En otros, se hacen modificaciones químicas (metilación y acetilación) a las proteínas histonas que se unen al ADN para silenciar al gen.

Pero el panorama se ha vuelto todavía más complicado. Ahora que podemos secuenciar genomas completos, encontramos que cada uno de nosotros lleva consigo hasta 300 mutaciones que derivan en la pérdida funcional de genes específicos, así como hasta cien variantes asociadas como riesgo para ciertas enfermedades. Más aún, algunas mutaciones y variaciones del ADN que generan riesgos no aparecieron en los genomas de nuestros padres, sino que se gestaron en el esperma o el óvulo. A estas se les llama mutaciones *de novo,* o nuevas. Pueden suceder mutaciones nuevas en el esperma o el óvulo que se unieron para formar el embrión. Tales mutaciones aparecen 1.2 veces cada cien millones de bases en las dos cadenas de tres mil millones de bases de ADN que heredaste de tus padres.

Eso significa que albergas en tu genoma unas 72 mutaciones de novo que tus padres no tenían. (El índice preciso de la mutación de novo depende en gran medida de la edad del padre cuando es concebido el bebé. Cada dieciséis años después de los treinta, el número de mutaciones en el esperma paterno se duplica, lo cual ha mostrado contribuir al riesgo de enfermedades como el autismo.)

Además de las variaciones de una sola base en tu ADN, llevas contigo muchas duplicaciones, deleciones, inversiones y reajustes que pueden abarcar millones de bases de ADN: estas son conocidas como variaciones estructurales (SV). Al igual que las variaciones de una sola base (técnicamente identificadas como SNV, por las siglas en inglés de variación de nucleótido único), las alteraciones estructurales del ADN pueden ser herencia de tus padres o tener lugar como mutaciones de novo. En la enfermedad de Alzheimer, una duplicación del gen APP (proteína precursora del amiloide), el primer gen del Alzheimer que se descubre, hace inevitable un comienzo temprano (antes de los 60 años) de la demencia.

Las SV y SNV se pueden encontrar con la secuenciación de ADN de nueva generación. Pero en otro tipo de análisis genético, la expresión genética (o actividad genética), puede evaluarse a lo largo de todo el genoma. Esto se llama análisis del transcriptoma. Cuando un gen crea una proteína, lo primero que hace es una transcripción de ARN que servirá para guiar la síntesis de la proteína. El análisis transcriptómico puede usarse como parte de las pruebas para buscar las regulaciones epigenéticas de los genes, dado que provee información acerca de la actividad genética, y no sobre la secuencia de ADN.

El punto es que ahora tenemos herramientas poderosas para descifrar la complejidad de la mayoría de las enfermedades con un componente genético. Un problema es que la manera en que una enfermedad compleja progresa es mediante una serie de pasos conectados entre sí. En la vida diaria, cuando te resfrías, lo primero que notas es un síntoma leve como cosquilleo en la garganta, y a menos que detengas el resfrío en esta etapa temprana (tomando tabletas de zinc, por ejemplo), sabes por experiencia que a continuación aparecerá una cadena de síntomas. Algo parecido sucede en genética. Los estudios genéticos que utilizan al mismo tiempo análisis del transcriptoma y secuenciación de todo el genoma, llevan a cabo un "análisis de secuencias", el cual observa de manera simultánea muchos genes involucrados en una enfermedad. Con esta información se pretende entender los mecanismos patológicos por los que se causa y progresa la enfermedad. Las secuencias biológicas específicas —por ejemplo, la inflamación o cicatrización de heridas— influyen en el riesgo de enfermedad. El análisis de secuencias también esclarece qué otros nuevos genes pueden estar involucrados en la enfermedad, a partir de las secuencias biológicas implicadas. Por ejemplo, en los estudios que Rudy llevó a cabo sobre la enfermedad de Alzheimer, los análisis de secuencias de los genes de riesgo que él y otros descubrieron han puesto al sistema inmunitario y la inflamación en un papel central. Cuando se trata de enfermedades humanas, ya sea cáncer, diabetes, cardiopatías o Alzheimer, por mencionar algunas, la inflamación es casi siempre la asesina que acaba con el paciente. Si quisieras nombrar el cambio epigenético que juega el mayor papel en modular un proceso biológico, es muy probable que éste sea la inflamación.

Diabetes tipo 2

Cerca de 400 millones de personas en el mundo entero sufren de diabetes tipo 2 (DT2), un número que se espera crezca a bastante más de 500 millones en los próximos veinte años. En los pacientes con DT2, los niveles de glucosa plasmática (azúcar en la sangre) son elevados, a menudo en etapas avanzadas de la vida, debido a la genética y a decisiones en el estilo de vida, en especial la dieta. Un factor de riesgo importante es la obesidad. Se suelen encontrar aglomeraciones de casos de diabetes en algunas familias, y aunque esto por lo general implicaría mutaciones genéticas que corren en la familia, sus miembros también tienden a comer juntos, compartiendo la misma dieta y tal vez los mismos hábitos alimenticios.

El riesgo se ha identificado de manera más precisa, aunque no más simple. En la DT2, se sabe ya de docenas de genes asociados con el riesgo de un ataque en la adultez. (No es sorprendente que muchos de estos genes también se han asociado con la obesidad y niveles alterados de glucosa.) Sin embargo, la mayor parte de las variaciones de ADN en los genes implicados ejercen pocos efectos en el riesgo de enfermedad a lo largo de la vida. El estilo de vida representa tal vez la mayor parte del problema, lo cual sabes que significa que la epigenética está en acción. Parte de la evidencia más fuerte acerca de esto proviene del hallazgo de que la alimentación y la nutrición de una persona en la infancia determinan el riesgo más tarde en la vida, tanto para diabetes como para cardiopatías. La población pima de Arizona está muy afectada por DT2 y obesidad. Si una madre pima sufrió de DT2 al estar embarazada, el hijo resulta muy propenso tanto a la DT2 como a la obesidad.

La ciencia que vincula la epigenética a las enfermedades complejas avanza a pasos acelerados. Ahora tenemos tecnología de *chips* genéticos que pueden buscar entre medio millón de sitios en el genoma para encontrar dónde la metilación puede estar apagando la actividad de cualquiera de nuestros 23 000 genes. Estos sitios pueden ser analizados para enfermedades específicas como la diabetes, con el fin de saber qué genes están siendo alterados. Estos estudios de asociación del epigenoma completo, como los llaman, son llevados a cabo alrededor del mundo para casi todos los trastornos comunes. En el caso de DT2, algunas de las más grandes modificaciones epigenéticas se encontraron alrededor de un gen llamado FTO, el cual ha sido asociado con la obesidad y el índice de masa corporal, el cual mide el porcentaje de grasa sobre el peso total.

Otro factor que contribuye al riesgo de diabetes es el peso al nacer. Resulta que el riesgo futuro de diabetes es mayor en bebés nacidos con bajo o alto peso. Los efectos epigenéticos en el genoma de los bebés nacidos con bajo peso pueden empezar en el útero. Para los bebés que nacen con alto peso, el problema parece ser la exposición a la diabetes en la madre durante el embarazo. Tomando todo esto en consideración, el riesgo de DT2 casi sin duda involucra una combinación de genes, estilo de vida y epigenética en la que estos factores interactúan. El mismo modelo puede aplicarse para la mayoría de las enfermedades complejas, desde trastornos metabólicos hasta adicciones y psicosis.

Enfermedad de Alzheimer

Un campo de estudio cercano al corazón de Rudy por mucho tiempo es la enfermedad de Alzheimer. En 2015, en la revista *Nature* apareció un amplio análisis del papel de la epigenética en el Alzheimer y los resultados fueron impactantes. Investigadores del Massachusetts Institute of Technology (MIT) usaron ratones alterados con un gen humano que les provocó la pérdida de neuronas, o *neurodegeneración*. Este tipo de muerte de neuronas se parece a lo que sucede en el cerebro de un paciente en las últimas etapas del Alzheimer: en la cuales en esencia uno se arrebata a sí mismo.

Cuando las neuronas empezaron a morir en los cerebros de los ratones, los investigadores buscaron cambios paralelos en el epigenoma. Mientras la neurodegeneración rampante invadía el cerebro, se encontraron genes con marcas epigenéticas en dos categorías principales. Éstas incluían genes involucrados en la neuroplasticidad y el recableado de las redes neuronales —cruciales para la capacidad cerebral de renovarse—, junto con otros genes involucrados en el sistema inmunitario cerebral. El sistema inmunitario cerebral usa la inflamación para proteger al órgano, a menudo al costo de perder neuronas, las cuales mueren como consecuencia de una inflamación desenfrenada.

En el último caso, las células conocidas como microglías, las cuales por lo general apoyan a las neuronas y limpian sus desechos, sienten la masacre que acontece alrededor y asumen, equivocadamente, que el cerebro está bajo un ataque de bacterias o virus. En consecuencia, las aceleradas células microgliales comienzan a disparar radicales libres (balas de oxígeno) para matar a los invasores externos. En el proceso, matan muchas más neuronas como una especie de daño colateral de la batalla.

El equipo del MIT comparó después las firmas epigenómicas de los cerebros de los ratones alterados, con los cerebros de los pacientes de Alzheimer que sucumbieron a la enfermedad. Se observaron coincidencias asombrosas. (Después, estos hallazgos se extendieron a las marcas epigenéticas en pacientes que actualmente sufrían la enfermedad.) A partir de 2008, tanto el grupo de Rudy como otros encontraron cada vez más genes asociados al Alzheimer que funcionaban como parte del sistema inmunitario del cerebro, y tenían mutaciones que predisponen a la inflamación. Cuando los resultados de Rudy acerca del Proyecto Genoma del Alzheimer se combinaron con la información del grupo del MIT, el mensaje fue claro: el Alzheimer es en esencia una enfermedad inmune causada por la interacción entre mutaciones de genes inmunológicos y el estilo de vida, lo que da como resultado alteraciones epigenéticas de esos mismos genes.

Nacía un paradigma completamente nuevo para la causa y el progreso de la enfermedad de Alzheimer. El equipo de Rudy, así como otros, están tratando de descubrir cómo "tranquilizar" el sistema inmunitario del cerebro como manera de prevenir y tratar la enfermedad. Las respuestas residen sin duda en la forma en que los genes inmunológicos están orquestados para enfrentar la arremetida de la neurodegeneración en el cerebro.

Sueño y Alzheimer

Nos gustaría hablar del intrigante rastro de pistas que resolvió uno de los más grandes misterios detrás de la enfermedad de Alzheimer. Resulta que el sueño fue una de las principales pistas. Las perturbaciones en el ciclo de sueño/vigilia se han asociado con numerosas enfermedades psiquiátricas y neurológicas, incluida la enfermedad de Alzheimer. La ciencia se acerca a obtener una imagen clara de cómo está conectado el sueño al Alzheimer. Ahora sabemos que el trastorno se inicia por la excesiva acumulación en el cerebro de una pequeña proteína llamada *beta-amiloide*, escrita indistintamente como ß-amiloide o amiloide-ß (Aß), lo cual no siempre fue obvio. Cuando Rudy era estudiante, a mediados de la década de 1980, él y otros en el campo defendían que el Alzheimer comienza debido a depósitos de amiloide en el cerebro. En 1986 Rudy y otros descubrieron el gen (APP) que hace Aß (éste también resultó ser el primer gen del Alzheimer), y veintiocho años después él y sus colegas desarrollaron el primer modelo de patología del Alzheimer en una placa de laboratorio de Petri a partir del cultivo de células nerviosas cerebrales en un ambiente artificial parecido al del cerebro. En ese estudio, Rudy y sus colegas Doo Yeon Kim, Se Hoon Choi y Dora Kovacs lograron por primera vez recapitular por completo las placas y los nudos seniles (amiloides) dentro de las neuronas, que contaminan el cerebro de los pacientes con Alzheimer. El estudio le mereció al equipo el muy reconocido Smithsonian American Ingenuity Award en 2015.

La creación del "Alzheimer en un plato", como el *New York Times* lo bautizó cuando dio a conocer el documento científico de *Nature* que anunciaba el logro, selló un debate de 30 años.[5] Ese debate, de hecho, había sido el más grande en el campo del Alzheimer. El debate era acerca de si las cantidades excesivas de amiloide que rodeaban el exterior de las neuronas afectadas era la causa real de la formación de nudos dentro de las células, lo que las conducía a su muerte. (Los nudos son un agregado anormal de proteínas al interior de una neurona, que sirve como marcador crítico para el Alzheimer.) El nuevo estudio proporciona la primera evidencia convincente de que la ß-amiloide puede desencadenar todas las patologías subsecuentes que acaban en muerte de las neuronas y la demencia del Alzheimer.

El Alzheimer es la causa más común de demencia en personas mayores, y quienes lo padecen presentan a menudo importantes problemas de sueño. Aunque esos trastornos del sueño en alguna época fueron descartados como simple consecuencia de la enfermedad, ahora sabemos que ocurren temprano y pueden ayudar a causar Alzheimer. Evidencia considerable indica que los ciclos de sueño/vigilia están estrechamente relacionados a la producción de ß-amiloide en el cere-

[5] El estudio del "Alzheimer en un plato" fue posible gracias a una asociación bastante visionaria, el Cure Alzheimer's Fund.

bro de humanos y en los modelos con ratones de la enfermedad de Alzheimer. Como mostró el colega de Rudy, David Holtzman, en la Universidad Washington en Saint Louis, Missouri, se produce amiloide en mayor medida cuando estamos despiertos y las células son más activas. Durante la noche, en particular en el sueño profundo (sueño de onda lenta), la producción de amiloide cae. Otras cosas útiles para el cerebro suceden durante el sueño profundo. Primero, algunos científicos creen que durante el sueño profundo los recuerdos de corto plazo se consolidan como recuerdos de largo plazo, un proceso parecido a descargar información de un USB a un disco duro. En segundo lugar, en relación con el Alzheimer, no sólo la producción de ß-amiloide se reduce durante el sueño profundo, sino que es aquí cuando el cerebro se limpia a sí mismo. Produce más fluido alrededor de las neuronas, lo que sirve para expulsar la acumulación de metabolitos y restos de proteínas como la ß-amiloide. Esta vía de limpieza de desechos se conoce como el *sistema glinfático* del cerebro y es similar a lo que el sistema linfático hace pero emplea las células gliales en lugar de las linfáticas. Así que no sólo descansas de la formación de ß-amiloide cuando disminuye la actividad neuronal durante el sueño profundo, sino que purgas el cerebro. Mientras tanto, los humanos y ratones privados de sueño —un factor de mucho estrés— producen mucha más ß-amiloide y muestran evidencia de daño grave en las neuronas e incluso patología de nudos. Dado que la ß-amiloide y los nudos llevan a la muerte de las neuronas en la enfermedad de Alzheimer, ahora hay una razón más para dormir ocho diarias, así como evitar el estrés que sucede en tu sistema debido a la privación de sueño. Dormir bien parece ser una de las mejores maneras de reducir potencialmente tu riesgo de Alzheimer. También es posible que mejorar la calidad y duración del sueño en pacientes con Alzheimer pueda ayudarles. Aunque aún no entendemos con exactitud cómo el sueño limpia el cerebro a nivel genético, vigilar tu propio sueño ayuda a reducir la ansiedad provocada por esta terrible enfermedad.

Cáncer de mama

Otra enfermedad con patrones de riesgo complejos es el cáncer de mama. Investigadores en el University College London han revelado gran parte de la firma epigenética para el cáncer de mama al estudiar a mujeres sanas que después tuvieron cáncer de mama, con o sin la presencia de una mutación en el gen BRCA1. Las mutaciones en el BRCA1 son responsables de un 10 por ciento del cáncer de mama, dejando al otro 90 por ciento en el misterio. El asunto es, ¿qué tanta "heredabilidad perdida" es epigenética? Resultó que las alteraciones epigenéticas involucradas eran muy similares en ambos grupos de mujeres; en otras palabras, las alteraciones eran independientes de heredar la mutación del gen BRCA1. Si se conoce la firma epigenética de la enfermedad, puede ser usada en su momento para predecir quién está en camino de contraer cáncer de mama antes de que surja. Esto es un gran avance, ya que cada año 250 000 mujeres desarrollan la enfermedad, y 40 000 mueren por ella.

El hecho de que la epigenética tenga un efecto en apariencia tan fuerte en el riesgo significa que en verdad debemos considerar cambios en el estilo de vida, empezando por la alimentación. Entre los nutrientes y suplementos que han sido validados como apoyos en la reducción del riesgo de cáncer de mama están la aspirina, el café, el té verde y la vitamina D.

En el caso de la aspirina, la mejor información proviene de un estudio de treinta años en el que se siguió a 130 000 personas. Quienes solían tomar aspirina regularmente (al menos dos tabletas de 325 miligramos a la semana), tenían una disminución de 20 por ciento en cáncer gastrointestinal, y de 25 por ciento en cáncer colorrectal. Los resultados para estos cánceres específicos no aplican para el cáncer en general, y fueron necesarios dieciséis años de tomar aspirina para que el beneficio se manifestara. Si las personas dejaban de tomar aspirina por tres o cuatro años, su ventaja desaparecía. La razón por la que la aspirina funciona contra el cáncer, hasta donde sabemos, está conectada a su efecto antiinflamatorio (no sorprende) y su aparente capacidad para reducir la formación de nuevas células cancerosas.

Cardiopatía

En la cardiopatía también sabemos que las mutaciones genéticas y el estilo de vida trabajan de la mano para determinar el riesgo, pero al igual que en la diabetes y el cáncer de mama, también lo hacen las modificaciones epigenéticas (metilación) que silencian ciertos genes. En un estudio se encontró que los niveles de dos lípidos sanguíneos (triglicéridos y lipoproteína de muy baja densidad [colesterol VLDL]) estaban asociados a la metilación de un gen llamado carnitina palmitoiltransferasa 1A (CPT1A). Este gen elabora una enzima necesaria para romper grasas. Cuando se apaga por mecanismos epigenéticos, en lugar de que los ácidos grasos del cuerpo se conviertan en energía, se quedan en el flujo sanguíneo, aumentando el riesgo de cardiopatía. La metilación del gen CPT1A es afectada por la dieta, el alcohol y el tabaquismo.

El alcohol y los genes

Incluso la dependencia al alcohol es afectada por eventos epigenéticos. El alcoholismo causa estragos devastadores en las víctimas así como en sus familias, contribuyendo a 1 de cada 30 muertes en todo el mundo. Los genes mejor conocidos por su relación con la dependencia al alcohol son alcohol deshidrogenasa (ADH) y aldehído deshidrogenasa (ALDH). Ambos generan enzimas que ayudan a romper el alcohol en el cuerpo. Pero las variaciones de estos genes explican sólo un grado menor de la heredabilidad del alcoholismo. Es probable que la "heredabilidad perdida" resida en cambios epigenéticos ligados a los centros de recompensa en el cerebro, la fuente de la sensación agradable cuando tomas un trago.

Ahora sabemos que estos centros de recompensa sufren cambios en la actividad genética después de la ingesta de alcohol. Esto significa que distintas personas responderán al consumo de alcohol de diferentes maneras, según su actividad genética. En quienes beben de más, un aminoácido llamado homocisteína puede elevarse y conducir a cambios de metilación que silencian genes específicos. Tales actividades genéticas pueden desencadenar un círculo vicioso en que la respuesta al placer y al dolor se ve alterada, llevando a un mayor deseo de beber para dar cada vez menos placer.

Enfermedades mentales

Las modificaciones epigenéticas también pueden vincularse a trastornos psiquiátricos como la esquizofrenia y el trastorno bipolar. Se ha tenido un éxito limitado en la búsqueda de las mutaciones genéticas heredadas que conducen a estas enfermedades. Este estancamiento nuevamente le asigna a la epigenética un rol significativo en potencia para ayudar a explicar la heredabilidad perdida y el papel del estilo de vida. Cada vez más evidencia muestra que la esquizofrenia y el trastorno bipolar pueden no estar garantizados por, o depender sólo de mutaciones genéticas que van de padres a hijos.

Los posibles culpables en el estilo de vida de alguien incluyen la alimentación, las toxinas químicas y la crianza infantil con efectos en las modificaciones epigenéticas. El estilo de vida de un paciente puede determinar marcas epigenéticas adquiridas desde el nacimiento, pero estudios con ratones sugieren que otras marcas epigenéticas pueden ser heredadas. Estas marcas podrían aparecer como resultado del estilo de vida de nuestros padres o, incluso, de nuestros abuelos. (Por favor nota que no sugerimos que se culpe a nadie. La epigenética de las enfermedades mentales es bastante tentativa e incompleta. Nadie ha conectado de manera directa ninguna decisión en el estilo de vida con enfermedades mentales.)

Los estudios de todo el epigenoma para esquizofrenia y trastorno bipolar han revelado marcas epigenéticas en algunos genes predecibles, como aquellos involucrados en generar ciertos neuroquímicos ya antes asociados a la psicosis. Pero otros fueron menos predecibles. Por ejemplo, tanto en la esquizofrenia como en el trastorno bipolar aumentaron su actividad genes clave necesarios para la inmunidad, lo que sugiere que el sistema inmunitario podría estar relacionado en cierto modo con una susceptibilidad a estos trastornos. Desde luego que, aquí y en otras firmas epigenéticas asociadas al riesgo, la causa y el efecto son un problema. ¿Cómo sabemos si las marcas epigenéticas ocurrieron previo a los síntomas (causa) o como resultado de la enfermedad (efecto)? Por ahora, es seguro decir que los exámenes epigenéticos para enfermedades específicas se volverán invaluables en todos los aspectos para prevenir y tratar enfermedades complejas, desde la prevención hasta la cura final.

De hecho, somos tremendamente optimistas con respecto al rumbo de la genética, pero también somos realistas. Aún queda una fina línea entre dos reinos, lo visible y lo invisible. Todos nosotros vivimos en ambos reinos, un hecho que no puede ser ignorado. Al mirar a través de un microscopio, un biólogo celular puede observar una multitud de cambios en el funcionamiento de una célula, sin embargo, el componente más crucial, la experiencia que guía estos cambios, no puede ser observada. Lo no físico juega su parte cada segundo de la vida de una persona, y creemos que es la razón principal por la cual la genética debe ver más allá del materialismo y el azar.

La información tendrá que sustentar un cambio tan radical en la perspectiva, pero aún más importante es formular las ideas que la información debe satisfacer; ese es nuestro objetivo en este libro, y hemos dado pasos agigantados en esa dirección. Ahora ya sabes más de la naturaleza dinámica de tu genoma de lo que los genetistas sabían hace veinte o treinta años. Sin embargo, lo más crucial es aplicar el conocimiento para optimizar tu actividad genética. Antes de poder hacer eso, otro trozo de información genética requiere presentarse, y viene de un sorprendente origen que nadie anticipó nunca.

LA GRAN PARADOJA DEL ADN

La epigenética es un tema complejo, y al leer este libro has entendido el concepto principal: que la expresión genética se enciende y apaga, sube y baja, a partir de las decisiones que tomas todos los días y las experiencias resultantes que crean quién eres. Este encendido y apagado, que conduce a billones y billones de posibles combinaciones, es la forma en que la experiencia diaria se transmite a las células de tu cuerpo. Pero de inmediato surge un problema alarmante. ¿Por qué algunas experiencias son tan dañinas para el cuerpo? ¿Por qué el ADN no está diseñado para preservar la vida como su única misión?

Esta es la gran paradoja del ADN, y establece el próximo puente en nuestra historia. El ADN hace posible la vida, pero al mismo tiempo tiene el potencial para acciones ruinosas que acaban con la vida. El ADN es como una bomba que sabe cómo desactivarse y cómo causar una explosión. ¿Cuál escogerá? ¿Por qué el código de la vida sería empleado para generar muerte? He ahí el corazón de la paradoja. En todos nosotros hay genes para desarrollar cáncer (protooncogenes), y genes opuestos para combatir el cáncer (genes supresores de tumores). Esto parece inexplicable hasta que te das cuenta de que el ADN refleja cada aspecto de la existencia.

En lugar de elegir bandos, el ADN se une a todos, y abarca así todas las posibilidades. Un virus o bacteria que puede enfermarte tiene su propia firma genética, la cual hace todo lo posible por mantenerse intacta, y lo mismo hacen las células inmunológicas en tu cuerpo que luchan contra virus y bacterias. Cuando nacen nuevas células, heredan un programa genético para su propia muerte. En efecto, el ADN escenifica un drama en el que toma el papel de héroe y villano, atacante y defensor, guardián de la vida y destructor de la vida.

El reto es tomar decisiones que activen el lado del ADN que sostiene la vida. Por ahora has visto ya que hemos dado grandes pasos en esa dirección. Has empezado a ver la vida desde la perspectiva de una célula. Una célula siente su ambiente y realiza las adaptaciones que más le ayudan a sobrevivir. Pero hace esto invirtiendo el mínimo de energía, para así mantener el equilibrio y servir a las células vecinas y al resto del cuerpo. Fallar en esta tarea puede conducir al cáncer y a otras enfermedades que, en potencia, pueden matar al huésped y de paso a la célula. Así que, de manera natural, cada célula sabe qué hacer en todas las situaciones, trabajando en perfecta armonía con sus genes. Nuestra esperanza es poder hacer lo mismo como seres humanos.

Las últimas investigaciones sobre una amplia gama de trastornos, incluidos cardiopatía, autismo, esquizofrenia, obesidad y Alzheimer, sugieren que para cada enfermedad hay indicadores que nos llevan décadas atrás en la vida de una persona, incluso a la primera infancia. Esto fue un descubrimiento deslumbrante porque contradice nuestra noción convencional de cómo nos enfermamos. Solemos creer que enfermar es parecido a contraer una gripe. Estás sentada en un avión junto a alguien que estornuda y tose. Tres días después te contagias del resfriado de esa persona. Es simple causa y efecto, además de un foco de infección definido.

Muchas enfermedades agudas siguen este patrón, pero resulta que la enfermedad crónica no lo hace, y los trastornos crónicos son las mayores causas de mortalidad en nuestra sociedad. ¿Cómo organizas un programa de prevención para un trastorno décadas antes de que los síntomas se manifiesten? Un ejemplo desconcertante de este dilema se dio en la guerra de Corea, al realizar autopsias en los cuerpos de jóvenes soldados muertos en batalla. Hombres de 20 años exhibían placas grasas en las arterias coronarias, la principal causa de infartos. ¿Cómo es que hombres tan jóvenes tenían tanta placa, a menudo suficiente para generar preocupación por un infarto inminente? No hubo una respuesta médica, e incluso hoy la generación de placa en las arterias no ha sido explicada. Igual de desconcertante, ¿por qué estos hombres no sufrieron infartos a una edad temprana, dado que la edad para el inicio de los infartos prematuros son los 40 años? Aún sin respuestas satisfactorias, aquí estaba una pista temprana, remontándonos a los años cincuenta, de que la enfermedad crónica depreda la aparición de los síntomas por muchos años y no tiene un inicio definido excepto a nivel microscópico.

Pero también hay un lado muy esperanzador del misterio. Estos indicadores tempranos representan la mejor oportunidad de prevenir y curar enfermedades crónicas, porque cuando el cuerpo se desequilibra, ente más pronto se descubre es más fácil tratarlo. Millones de personas siguen este principio al tomar tabletas de zinc cuando los primeros síntomas de un resfriado se manifiestan, o una aspirina a la primera señal de una jaqueca. El mismo principio puede ser llevado más atrás, que es por lo que las vacunas son efectivas. Le dan al cuerpo una defensa avanzada contra la polio, el sarampión o la influenza de este año antes de que la enfermedad tenga oportunidad de desarrollarse.

En efecto, la vacuna le enseña a la inteligencia del cuerpo algo nuevo. El cuerpo escucha (esto es, los genes responden de una nueva manera) y aprende de la nueva experiencia. "Así se ve el sarampión. Ármate." Nunca habrá una vacuna universal para todos los padecimientos humanos (incluso las vacunas actuales tienen sus críticos y sus problemas). En lugar de esto, proponemos un nuevo modelo para el cuidado de uno mismo: en el centro de este modelo está una manera revolucionaria de relacionarte con tus genes.

Este cambio en la manera de pensar concuerda con todas las tendencias avanzadas en la medicina, pero el público en general aún no se da cuenta de lo radical que será el cambio. Ya está al alcance una nueva era en el bienestar, donde la inteligencia del cuerpo es nuestro aliado más poderoso.

Para mostrar por qué este enfoque es tan necesario, observemos una temida enfermedad con el fin de decir algo más importante y optimista acerca del bienestar. La enfermedad es cáncer de pulmón. La guerra contra el cáncer de pulmón plantea una dura confrontación entre dos bandos: fumar o prevenir. Las líneas de batalla no podrían ser más claras. El cáncer de pulmón es el más mortal entre hombres y mujeres, y supera la suma de los siguientes tres cánceres en la lista (mama, colon y páncreas). A mucha gente le sorprende que desde 1987 el cáncer de pulmón sobrepasó al de mama como la causa principal de muertes por cáncer en mujeres.

Este trastorno sería raro si no fuera por el tabaco. En 1900, antes de la masificación del hábito de fumar, los casos de cáncer de pulmón eran tan poco comunes que un médico general sólo sabía de la enfermedad por los libros de texto. Con el dramático incremento de fumadores en tiempos modernos, el cáncer de pulmón relacionado con el tabaco suma 90 por ciento de los casos, y cuando alguien deja de fumar, los riesgos disminuyen año tras año, aunque nunca llegan a cero.

Esas son las estadísticas (proporcionadas por la Asociación Americana del Pulmón), y desde que el cirujano general[6] obligó a las compañías tabacaleras a imprimir una advertencia en cada paquete de

[6] El jefe del Cuerpo Comisionado del Servicio de Salud Pública de Estados Unidos, vocero principal en asuntos de salud por parte del gobierno federal. (N. de la t.)

cigarrillos en 1964, una prevención considerable ha sido clara e innegable. (El triste hecho de que hoy en día más mujeres elijan empezar a fumar es la razón por la cual el cáncer de pulmón ha aumentado en mujeres.)

Pero es aquí donde aparece la línea divisoria entre el bienestar y el bienestar radical. El hecho es que no todos los fumadores contraen cáncer de pulmón. ¿Por qué no? Los patógenos en el humo de tabaco son casi una garantía de daño al tejido pulmonar. Una variedad de problemas respiratorios, incluidos el enfisema y el asma, esperan a los fumadores activos. Empero, considera las estadísticas citadas en <http://lungcancer.about.com>.

En un estudio europeo de 2006, el riesgo de desarrollar cáncer de pulmón era:

0.2 por ciento para hombres que nunca fumaron (0.4 para mujeres).
5.5 por ciento para hombres ex fumadores (2.6 para mujeres).
15.9 por ciento para hombres fumadores activos (9.5 para mujeres).
24.4 por ciento para hombres "fumadores empedernidos", aquellos que fuman más de 5 cigarrillos al día (18.5 para mujeres).

Un estudio canadiense previo mencionó un riesgo a lo largo de la vida de 17.2 por ciento para hombres fumadores (11.6 por ciento para mujeres), contra sólo 1.3 por ciento en hombres no fumadores (1.4 por ciento en mujeres no fumadoras).

Estos porcentajes se traducen en una trama. Si no fumas, es muy poco probable que el cáncer de pulmón aparezca. Si empiezas a fumar, las probabilidades en contra ascienden en línea recta. Sin embargo, aun si caes en la categoría de mayor riesgo, la de "fumadores empedernidos", 75 por ciento de las veces no contraerás cáncer de pulmón.

Ni remotamente sugerimos que te arriesgues y empieces a fumar. La trama nos dirige en realidad en una dirección muy distinta e inesperada. ¿Por qué algunos fumadores esquivan el peligro? Esta es la pregunta del millón de dólares que las estadísticas no abordan con claridad. Lo que tú, yo y cualquier otro individuo queremos saber es qué va a resultar de nuestra situación. El cáncer de pulmón es sólo un ejemplo espantoso. Las estadísticas alrededor de cada enfermedad señalan a algunas personas que logran escapar de la enfermedad. La pregunta que surge de forma natural es: "¿Cómo me vuelvo una de esas personas?".

La respuesta es genética, pero va más allá del concepto gastado de que algunas personas tienen buenos genes y otras malos genes. Imagina que entra humo de tabaco en los pulmones de dos personas. Las toxinas químicas del humo son las mismas para ambas; los carcinógenos son los mismos. Cuando el humo impacta la cobertura exterior del tejido pulmonar hay daño, pero no necesariamente de la misma manera o en el mismo grado.

Las células son muy resilientes, y toman decisiones todo el tiempo. A lo largo de millones de años de evolución, una decisión sobresale. Las células eligen combatir todo lo que amenace su supervivencia. Una amenaza importante, y la que aplica para el humo de tabaco, son las variaciones mortíferas que aparecen en los genes, llamadas mutaciones patogénicas. Las toxinas en el humo de tabaco pueden causar una mutación repentina que lleva a una distorsión en cómo opera la célula. Pero el ADN sabe cómo regularse a sí mismo y repararse, y la regla es que las mutaciones dañinas sean destruidas. *Hay un límite en las capacidades sanadoras de una célula, pero la célula no es simplemente envenenada hasta morir.* Con exposición suficiente a las toxinas del tabaco, algunas distorsiones pasarán inevitablemente la defensa de las células, y si ocurre el daño suficiente y es de un tipo preciso, lo que sigue es el desastre. La célula olvida cómo dividirse con normalidad. Una célula que va por el camino de la división acelerada, abrumando a las células colindantes con su crecimiento desmedido, se ha vuelto cancerosa.

Puedes ver adónde nos ha traído la trama. Detrás de las estadísticas para la población total, el inicio de una malignidad tiene que ver con células individuales decidiendo qué hacer, guiadas por su ADN. Llevemos la investigación más lejos. Cuando tres de cada cuatro fumadores empedernidos escapan del cáncer de pulmón (de ninguna manera esto les garantiza que escaparán de otra enfermedad seria), ¿qué decisiones tomaron sus células? Pues esas decisiones son las que los salvaron.

El mejor conocimiento médico dice esto: algunas personas son mejores que otras para defenderse de las toxinas. El ADN de algunos es mejor para repararse a sí mismo y destruir mutaciones dañinas. Muchos factores están en juego en la manera en que sana una célula, y su escape del daño se desdibuja entre todo lo demás que le sucede. Cuando se trata de la célula y cómo escapa de la enfermedad, hay mucho lugar para la incertidumbre. Saber cómo una célula típica toma decisiones no nos dice cómo *tus* células toman decisiones. Las células de todos son distintas a partir de su composición específica de genes y por las actividades genéticas que les asignas con tu estilo de vida. También está el asunto del camino que tus células sigan en un día, en un mes o en diez años, porque, como las personas, las células pueden ser caprichosas y cambiantes, dependiendo en parte de las decisiones que tomes.

Hemos abordado un tema triste para arrojar luz sobre algo positivo: la gigantesca inteligencia y resiliencia de la célula, de *tus* células. La investigación ha mostrado que miles de anormalidades potencialmente dañinas son detectadas y destruidas en nuestros cuerpos todos los días. Lo que marca la diferencia entre el bienestar y el bienestar radical es *aprender a guiar e influir en tus genes de manera positiva.*

Dijimos que eres más que tus genes, así como eres más que tu cerebro. Eres el usuario de tus genes y tu cerebro. La clave es aprender cómo usarlos para que te concedan una felicidad y una salud óptimas. Todo lo que quieres ser, cada logro que quieres alcanzar, cada valor que quieras sostener, debe pasar por tu cerebro y tus genes para volverse real. De modo que aprender a comunicarte con tus genes no es sólo una buena añadidura. Es esencial. Ya estás en comunicación con tus genes, pero la mayoría de los mensajes que les mandas son inconscientes. La repetición juega un gran rol. Las reacciones se vuelven automáticas y arraigadas. Este es un terrible derroche de tu potencial para tomar decisiones libres.

¿Es genética la depresión?

La genética sería mucho más simple si fuera por una vía de un solo sentido en la que el gen A pudiera conectarse siempre al trastorno B. La *causa-efecto lineal* es sencilla y satisfactoria. Pero los genes operan en una vía de doble sentido, con mensajes transitando de ida y vuelta todo el tiempo; o, para ser más precisos, la vía es en realidad una autopista de seis carriles, cargada de mensajes que provienen de todas direcciones.

Saber esto tiene un gran efecto de onda expansiva en la medicina y la biología, y le da la vuelta a lo que creíamos saber acerca del cerebro, la vida de una célula, y casi cualquier tipo de enfermedad. Para dar un buen ejemplo veremos la situación actual de la depresión, que de manera directa o indirecta ha tocado la vida de casi cualquiera, ya sea por su propio sufrimiento o por el de algún familiar o amigo.

Cerca de 20 por ciento de la gente experimentará una depresión severa en algún punto de su vida. En este momento hay una epidemia de depresión entre los soldados que sirvieron en Afganistán (directamente relacionado con un aumento agudo de los suicidios entre veteranos de la guerra en Afganistán, y el suicidio por lo regular se vincula a la depresión) y entre trabajadores despedidos que sobrellevan largos periodos de desempleo. En ambos casos, un evento externo llevó a la depresión, pero no sabemos por qué, en el sentido de que sólo un cierto porcentaje de personas se deprimieron ante el mismo estímulo (la guerra y perder un empleo).

La conexión entre la depresión y los genes ha demostrado ser elusiva. No existe nada tan simple como un "gen de la depresión". A principios de 2013, en la revista *Science News* un artículo sobre la depresión abría con un juicio general: "Un gran esfuerzo para descubrir los genes involucrados en la depresión ha fracasado ampliamente". Estas noticias conmocionaron a la comunidad médica, pero su impacto aún no ha llegado al público, el que sigue financiando a la multimillonaria industria farmacéutica y su constante producción de nuevos —y supuestamente mejores— antidepresivos. Veintisiete años después de que el Prozac se lanzara al mercado en 1988, aproximadamente uno de cada cinco estadounidenses consume una droga psicotrópica (que altera la mente), a pesar del probado riesgo de los efectos secundarios. El Prozac, por ejemplo, tiene tres efectos secundarios comunes (urticaria o irritación cutánea, agitación, e incapacidad para permanecer quieto); otros dos menos comunes (escalofríos o fiebre y dolor muscular o de articulaciones); y veinticinco raros (incluidas fatiga, ansiedad y sed excesiva), de acuerdo con la página web <www.drugs.com>.

La conexión con los genes no se menciona cuando el médico prescribe una sustancia para aliviar el sufrimiento de un paciente. Sin embargo, los genes son el eje entre una sustancia que funciona y otra que no. El modelo para la depresión aceptado por décadas la etiqueta como un trastorno cerebral. Sin embargo, los trastornos cerebrales tienen su raíz en la genética. La lógica es engañosamente sencilla. Si te sientes deprimido, hay un desequilibrio en los químicos cerebrales responsables de los estados de ánimo (principalmente los neurotransmisores serotonina y dopamina). Por lo tanto, en la depresión el mecanismo celular que produce esos químicos está afectado, lo que significa que los genes están afectados, ya que estos son el punto de partida para cada proceso que sucede dentro de una célula.

¿Por qué esta sencilla lógica no resultó verdadera? Como ahora admiten notables investigadores, los genes de las personas deprimidas no están dañados o distorsionados en comparación con los genes de personas sin depresión. Lo que se deriva de este descubrimiento es que otras conjeturas básicas están mal. Los antidepresivos más famosos supuestamente funcionaban al reparar desequilibrios químicos en las sinapsis —los espacios entre dos terminales nerviosas—, cuya causa era un desequilibrio de la serotonina. Pero la serotonina es regulada directamente por los genes, y algunas investigaciones claves indican que o bien las sustancias que tratan el problema de serotonina no funcionan de esa manera, o nunca hubo problemas de serotonina en primer lugar. El reporte de *Science News* no dejó mucho margen sobre este punto: "Al peinar el ADN de 34 549 voluntarios, un equipo internacional de 86 científicos esperaba descubrir influencias genéticas que afectan la vulnerabilidad de una persona a la depresión. Pero los análisis no mostraron nada". (El estudio al que nos referimos fue publicado el 3 de enero de 2013 en *Biological Psychiatry.*)

Nada no significa algo. Si está rota la cadena explicativa que va de los genes a las sinapsis y que acaba en el laboratorio farmacéutico, surge una gran variedad de dudas. ¿Es la depresión una enfermedad del cerebro en primer lugar, o es un trastorno mental, como la psiquiatría asumió antes de la llegada del tratamiento farmacéutico moderno? Las últimas teorías no han regresado al punto de inicio. Lo que sabemos no es blanco y negro. Hay múltiples variables en la depresión, lo que nos lleva a conclusiones bastante buenas:

Hay muchos tipos de depresión. No es un solo trastorno.
Cada persona deprimida muestra su propia combinación de posibles causas para sus síntomas.
El componente mental de la depresión incluye la crianza, las conductas aprendidas, las creencias centrales y juicios acerca de uno mismo.
El componente cerebral incluye las vías neurales conectadas, con debilidades sugeridas en ciertas áreas del cerebro cuya causa no es entendida.
La depresión no puede aislarse en una región del cerebro. Está involucrada la interacción de múltiples regiones.

Como puedes ver, estas conclusiones escapan al modelo simple de causa-efecto. "Si tienes jaqueca, toma una aspirina" no se traduce en "Si te sientes deprimido, toma un antidepresivo". La susceptibilidad a la depresión es tan compleja como la expresión genética misma. ¿Por qué la depresión corre en las familias, como se sabe que lo hace? De nuevo, no hay una respuesta sencilla. Ningún gen o grupo de genes que heredes parece garantizar que tendrás depresión. En lugar de eso hablamos de genes que te vuelven susceptible al trastorno. Lo que dispara estos genes (desconocidos) sigue siendo un misterio. La misma predisposición genética puede esconderse en un niño que nunca sufre depresión mientras crece y en otro niño que, por alguna razón, se ve llevado a la depresión. Por ejemplo, ¿las interacciones sociales hacen que alguien se sienta desamparado o desesperanzado? Así se siente la depresión, de modo que tal vez (en el epigenoma) suficientes malos recuerdos de sentirse excluido o aislado de los demás lleva a un punto culminante y surge la depresión.

En nuestra opinión, la depresión no es un trastorno cerebral que necesita un remedio mágico, y todo el modelo de la enfermedad debe cambiar de manera drástica. Incluso como diagnóstico médico es sospechoso. El gran estudio acerca del fracaso para encontrar los genes responsables de la depresión ignoró los diagnósticos de depresión y en lugar de eso abordó los síntomas. Al preguntarle a la gente acerca de sus síntomas se obtuvo un número más bajo que aquellos que serían considerados deprimidos. Tal vez algunas personas están en negación o no conocen la diferencia entre depresión y tristeza común. Pero más importante aún, los síntomas cambian a lo largo de la vida, y hay una escala móvil para cada uno de los que la padecen. Como las emociones en general, la depresión va y viene. Se siente distinta un día con respecto a otro.

¿Será curable la depresión en algún momento? La situación es demasiado confusa como para ofrecer una predicción optimista o pesimista. El tratamiento con fármacos sigue siendo muy popular, sin importar lo que la ciencia básica diga. En casos de depresión leve o moderada —el tipo más común—, los antidepresivos no suelen dar resultado más de 30 por ciento de las veces, más o menos el mismo margen que el efecto placebo. Algunos síntomas de depresión severa siguen siendo intratables, y en otros casos los deprimidos crónicos funcionan mucho mejor con tratamiento farmacológico. La esperanza siempre es mejor que darse por vencido.

Ahora que entiendes la situación, con toda su falta de certeza, estás por delante de la curva, porque la gran mayoría de los médicos niega las investigaciones y continúa recetando los mismos antidepresivos. Millones de pacientes continúan tomándolos, sintiendo que no hay otra solución. Pero la hay. La depresión no encaja en el viejo modelo de enfermedad, pero sí en el nuevo modelo que acabamos de describir. La depresión involucra el estilo de vida y el ambiente. Los genes juegan una parte pero también la conducta, las creencias y cómo reacciona una persona a las experiencias diarias. El epigenoma almacena reacciones genéticas de experiencias personales y recuerdos, llevando al constante cambio en la actividad de tus genes.

EPIGENÉTICA Y CÁNCER

Desarrollemos lo que se sabe acerca de los genes y el cáncer. Tal vez ninguna enfermedad depende tanto de riesgos vinculados al genoma como el cáncer. Para explicar por qué, necesitamos retroceder un momento. Como mencionamos antes, mientras aún era estudiante en la Escuela de Medicina de Harvard, Rudy estaba entusiasmado por participar en el primer estudio que intentaba encontrar el gen para un trastorno de origen desconocido (la enfermedad de Huntington). Desde esos estudios pioneros que usaban análisis genéticos a principios de la década de 1980, la esperanza ha sido que todos los misterios de las enfermedades hereditarias puedan solucionarse comparando el genoma de los pacientes frente al de sus contrapartes saludables. En ese total de seis mil millones de letras que combinan A, G, C y T, heredadas de nuestros padres, sólo cerca de 200 millones son usadas para configurar los genes. Los genes, distribuidos separadamente, son como palabras en la historia de la vida narrada por el genoma. Los 5800 millones de letras restantes sirven para acomodar y puntuar esas palabras, creando diversas variaciones en potencia de la misma historia. Después del descubrimiento del gen de la enfermedad de Huntington, de 1990 a 2010 los genetistas pasaron la mayor parte del tiempo buscando mutaciones de enfermedad sólo en la secuencia de ADN de los genes, como erratas en las palabras de la historia del genoma. Pero la epigenética ahora nos dice que buena parte de la historia está en el ADN intergénico, las regiones del genoma que solíamos llamar "ADN basura", situadas entre los genes. Estas regiones determinan cómo se lee la historia y qué capítulos son los más importantes.

Un editorial de *Nature* que acompañaba la primera información que surgió del extenso catálogo conocido como Programa de Hoja de Ruta de Epigenómica, decía: "En las enfermedades humanas, el genoma y el epigenoma operan juntos. Enfrentar la enfermedad usando sólo información sobre el genoma ha sido como tratar de trabajar con una mano atada a la espalda. La nueva mina de información epigenética libera la otra mano. No proporcionará todas las respuestas. Pero podría ayudar a los investigadores a decidir qué preguntas hacer". Resulta que las enfermedades más comunes con una base genética son muy complejas, y un gran número de factores, que van desde mutaciones del genoma heredadas de los padres hasta modificaciones epigenéticas causadas por experiencias de la vida, conspiran juntos para determinar el riesgo de cada quien para enfermedades específicas.

En la guerra de décadas contra el cáncer se ha logrado sin duda un progreso definido. Pero según la Sociedad Americana Contra el Cáncer, en 2016 más de 1.6 millones de estadounidenses aún son diagnosticados con cáncer cada año, y cerca de 700 000 sucumben a cánceres de todos los tipos. Más que cualquier otra enfermedad, el cáncer ha llevado a un progreso increíble en el entendimiento de las mutaciones genéticas responsables del trastorno. La creencia actual es que el desarrollo del cáncer se debe a la acumulación de mutaciones genéticas que hacen que las células se vuelvan cancerosas y formen tumores de varios tipos. De cualquier manera, ahora sabemos que el riesgo de tener cáncer también depende de la forma en que las modificaciones epigenéticas al genoma hacen ciertas regiones más propensas a nuevas mutaciones. (A la fecha, la mayor evidencia sobre el papel de la epigenética en la enfermedad viene de estudios sobre cáncer, de hecho.) Estas mutaciones pueden desencadenarse por la exposición a ciertas toxinas ambientales: por ejemplo la dioxina, una familia letal de químicos presente en la elaboración de pesticidas y en la quema de basura, de la cual no hay una dosis segura. La Agencia de Protección Ambiental de Estados Unidos estima que el daño causado por dioxinas supera el causado por el DDT en los años sesenta. Una toxina ambiental puede tener la capacidad de causar nuevas alteraciones epigenéticas. Éstas pueden modificar la forma en que el ADN genómico se enrolla en esa región, lo que a su vez tiene el potencial de afectar dónde se podrán formar nuevas mutaciones.

Por lo tanto, la formación de tumores implica múltiples pasos, incluidas tanto alteraciones genéticas como epigenéticas en el genoma. A diferencia de las mutaciones genéticas, las modificaciones epigenéticas pueden considerarse no permanentes e incluso reversibles. Algunas formas de cáncer vienen de genes activados por un proceso llamado hipometilación (*hipo* es un prefijo griego que significa "bajo"). En este caso, las marcas del metilo en los genes que silencian su actividad han sido removidas de alguna manera. Sin un supresor para contenerlos, los genes dañinos se activan. En otros casos sucede lo opuesto. *Apagar* ciertos genes por metilación puede llevar a la formación de un tumor, o puede involucrar la adición de grupos químicos acetilo a las proteínas histonas que rodean el ADN.

Se están desarrollando nuevos medicamentos que compensarán las alteraciones epigenéticas que causan tumores. Por ejemplo, los medicamentos conocidos como inhibidores de la ADN metiltransferasa (DNMTI) actúan como agentes de demetilación que pueden remover marcas de metilo de los genes. Tales medicamentos ya son usados con éxito para tratar formas de leucemia. Otros, llamados inhibidores de histona deacetilasas (HDI), son usados para tratar la leucemia y el linfoma. Por supuesto, estas llamadas epidrogas no están libres de problemas, ya que son terriblemente específicas en su acción sobre el genoma. Y aunque son usadas con cierto éxito en el tratamiento de cánceres sanguíneos, aún no son muy efectivas contra tumores sólidos. Mientras esperamos lo mejor con este nuevo tipo de epidrogas, también debemos considerar la necesidad de estudiar los cambios en el estilo de vida —por ejemplo, una dieta sana, manejo del estrés, ejercicio, control de peso y cosas por el estilo— que puedan lograr los mismos resultados.

¿Es aleatorio el cáncer?

La aleatoriedad es más que un asunto teórico; el cáncer causa una parte importante del sufrimiento humano en nuestras propias vidas. Hace veinte años, en la década de 1990, se pensaba que el cáncer era en esencia aleatorio y ponía a todas las personas en el mismo nivel de riesgo. La genética reforzó la imagen pública del cáncer como algo implacable e impersonal que atacaba a cualquier víctima a su elección. Había argumentos en contra. Quienes pensaban que el cáncer era causado por toxinas señalaban al tabaco y el asbesto como los ejemplos principales. Otros, que señalaban a los virus como causa principal, apuntaban al cáncer cervical, causado por el virus del papiloma humano (VPH). Resultó que todos tenían una pieza del rompecabezas, o como un experto en cáncer lo llamó, cada campo era como un hombre ciego aferrándose a una parte distinta de la respuesta.

La mirada actual nos trae de vuelta a nuestra imagen familiar, la nube de causas. Las toxinas ambientales, los virus y las mutaciones aleatorias tienen un papel, y como con el rompecabezas de por qué los hombres holandeses de pronto se volvieron los más altos del mundo, la nube no es muy satisfactoria al tratar de ligar causa y efecto. La única certeza real es que todos los caminos llevan al genoma al final. Ahora se sabe que el cáncer de cualquier tipo necesita un detonante dentro de la célula, bajo la forma de un gen del cáncer (oncogén). Hay muchos genes de este tipo, y en años recientes han sido catalogados gracias a un esfuerzo mundial para formular el Atlas del Cáncer, un completo mapa genético de ruta a la enfermedad. Además de encender un oncogén, el cáncer puede comenzar apagando a su opuesto, el gen supresor de tumores.

Cuando uno habla de interruptores encendiéndose y apagándose, la epigenética entra en la ecuación, así como las preguntas relacionadas con el azar, porque el evento que activa el interruptor puede no ser azaroso en lo absoluto. Fumar cigarrillos no es un evento azaroso. Si fumas, tu riesgo de contraer cáncer de pulmón entra en el terreno de la probabilidad alta. Pero la explicación epigenética para el cáncer ofrece tantos problemas como soluciones. Por un lado, la esperanza pueril de que el cáncer involucre a un solo gen, la cual pereció hace tres décadas, en los ochenta, se ha repetido con la epigenética: resulta que mientras una mutación genética puede llevar a cierto tipo de cáncer, la enfermedad parece involucrar entre *cincuenta y cien genes*. Los genes del cáncer pueden seguir mutando mientras el cáncer se extiende, quedando fuera de alcance por su velocidad. Los medicamentos que lo atacan en los genes han conseguido encabezados en la prensa por curar cánceres específicos, como una forma de leucemia infantil que involucra a un solo gen.

Sin embargo, después de dos décadas de buscar medicamentos similares para acabar con una variedad de cánceres, el éxito ha sido muy limitado. Para empeorar las cosas, los medicamentos que funcionan de maravilla para acabar con todos los rastros de malignidad suelen tener un efecto trágicamente temporal. El paciente regresa después de unos pocos meses con cáncer otra vez. Visto en la superficie, parecería que el arma secreta del cáncer es qué tan rápida y aleatoriamente puede mutar, defendiendo así el dogma evolucionista de que impera el azar.

Pero las señales apuntan en una nueva dirección. De todas las enfermedades, sólo el cáncer ha sido vinculado con claridad a aberraciones epigenéticas.

Los epigenomas de tipos específicos de cáncer cargan la misma huella epigenética que corresponde a la célula que inició el cáncer. Esto sirve para revelar el tejido en el que el cáncer se originó, sin importar en qué parte del cuerpo se encuentre. Dicha información puede ser de enorme utilidad en el futuro para diagnosticar y tratar diferentes tipos de cáncer, porque una vez expandido, un tumor suele ser muy difícil de rastrear a su lugar de origen. Para complicar aún más el problema está el hábito de la célula cancerígena de mutar continuamente. Con suerte, al comparar los epigenomas entre las células sanas y las malignas podremos entender mejor cómo el riesgo de enfermedad puede ser influido por mucho más que los genomas que nos transmitieron nuestros padres.

Resulta que el examen cuidadoso de las marcas epigenéticas (metilación y acetilación) puede de hecho predecir el tipo de cáncer que se desarrollará. *Esta* revelación es la punta de lanza contra las mutaciones aleatorias. Mientras vives tu vida, y tu ambiente y experiencias gobiernan químicamente tu actividad genética —ya hemos estudiado esto de forma amplia—, pueden surgir nuevas mutaciones específicas, que son las mismas para cada célula en un tipo particular de tumor. Así que las modificaciones epigenéticas conducen a nuevas mutaciones *predecibles*. Algo que es predecible deja de ser puramente aleatorio.

Sin embargo, este nivel de predictibilidad no soluciona todo el misterio. Piensa en el clima como analogía. En un día veraniego de agosto es muy probable que haya tormentas eléctricas, y su llegada puede ser predicha con un buen grado de precisión: con el aumento del calor durante el día, es más probable una tormenta en la tarde que en el fresco de la mañana. Pero el movimiento exacto de las corrientes de aire, la humedad y las nubes es mucho menos predecible, y es imposible saber la causa específica de una tormenta eléctrica hasta la última molécula de aire. En el cáncer, muchas mutaciones suelen ocurrir de manera simultánea, y no todas conducir a malos resultados. Miles de posibilidades emergen, todas bastante impredecibles. (El hecho de que algo sea impredecible no significa que sea azaroso. El próximo pensamiento que tendrás no es azaroso, pero es impredecible. La investigación del cáncer aún tiene que averiguar si el cáncer es así o no.)

Descubrir esto generó inmenso desaliento frente a los triunfales hallazgos acerca de las causas genéticas del cáncer. Los oncólogos empezaron a hablar del cáncer como un enemigo taimado cuyo arsenal de defensas seguía aumentando cada vez que una solución parecía estar al alcance (un buen ejemplo de lo que afirmamos en el capítulo anterior acerca de que lamentablemente el cáncer puede reescribir la inteligencia completa de la célula). Ahora la esperanza se eleva de nuevo, porque el Atlas del Cáncer ha estado resolviendo qué mutaciones son peligrosas pero, igual de importante —y tal vez la mejor pista para curar la enfermedad—, parece que el cáncer se desarrolla siguiendo ciertas vías establecidas que son muy pocas en cantidad, tal vez sólo una docena para cada tipo de malignidad. En otras palabras, hay un patrón que socava aún más la perspectiva ortodoxa acerca de las mutaciones aleatorias.

Un hallazgo prometedor es que ciertos tumores requieren muchos años, incluso décadas, para desarrollarse luego de que un detonador inicial haga que una célula tome un curso anormal. La idea es que una secuencia específica —la vía genética que una célula anormal debe seguir— involucra una serie de pasos que deben desarrollarse en orden. Como analogía, quizá hayas visto los pequeños juegos de mano con esferitas de acero que deben caer en varios agujeros, para lo cual hay que inclinar el tablero en diferentes direcciones; los agujeros son diminutos y por ello no es un desafío sencillo. Ahora imagina que una mutación cancerosa enfrenta un reto similar. Debe pasar por una pequeña abertura (una modificación genética específica entre una infinidad de posibilidades) para moverse al siguiente nivel. Una vez que lo logra, la siguiente pequeña abertura se presenta bajo la forma de una nueva mutación dentro de una infinidad de opciones, y así muchas veces.

Si un cáncer crece lento, como lo hacen algunos de colon o próstata, le puede tomar treinta o cuarenta años a una célula cancerosa completar la secuencia. La esperanza es que si puede detectarse en la etapa más temprana posible —al ubicar las huellas predecibles de marcas epigenéticas—, el cáncer sea dominado mucho antes de que los primeros síntomas aparezcan. La luz al final del túnel es el descubrimiento de que las mutaciones genéticas exactas de muchos tipos de tumores ahora pueden predecirse a partir de la firma epigenómica del tipo de célula del cual se originó ese cáncer.

Debemos entonces preguntarnos cuando menos si al darse mutaciones epigenéticas en adultos como resultado de toxinas, estrés, trauma, dieta y cosas similares, es posible que surjan nuevas mutaciones predecibles en células particulares. Si la mutación ocurre en células espermáticas u ovulares, ¿puede ser transmitida a la próxima generación? Aún no lo sabemos. Pero incluso la sola posibilidad habría hecho que a Darwin le diera vueltas la cabeza, y hoy en día está conduciendo a una importante revisión de su teoría.

Si las alteraciones epigenéticas llevan a mutaciones específicas más allá de las que causan tumores, entonces las experiencias de vida de cada uno y el ambiente pueden, al menos en teoría, llevarnos a expandir la predictibilidad. Podría haber firmas epigenéticas de otras enfermedades crónicas que aparezcan mucho antes de los primeros síntomas. Sería aún más impresionante si la prevención se extendiera a generaciones por nacer que han heredado estas marcas en el vientre materno. Al momento de escribir este libro, tales posibilidades eran sólo una muy intrigante serie de conjeturas. Aun así, es fascinante pensar acerca de lo que revelarán estudios futuros en esta área.

Toxinas ambientales y epigenética

Hasta ahora nos hemos enfocado en las contribuciones genéticas al riesgo de enfermedad, pero hay un tema que no se ha abordado: el impacto de las toxinas ambientales en nuestros genes y epigenoma. Los Centros de Control y Prevención de Enfermedades de Estados Unidos han encontrado 148 químicos ambientales distintos en la sangre y orina de la población estadounidense. Más evidencia apoya la noción de que los contaminantes ambientales pueden causar varias enfermedades al inducir cambios epigenéticos en nuestro genoma, alterando por tanto las actividades de genes específicos. Por ejemplo, el arsénico en el agua contaminada afecta la metilación del genoma de manera dramática, y crea tumores en la vejiga. La exposición a altos niveles de otros metales pesados (níquel, mercurio, cromo, plomo y cadmio) en alimentos y bebidas también puede causar cambios en la metilación de los genes, derivando en distintos tipos de cáncer, incluidos de pulmón y hepático. El balance es que hay un estimado de 13 millones o más de muertes en todo el mundo debido a contaminantes ambientales, muchos de los cuales se han asociado a modificaciones epigenéticas del genoma.

No somos alarmistas, pero es importante ir adonde la ciencia nos lleva. Tal vez nadie ha empujado hacia delante nuestro conocimiento sobre el asunto como el doctor Michael Skinner, un biólogo del desarrollo de la Universidad Estatal de Washington. En un estudio, Skinner expuso ratas embarazadas a un químico conocido por interferir con el desarrollo embrionario, un fungicida llamado Vinclozolin, usado para evitar el moho en las viñas y otras plagas en las frutas y vegetales. Ya se había mostrado que el Vinclozolin disminuía la fertilidad en ratones machos. Lo que Skinner encontró perturbador fue que la progenie de los ratones tratados químicamente, hasta la cuarta o quinta generación, también se veía afectada con conteos bajos de esperma. Este resultado fue replicado con éxito quince veces.

La causa de la alteración en la producción de esperma provocada por el Vinclozolin no eran mutaciones en el ADN, sino modificaciones epigenéticas en los ratones adultos expuestos (por medio de marcas de metilo) que después fueron transmitidas a las siguientes generaciones. (*Esto* es distinto de lo que normalmente escuchamos, cuando se transmiten de padres a hijos auténticos genes mutados que causan trastornos, como en la anemia falciforme). Así, otra pista se sumaba a la existencia de la "genética transgeneracional".

Además, después de exponer a los ratones a diferentes tipos de toxinas químicas, Skinner y sus colegas encontraron que había un patrón específico que seguían las marcas de metilo para fijarse al genoma. Cada toxina, ya fuera insecticida o combustible de avión, marcaba un patrón distintivo. En algunos casos, los cambios causados en la actividad genética podían heredarse y predisponer a la descendencia a trastornos específicos. Por ejemplo, el insecticida DDT, prohibido desde hace mucho en Estados Unidos debido a sus terribles efectos en la cadena alimenticia de animales y aves, también tiene un efecto epigenético específico. Se ha mostrado que exponer ratones al DDT crea una predisposición a la obesidad en generaciones posteriores, junto con enfermedades asociadas a la obesidad como la diabetes y cardiopatía.

El rango de cambios epigenéticos dañinos ocasionados por los pesticidas es amplio. Se ha mostrado que el pesticida metoxicloro, utilizado para proteger al ganado de las moscas, mosquitos y otros insectos, causa cáncer testicular y disfunción ovárica en ratones. Otro pesticida, dieldrín, tiene efectos dramáticos en las modificaciones epigenéticas (acetilación) a las histonas, lo que ocasiona la muerte de neuronas en los ratones, lo cual se asocia con la enfermedad de Parkinson. Skinner también mostró en estudios con ratones que la dioxina, un contaminante y carcinógeno común, un desecho de diversos procesos industriales, provoca herencia epigenética de enfermedades de la próstata, riñón y ovario poliquístico.

El bisfenol A o BPA es una de las toxinas ambientales estudiadas con más cuidado porque puede causar cambios epigenéticos anormales. Ha sido utilizado ampliamente en la fabricación de contenedores de plástico para alimentos y bebidas, incluidos biberones. El BPA es bien conocido por causar cambios epigenéticos. Mencionaremos sólo algunos estudios relevantes. Investigaciones en la Universidad Tufts mostraron que el BPA puede cambiar la actividad genética en las glándulas mamarias de ratas expuestas al químico en el útero, dejándolas más vulnerables al cáncer de mama más adelante en la vida. Antes se demostró que el BPA dejaba a los machos de las ratas con mayor riesgo de cáncer de próstata. En otra serie de estudios, el BPA produjo cambios epigenéticos asociados con el cambio en el color amarillo de una raza de ratones, así como un incremento en el riesgo de cáncer. (Nota: una manera de evitar la exposición de los infantes al BPA es usar botellas y contenedores de vidrio o buscar la etiqueta "Libre de BPA" en los productos.)

Por último, se ha mostrado que el dietilestilbestrol (DES), usado de 1940 a 1960 para prevenir el aborto espontáneo en embarazadas, aumenta el riesgo de cáncer de mama. Ahora sabemos que el riesgo está asociado a cambios epigenéticos. Uno debe preguntarse si estos cambios se han transmitido de generación en generación, así como el aumento en el riesgo.

La contaminación del aire, en especial por partículas salidas de los escapes de vehículos, también causa cambios epigenéticos que pueden llevar a la inflamación por todo el cuerpo. El benceno, que se encuentra en la gasolina y en otros combustibles derivados del petróleo, produce una alteración de la metilación del ADN asociada con la leucemia. En nuestro abasto de agua, la cloración conlleva subproductos con nombres como trihalometano, trietiltin y cloroformo, los cuales pueden inducir cambios epigenéticos en el genoma. Muchos de estos químicos han sido estudiados por sus efectos perjudiciales para la salud. Ratas con trietiltin en su agua para beber experimentaron un incremento en la incidencia de inflamación e hinchazón del cerebro, asociadas con el aumento en las actividades de metilación. El cloroformo y el trihalometano conocido como bromodiclorometano incrementan la metilación de las células hepáticas en un gen asociado con enfermedades del hígado.

Incluso sustancias benignas que no asociamos con tales riesgos pueden tener una historia oculta en su producción. De manera alarmante, muchas especias originarias de India han presentado contaminación por metales pesados. Quizá la causa es la proximidad de las granjas que las cultivan a operaciones de fundición y minería, así como el uso resultante de agua de irrigación contaminada. Tan sólo en 2013, la FDA negó la importación de más de 850 cargamentos de especias de todo el mundo. Para minimizar dichos riesgos, las especias cultivadas de forma orgánica en Estados Unidos pueden usarse de manera segura, mientras que deben tomarse precauciones con las procedentes de India y China. Puede servir comprar de fuentes confiables con marcas conocidas. Pero uno debe tener particular cuidado con las especias compradas por internet o en contenedores anónimos, sin marca, que se encuentran, por ejemplo, en pequeñas tiendas de barrio. En muchos casos, algunas tiendas especializadas pueden tener especias que evitan la inspección de la FDA. Aunque la FDA ha encontrado que apenas 2 por ciento de las especias importadas están contaminadas, puedes aumentar bastante tus probabilidades de encontrarlas al comprar especias sin marca de fuentes extranjeras anónimas.

Considerando lo anterior, hay pocas dudas de que un amplio espectro de toxinas ambientales y contaminantes pueden alterar nuestro epigenoma, resultando en una susceptibilidad aumentada a una variedad de cánceres (de mama, hígado, ovario, pulmón) y otras enfermedades, incluidas esquizofrenia, diabetes y cardiopatías. La exposición de cada persona es única y distinta, lo cual complica bastante el problema. Algunos expertos vislumbran el día en que iremos al médico para un escaneo completo de nuestras alteraciones epigenéticas para determinar nuestro futuro riesgo de enfermedad. ¿Usaremos cada vez más medicamentos epigenéticos como los inhibidores de HDAC y terapias basadas en el ARN para subsanar los riesgos y tratar la enfermedad?

Estos escenarios empiezan a volverse realidad. En este libro hemos ofrecido una alternativa que puedes emprender hoy al cambiar tu estilo de vida para mitigar riesgos, y tal vez en el futuro este enfoque también se lleve hasta las marcas epigenéticas específicas que identifican la enfermedad.

Una pregunta todavía más importante, a partir de estudios como los que hemos citado aquí, es si los cambios epigenéticos en adultos vivos hoy serán heredados mañana a las próximas generaciones. El doctor Michael Skinner parece tener pocas dudas: "En esencia, aquello a lo que tu bisabuela estuvo expuesta pudo causar enfermedades en ti y en tus nietos".

A lo largo de estas líneas, será de importancia crítica continuar siendo conscientes de cómo las modificaciones epigenéticas surgen en respuesta a las toxinas y contaminantes ambientales. Esta es la única manera en que podemos avanzar, por el bien de nuestra salud y la de las generaciones por nacer.

AGRADECIMIENTOS

La nueva genética ha sido uno de los temas más gratificantes de los cuales los autores han escrito jamás, y debido a que el terreno cubierto era vasto, tenemos muchas personas a quienes agradecer. Tan larga como es la lista, cada relación fue personal y gratificante.

Cada libro recurre a un equipo editorial, y *Supergenes* tuvo la suerte de contar con uno tan espléndido, empezando por nuestro inteligente y alentador editor, Gary Jansen. Así también, muchas gracias a los demás en Harmony Books, quienes constituyeron y administraron el equipo de trabajo: Diana Baroni, vicepresidenta y directora editorial; Tammy Blake, vicepresidenta y directora de publicidad; Julie Cepler, directora de *marketing*; Lauren Cook, publicista *senior*; Christina Foxley, gerente *senior* de *marketing*; Jessica Morphew, diseñadora de portada; Debbie Glasserman, diseñadora editorial; Patricia Shaw, editora *senior* de producción; Norman Watkins, gerente de producción; Rachel Berowitz y Lance Fitzgerald, departamento de derechos internacionales.

Todos sabemos bajo qué presión están las editoriales hoy en día, así que agradecemos en especial a los ejecutivos que deben tomar decisiones difíciles acerca de qué libros publicar, incluido el nuestro. Agradecemos con generosidad a Maya Mavjee, presidenta y editora en jefe de Crown Publishing Group, y a Aaron Wehner, vicepresidente *senior* y editor en jefe de Harmony Books.

Nuestro entusiasmo por los logros de la investigación en epigenética se vio magnificado por la Self-Directed Biological Transformation Initiative, un proyecto que ha sido enormemente fructífero gracias a un grupo de colaboradores dedicados a la investigación. Les damos gracias de todo corazón a todos ustedes, incluidos los siguientes:

Del Chopra Center for Well-Being, Sheila Patel, Valencia Porter, Lizbeth Weiss, Wendi Cohen, Sara Harvey y todo el personal.

El OMNI La Costa Resort and Spa, por alojar nuestro estudio con generosidad.

Murali Doraiswamy, Arthur Mosley, Lisa St. John y Will Thompson de la Universidad Duke.

Susanna Cortese en el Hospital General de Massachusetts y la Escuela de Medicina de Harvard.

Eric Schadt, Sarah Schuyler, Seunghee Kim-Schulze, Qin Xiaochen, Jeremiah Faith, Milind Mahajan, Yumi Kasai, Jose Clemente, Noam Beckman, Zhixing Feng, Harm van Bakel en el Institute for Genomics and Multiscale Biology/Hospital Mount Sinai.

Scott Peterson en el Sanford Burnham Medical Research Institute.

Paul Mills, Christine Peterson, Kathleen Wilson, Meredith Pung, Chris Pruitt, Kelly Chinh, Cynthia Knott, y Augusta Modestino en la Universidad de California en San Diego.

Elizabeth Blackburn, Elissa Epel, Jue Lin, Amanda Gilbert y Nancy Robbins en la Universidad de California en San Francisco.

Eric Topol y Steven Steinhubl en el Scripps Translational Science Institute.

Barry Work, por su generosa asistencia en el desarrollo de matrices web.

Un especial agradecimiento a nuestros generosos patronos, Gina Murdock, Glenda Greenwald, Jennifer Smorgon, y el Self-Directed Biological Founders and Pioneers. También a los consejos de directores y de asesores de Chopra Foundation, así como a todos los participantes en el estudio.

Deepak agradece a un equipo fantástico cuyo incansable esfuerzo hace todo posible día con día y año con año: Carolyn Rangel, Felicia Rangel, Gabriela Rangel y Tori Bruce. Todos ustedes tienen un lugar especial en mi corazón. Agradezco también a Poonacha Machaiah, cofundador de Jiyo, por ayudar a crear una presencia en internet para el Chopra Center y la Chopra Foundation. Como siempre, mi familia se encuentra en el centro de mi mundo y es más amada cuanto más se expande: Rita, Mallika, Sumant, Gotham, Candice, Krishan, Tara, Leela y Geeta.

De Rudy:

Me gustaría agradecer a mi esposa, Dora, por su amor incondicional, su apoyo y sus interminables perlas de sabio consejo. Gracias a mi hija, Lyla: al pensar que era gracioso titular este libro “genes popó”[7], me recordó la importancia del microbioma, nuestro segundo genoma.

Mi profundo agradecimiento a mi mamá y papá por introducirme a las maravillas de la biología. También quisiera agradecer a mis queridos amigos en la Himalayan Academy por enseñarme que no soy sólo mis genes sino el usuario de ellos. Gracias al doctor Jim Gusella, quien me introdujo por primera vez a los increíbles vericuetos del genoma humano en el Hospital General de Massachusetts y me inspiró a jamás mirar hacia atrás. Y, por último, quisiera agradecer al Cure Alzheimer's Fund, por su cariñoso y generoso apoyo en mis estudios genéticos en curso sobre la enfermedad de Alzheimer.

---

[7] Juego de palabras intraducible, resultante de la similitud entre la pronunciación inglesa de *“pooper genes”* (derivado *de “poop”*: “popó”) *y “super genes”. (N. del e.).*

TAMBIÉN DE

Deepak Chopra

¿TIENE FUTURO DIOS?

Un enfoque práctico a la espiritualidad de nuestro tiempo

Si Dios tiene futuro, dice Deepak Chopra, debemos encontrar un nuevo acercamiento a la espiritualidad; debemos repensar nuestro lugar en el universo. Si Dios tiene futuro, deberemos tener una mejor vida. Este libro tiene la respuesta. Dios está en problemas. El fortalecimiento del movimiento ateísta esparcido por Richard Dawkins significa, para muchos, que la divinidad está pasada de moda en el mundo moderno. ¿Qué habría que hacer para que tengamos una vida espiritual más poderosa que en el pasado? Deepak Chopra nos muestra el camino con elocuencia y profundidad; propone que Dios está en el origen de la conciencia humana, por lo tanto, todos podemos encontrar lo y transformar nuestro día a día. Por tres décadas, Deepak Chopra ha inspirado a millones de personas a través de su escritura y su enseñanza. Con *¿Tiene futuro Dios?* nos invita a un viaje del espíritu, dándonos una vía práctica para entender a ese ser superior y dónde estamos.

Espiritualidad

CONOCER A DIOS

Según Deepak Chopra, el cerebro tiene la capacidad de conocer a Dios. El sistema nervioso humano tiene siete respuestas biológicas que corresponden a los siete niveles de la experiencia divina. Pero estos siete niveles no pertenecen a una sola religión (ya que son compartidos por todas las religiones), sino que existen debido a la necesidad del cerebro de encontrar significado en un universo infinito y caótico. *Conocer a Dios* describe la búsqueda que todos y cada uno de nosotros emprendemos, tanto si lo sabemos como si no. En palabras del propio Chopra, "Nosotros evolucionamos para encontrar a Dios… Para nosotros, Dios no es una elección sino una necesidad".

Espiritualidad

SUPERCEREBRO

Este revolucionario y novedoso manual le mostrará cómo usar su cerebro como portal hacia la salud, la felicidad y el crecimiento espiritual. En contraste con el cerebro normal, que sólo desempeña tareas cotidianas, Chopra y Tanzi proponen que el cerebro puede aprender a superar sus limitaciones actuales. *Supercerebro* le explica cómo hacerlo a través de los descubrimientos científicos de vanguardia y la percepción espiritual, del derrumbamiento de los cinco mitos más comunes sobre el cerebro que limitan su potencial y de la implementación de métodos para usar su cerebro, en vez de permitir que él lo use a usted, desarrollar el estilo de vida ideal para tener un cerebro saludable y acceder al cerebro iluminado, que es el portal para la libertad y la dicha. Su cerebro es capaz de sanar de forma extraordinaria y de reconfigurarse de forma constante. Si establece una nueva relación con él, transformará su vida. En *Supercerebro*, Chopra y Tanzi lo guiarán a través de un fascinante viaje que pronostica un salto en la evolución humana. El cerebro no es sólo el don más increíble que nos ha dado la naturaleza, sino que también es el portal para un futuro ilimitado que puede comenzar a vivir hoy mismo.

Autoayuda

VIAJE HACIA EL BIENESTAR

Viaje hacia el bienestar agrupa las principales ideas de Chopra y las organiza de tal manera que crean un auténtico viaje trascendental hacia el bienestar. A lo largo del camino, descubriremos que los pensamientos y sentimientos pueden, en realidad, cambiar nuestra biología. Aprenderemos a superar las limitaciones autoimpuestas que crean negatividad y enfermedades, y a buscar ese lugar en nuestro interior que está alineado con la inteligencia infinita del universo.

Autoayuda

TAMBIÉN DE

VINTAGE ESPAÑOL

AUDAZ, PRODUCTIVO Y FELIZ

de Robin Sharma

Audaz, productivo y feliz constituye una valiosa guía para alcanzar la excelencia personal y profesional. Este libro ofrece propuestas prácticas que contribuirán a un cambio rápido en los hábitos diarios para alcanzar el máximo potencial de cada uno. Robin Sharma incluye aquí 36 módulos capaces de transformar radicalmente la dinámica vital para conducir al lector a horizontes profesionales y personales más elevados. El autor nos invita a reflexionar sobre la forma en que vivimos y trabajamos, y a compro-meternos a introducir cambios de rumbo profundos para prosperar en todos los ámbitos de la vida.

Espiritual

EL LÍDER QUE NO TENÍA CARGO

Una fábula moderna sobre el éxito en la empresa y en la vida

de Robin Sharma

No importa el lugar que ocupes en tu trabajo o cuáles sean tus circunstancias personales. Lo fundamental es que tienes capacidad para demostrar que eres un líder. Este libro te enseñará a apoderarte de esta fuerza extraordinaria a la vez que transformas tu vida y el mundo a tu alrededor. Robin Sharma ha compartido durante más de quince años su fórmula para el éxito con las empresas líderes del Fortune 500 y personajes destacados en todo el mundo, una receta que le ha convertido en uno de los asesores de liderazgo más solicitados al nivel internacional. Ahora, Sharma comparte sus conocimientos excepcionales con todos sus lectores. Siguiendo sus consejos podrás realizarte como el mejor en tu campo a la vez que contribuirás con tu talento a que tu empresa alcance las metas más altas, algo esencial en los tiempos turbulentos que estamos viviendo.

Espiritual

UNA INSPIRACIÓN PARA CADA DÍA

de Robin Sharma

La inspiración resulta imprescindible para alcanzar nuestros sueños y para convertirnos en aquel que siempre hemos querido ser. Necesitamos iluminación para sobrellevar los momentos más duros de nuestra existencia, y también para saborear los mejores instantes y atesorarlos en nuestra memoria. Robin Sharma destila los conceptos más reveladores y significativos de su bestseller *El monje que vendió su Ferrari* y de los títulos que siguieron a este éxito internacional, y los reúne en un calendario perpetuo de fácil lectura, diseñado para convertir en extraordinario cada uno de los días de nuestra vida.

Espiritual

LAS CARTA SECRETAS DEL MONJEQUE VENDIÓ SU FERRARI

de Robin Sharma

Jonathan Landry está cada vez más agobiado por su trabajo y por su matrimonio fracasado. Un día su madre le pide que se reúna urgentemente con su primo, Julian Mantle, a quien casi no conoce. Hace años Julian, un abogado de gran éxito, decidió vender todas sus posesiones, incluido su flamante Ferrari, y refugiarse en un monasterio del Himalaya. Ahora Julian necesita la ayuda de Jonathan. Le ruega que viaje a diferentes lugares del mundo para recoger nueve talismanes, cada uno acompañado de una carta. Estas contienen los secretos extraordinarios que Julian descubrió como monje y que le salvaron la vida. El viaje singular de Jonathan incluirá visitas a los salones de tango de Buenos Aires, a los rascacielos ultramodernos de Shanghái y al desierto místico de Sedona. En *Las cartas secretas del monje que vendió su Ferrari* Robin Sharma ofrece revelaciones sobre cómo recuperar tu control personal, entregarte sin miedo a tus sueños y aprender a vivir de verdad.

Espiritual

VINTAGE ESPAÑOL
Disponibles en su librería favorita
www.vintageespanol.com